高等职业院校“双高计划”建设教材
“十四五”高等职业教育计算机应用技术系列教材

Web前端开发项目化教程

丁丽英 常 红◎主编
钟啸剑 李 鹏◎主审

中国铁道出版社有限公司
CHINA RAILWAY PUBLISHING HOUSE CO., LTD.

内 容 简 介

本书为高等职业院校“双高计划”建设教材，以某蔬果公司网上商城网站开发项目为原型，全面介绍了 Web 前端开发中使用 HTML5 和 CSS3 构建网页的技术。

本书由九个项目组成，包括 Web 前端开发入门，网页中插入图像和文本，初识首页布局，DIV+CSS 复杂布局，网站首页添加导航，网页中插入视频和音频，制作多级导航，网页中应用表格、表单元素，网站中的动态效果。从项目的选择到内容的设计，融入了课程思政元素，实现了思想政治教育与知识教育有机统一。

本书适合作为高等职业院校计算机网络、计算机应用、数字媒体、移动互联、软件工程和电子商务等专业的教材，也适合作为网站开发人员的参考书。

图书在版编目（CIP）数据

Web 前端开发项目化教程 / 丁丽英，常红主编 .— 北京：中国铁道出版社有限公司，2023.12
“十四五”高等职业教育计算机应用技术系列教材
高等职业院校“双高计划”建设教材
ISBN 978-7-113-30718-9

Ⅰ. ① W… Ⅱ. ①丁… ②常… Ⅲ. ①网页制作工具 - 高等职业教育 - 教材 Ⅳ. ① TP393.092.2

中国国家版本馆 CIP 数据核字（2023）第 222972 号

书　　名：Web 前端开发项目化教程
作　　者：丁丽英　常　红

策划编辑：潘星泉　　　　编辑部电话：（010）51873371
责任编辑：潘星泉　张　彤
封面设计：刘　颖
责任校对：刘　畅
责任印制：樊启鹏

出版发行：中国铁道出版社有限公司（100054，北京市西城区右安门西街 8 号）
网　　址：http://www.tdpress.com/51eds/
印　　刷：三河市燕山印刷有限公司
版　　次：2023 年 12 月第 1 版　2023 年 12 月第 1 次印刷
开　　本：787 mm × 1 092 mm 1/16　印张：15.25　字数：400 千
书　　号：ISBN 978-7-113-30718-9
定　　价：48.00 元

前　言

Web 前端开发工程师的工作任务之一就是使用 HTML 和 CSS 将网页效果图转化为代码，制作出“静态网页”。本书为高等职业院校“双高计划”建设教材，从开发人员的角度入手，全面介绍了制作符合 Web 标准的网页所需的知识。

本书基于项目教学的理念，将一个典型网站的实现过程分解成若干子任务。每个子任务的讲解围绕情境导入、任务提出、学习目标、相关知识、项目实践、小结、课后习题等几部分展开。通过这些内容的前后衔接，层层递进，让读者在完成任务的过程中自然而然地学到网页制作中的各项知识和技能。

本书具有以下特色：

1. 以网站前端页面的开发为主线，采用边讲边练的方式，配有大量的实用案例，并基于开发过程组织教学内容，配图丰富，效果直观，理论和实践深度结合。

2. 本书整合所学理论知识，力求做到课证融通，并吸纳 Web 前端开发工程师职业标准所要求的知识技能，秉承立德树人的教学理念，将思政元素润物细无声地融入教材中。

3. 本书每个项目均按问题引入、知识解析、案例引入、案例实现、项目小结、项目实训和项目拓展开展启发式学习。

全书共分为九个项目：

（1）项目一介绍了 Web 前端开发入门的基础知识。通过本项目的学习，读者能够了解网页的基本概念以及 Web 标准的构成，掌握使用 HTML5 搭建网页结构的方法——使用 Hbulider 软件创建一个简单网页。

（2）项目二介绍了网页中插入图像和文本，学习网页中图像的应用。通过本项目的学习，读者应掌握 HTML5 的常用标签，能够熟练使用 HTML5 的各类标签将网页内容表示出来。

（3）项目三介绍了网页简单布局的核心内容，详细讲解了 CSS 选择器、盒子模型，以及使用 CSS3 美化网页文本、背景、边框的方法。

（4）项目四介绍了使用 DIV+CSS 布局网页和浮动布局页面，讲解了应用 DIV+CSS 布局网上商城首页和网格布局方法。

（5）项目五介绍了运用超链接为页面设计一级导航菜单和二级弹出式菜单的定位设计，讲解了运用链接伪类美化网页。

（6）项目六介绍网页中视频、音频文件的插入，以及在网页中引入视频和音频的标准方法。

（7）项目七介绍了使用列表进行图文混排，使用列表实现多级导航，熟练使用 Flex 布局。

（8）项目八介绍 HTML5 中表格、表单元素的应用，以及使用 CSS3 美化表格、美化表单的方法。

（9）项目九介绍了在网站中添加动态效果，实现页面中过渡、变形动态效果的方法，以及网页中轮播图制作的方法。

本书的参考学时为 46 ~ 66 学时，建议采用理论实践一体化的教学模式。各项目的参考学时如下：

学时分配表

项　目	课程内容	学　时
项目一	Web 前端开发入门	2～4
项目二	网页中插入图像和文本	4～6
项目三	初识首页布局	6～8
项目四	DIV+CSS 复杂布局	6～8
项目五	网站首页添加导航	6～8
项目六	网页中插入视频和音频	2～4
项目七	制作多级导航	6～8
项目八	网页中应用表格、表单元素	8～12
项目九	网站中的动态效果	6～8
学 时 总 计		46～66

本书由丁丽英、常红主编，项目一、项目二、项目三、项目四由黑龙江农业工程职业学院常红编写，项目五、项目六、项目七、项目八、项目九由黑龙江农业工程职业学院丁丽英编写。由于时间仓促、编者水平有限，书中难免存在不妥之处，恳请广大读者批评指正。

编　者

2023 年 8 月

目　录

项目一　Web 前端开发入门

【情境导入】

“互联网 +”时代下，无论生活还是工作都和网络息息相关，上网看到的各种图文并茂的网页，就像一张张设计精美的海报，其背后隐藏的就是 Web 前端技术，Web 前端的主要任务是信息内容的呈现和用户界面（user interface，UI）设计，Web 前端设计主要包括版式、布局、字体、配色、配图等设计。Web 应用中的信息交换与传输都涉及客户端和服务器端。因此，Web 开发技术分为客户端技术（常称为 Web 前端开发技术）和服务器端开发技术（常称为 Web 后端开发技术，如 PHP、JSP、.NET 等）。不同类型的行业创建了形式各样的网站，继而各式各样的网页层出不穷，那么如何制作这些各式各样的网页呢？

任务一　初识 Web 前端技术

【任务提出】

一家经营蔬果的公司，因公司发展需要准备建设网上商城网站。接到网站制作任务的是新入职不久的乔明。因为乔明网页制作方面不是很熟，因此公司让工作经验丰富的前端工程师董嘉指导乔明完成，乔明打算从网页制作基础知识开始，通过本项目的完成，来逐步掌握前端开发的基本技能。

【学习目标】

知识目标

- 了解 Web 前端是什么。
- 了解网页概念和组成。
- 理解网站开发过程。
- 理解 HTML、CSS 和 JavaScript 的功能和作用。

技能目标

- 认识与熟悉 HTML 并能够编辑页面。
- 能够制作网页并预览。

素养目标

- 树立严谨的工作态度和培养团队合作意识。

【相关知识】

一、Web前端是什么

Web 本意是蜘蛛网或网的意思。对于普通用户来说，Web 仅仅是一种环境，即互联网的使用环境、内容等。而对于网站制作者来说，Web 是一系列技术的复合总称，包括网站的前台布局、后台程序、美工、数据库开发等。在中文里，Web 被翻译成“网页”。在互联网发展得如火如荼的今天，大家都已经对网页不陌生了，看新闻、“刷微博”、上淘宝等都是在浏览网页。接下来，以“京东”的官方网站为例，初步感受一下网页的内部组成结构。打开任意一个浏览器（建议使用最新的谷歌浏览器，即 Google Chrome），在地址栏中输入京东的网址，按【Enter】键，浏览器中将显示图 1-1 所示的内容。

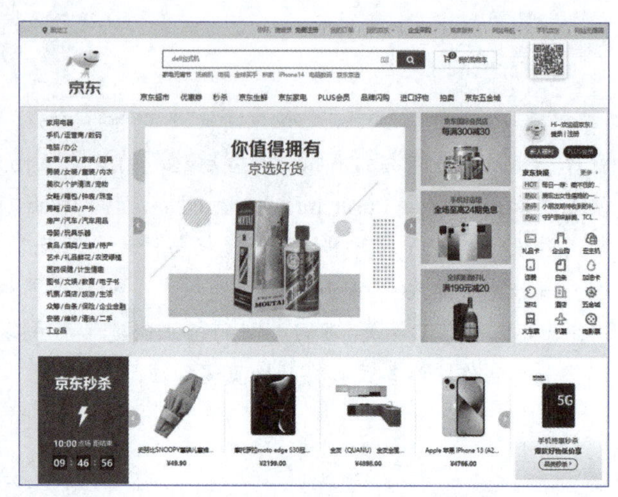

图 1-1　京东的官方首页

从图 1-1 中可以发现，网页主要由文字、图片和超链接等内容构成。那么，这些内容具体都是如何构成的呢？接下来，继续深入网页的核心——网页源代码。具体操作：右击，在弹出的快捷菜单中单击类似【查看网页源代码】的命令，浏览器将显示图 1-2 所示的内容，该页面显示的内容就是当前页面的源代码。

```
1  <!DOCTYPE html>
2  <html>
3
4  <head>
5      <meta charset="utf8" version='1'/>
6      <title>京东(JD.COM)-正品低价、品质保障、配送及时、轻松购物！</title>
7      <meta name="viewport" content="width=device-width, initial-scale=1.0, maximum-scale=1.0, user-scalable=yes"/>
8      <meta name="description"
9          content="京东JD.COM-专业的综合网上购物商城，为您提供正品低价的购物选择、优质便捷的服务体验。商品来自全球数十万品牌商家，囊括家电、手机、电脑、服
10     <meta name="Keywords" content="网上购物,网上商城,家电,手机,电脑,服装,居家,母婴,美妆,个护,食品,生鲜,京东"/>
11     <script type="text/javascript">
12         window.point = {}
13         window.point.start = new Date().getTime()
14     </script>
15     <link rel="dns-prefetch" href="//static.360buyimg.com"/>
16     <link rel="dns-prefetch" href="//misc.360buyimg.com"/>
17     <link rel="dns-prefetch" href="//img10.360buyimg.com"/>
18     <link rel="dns-prefetch" href="//img11.360buyimg.com"/>
19     <link rel="dns-prefetch" href="//img12.360buyimg.com"/>
20     <link rel="dns-prefetch" href="//img13.360buyimg.com"/>
21     <link rel="dns-prefetch" href="//img14.360buyimg.com"/>
22     <link rel="dns-prefetch" href="//img20.360buyimg.com"/>
23     <link rel="dns-prefetch" href="//img30.360buyimg.com"/>
24     <link rel="dns-prefetch" href="//d.3.cn"/>
25     <link rel="dns-prefetch" href="//d.jd.com"/>
26     <link rel="icon" href="//www.jd.com/favicon.ico" mce_href="//www.jd.com/favicon.ico" type="image/x-icon"/>
27     <meta http-equiv="X-UA-Compatible" content="IE=edge,chrome=1"/>
28     <meta name="renderer" content="webkit"/>
29
30     <!--[if lte IE 6]>
31     <script src="//misc.360buyimg.com/mtd/pc/index/home/ie6tip.min.js"></script>
32     <![endif]-->
33     <!--[if IE 8]>
34     <script src="//misc.360buyimg.com/mtd/pc/index_2019/1.0.0/static/lib/polyfill/index.js"></script>
35     <![endif]-->
36
37     <script src="//misc.360buyimg.com/jdf/lib/jquery-1.6.4.js"></script>
38     <script src="//wl.jd.com/wl.js"></script>
39     <script>
40      function getQueryString(name) {
41          var reg = new RegExp("(^|&)" + name + "=([^&]*)(&|$)", "i");
42          var r = window.location.search.substr(1).match(reg);
43          if (r != null) return unescape(r[2]); return null;
```

图 1-2　京东的官方首页源代码

除了主页之外，一个网站通常包含多个子页面，如京东网站包含“京东会员”“企业采购”和“客户服务”等子页面。网站实际上就是多个网页的集合，网页与网页之间通过超链接互相连接。比如，当用户单击京东官网主页菜单栏中的“京东会员”时，就会跳转到“京东会员”页面。

二、网站开发过程

在理解了网页的基本原理后，自然需要知道网站是如何建立起来的。本小节将对网站开发的过程进行介绍。

1. 基本任务与角色

在每一个开发阶段，都需要相关各方人员的共同合作，包括客户、设计师和程序开发员等不同角色，每个角色在不同的阶段有各自需要承担的责任。表 1-1 列出了在网站建设与网页设计的各个阶段中需要参与的人员角色。

表 1-1　网站建设与网页设计流程中的人员角色

任　务	负　责　人	输出成果
需求评审	产品经理	产品原型 需要做什么
UI 设计	美工 UI（设计师）	效果图、切图和标注
前端开发	前端工程师	1∶1 的页面
测试	测试工程师	

通常，客户会提出要求，并提供要在网站中呈现的具体内容。设计师负责进行页面设计，并构建网站。程序开发员为网站添加动态功能。在测试阶段，需要大家共同配合，寻找不完善的地方，并对其加以改进，等各方人员满意后才能把网站发布到互联网上。因此，每个参与者都需要以高度的责任感和参与感投入项目的开发过程中，只有这样才能开发出高水平的网站。

经过近二十年的发展，互联网已经深入社会的各个领域。伴随着这一发展过程，网站开发已经成为一个拥有大量从业人员的行业，因此，其整个工作流程也日趋成熟和完善。

2. 明确网站定位

在动手制作网站之前需要给要做的网站一个准确的定位，明确建设网站的目的是什么。谁能决定网站的定位呢？如果网站是做给自己的，比如一个个人网站，那么自己决定网站定位；如果是为客户建立网站，那么一定要与客户共同讨论，要理解他们的想法，这是十分重要的。

在理解了客户的想法后，就要站在客户的立场上探讨网站的定位。根据经验，如果设计师能够从客户的立场出发，给客户提出一些合理的建议并融入策划中去，那么可以说设计工作已经成功了一半，这也可以大大减少日后与客户在沟通中发生不愉快的可能性。

3. 收集信息和素材

在明确建设网站目的和网站定位后，即可开始收集相关意见，这一过程要结合公司其他部门的实际情况，这样可以发挥网站的最大作用。

这一步是前期策划中关键的一步，因为网站是为公司服务的，所以全面地收集相关意见和想法可以使网站的信息和功能趋于完善。收集来的信息需要整理成文档，为了保证这个工作的顺利进行，可以让相关部门配合提交一份本部门需要在网站上开辟的栏目的计划书。这份计划书一定要考虑充分，因为如果要把网站作为一个正式的站点来运营，那么每个栏目的设置都应该是有规划的。如果考虑不充分，会导致以后突如其来的新加内容破坏网站的整体规划和风格。当然，这并不意味着网站成形后不许添加栏目，只是在添加的过程中需要结合网站的具体情况，过程更加复杂，因此最好在策划时考虑全面。

4. 策划栏目内容

对收集的相关信息进行整理后，要找出重点，根据重点以及公司业务的侧重点，结合网站定位来确定网站的栏目。开始时可能会因为栏目较多而难以确定最终需要的栏目，这就需要展开另一轮讨论，需要所有的设计和开发人员在一起阐述自己的意见，反复比较，将确定下来的内容行归类，形成网站栏目的树形列表。

对于比较大的网站，可能还需要讨论和确定二级栏目及以下的子栏目，对它们进行归类，还需确定每个二级栏目的主页面放哪些具体内容，二级栏目下面的每个小栏目需要放哪些具体内容，让栏目负责人清楚了解本栏目的细节。讨论完以后，就应由栏目负责人按照讨论过的结果写栏目策划书。栏目策划书要求写得详细具体，并有统一的格式，以便网站留档。此时写的策划书只是第一版，以后在制作的过程中如果出现问题应及时修改该策划书，并且也需要留档。

5. 设计页面方案

策划书完成后，需要美术设计师（也称为美工）根据每个栏目的策划书来设计页面。这里需要再次指出，在设计之前，应该让栏目负责人把需要特殊处理的地方跟美术设计师讲明。在设计页面时，美术设计师要根据策划书把每个栏目的具体位置和网站的整体风格确定下来。为了让网站有整体感，应该在网页中放置一些贯穿性的元素。最终美术设计师要拿出至少三种不同风格的方案。每种方案应该考虑到公司的整体形象，与公司的精神相契合。确定设计方案后，相关人员经讨论后定稿。最后挑选出两种方案交给客户选择，由客户确定最终的方案。

6. 制作页面

方案设计完成后，下一步是实现静态页面，由程序员根据美术设计师给出的设计方案制作页面，并制成模板。在这个过程中，需要十分注意网站页面之间的逻辑，并区分静态页面和需要服务器端实现的动态页面。

在制作页面的同时，栏目负责人应该开始收集每个栏目的具体内容并整理。模板制作完成后，由栏目负责人往每个栏目里添加具体内容。对于静态页面，将内容添加到页面中即可；对于需要服务器端编程实现的页面，则应交由程序员继续完成。

7. 实现后台功能

将动态页面设计好后，只剩下程序部分需要完成了。在这一步中，由程序员根据功能需求来编写程序，实现动态功能。

8. 整合与测试网站

当制作和编程的工作都完成后，就要把程序和页面进行整合。整合完成后，需要进行内部测试，测试成功后即可上传到服务器上，交由客户检验。通常客户会提出一些修改意见，这时根据客户的意见完成修改即可。

如果这时客户提出导致结构性调整的问题，工作量就会很大。客户并不了解网站建设的流程，很容易与网站开发人员产生不愉快的情况。因此最好在开发的前期准备阶段就充分理解客户的想法和需求，同时将一些可能发生的情况提前告诉客户，这样就容易与客户保持愉快的合作关系。

三、常用名词

对于从事网页制作工作的人员来说，有必要了解一些与互联网相关的名词，例如，常见的Internet、WWW、HTTP等，具体介绍如下。

1. Internet

Internet就是通常所说的互联网，是由一些使用公用语言互相通信的计算机连接而成的网络。简单地说，互联网就是将世界范围内不同国家、不同地区的众多计算机连接起来形成的网络平台。

互联网实现了全球信息资源的共享，形成了一个能够共同参与、相互交流的互动平台。通过互联网，远在千里之外的朋友可以相互发送邮件、共同完成一项工作、共同娱乐。因此，互联网最大的成功之处并不在于技术层面，而在于对人类生活的影响，可以说互联网的出现是人类通信技术史上的一次革命。

2. WWW

WWW（world wide web）中文译为“万维网”。但WWW不是网络，也不代表Internet，它只是Internet提供的一种服务——网页浏览服务。上网时通过浏览器阅读网页信息就是在使用WWW服务。WWW是Internet上最主要的服务，许多网络功能，如网上聊天、网上购物等，都基于WWW服务。

3. URL

URL（uniform resource locator）中文译为“统一资源定位符”。URL其实就是Web地址，俗称“网址”。在万维网上的所有文件（HTML、CSS、图片、音乐、视频等）都有唯一的URL，只要知道文件的URL，就能够对该文件进行访问。URL可以是“本地磁盘”，也可以是局域网上的某一台计算机，还可以是Internet上的站点，如https://www.baidu.com/就是百度的URL，如图1-3所示。

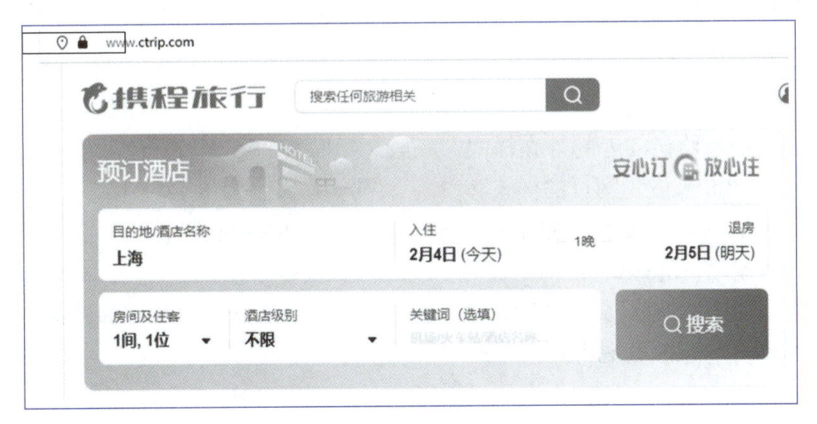

图1-3 携程网的URL地址

4. DNS

DNS（domain name system）是域名解析系统。在Internet上域名与IP地址之间是一一对应的，域名（如淘宝网域名为taobao.com）虽然便于用户记忆，但计算机只认识IP地址（如100.4.5.6），将好记的域名转换成IP地址的过程称为域名解析。DNS就是进行域名解析的系统。

5. HTTP和 HTTPS

HTTP（hypertext transfer protocol）中文译为“超文本传输协议”。HTTP 详细规定了浏览器和万维网服务器之间互相通信的规则。HTTP 是非常可靠的协议，具有强大的自检能力。所有用户请求的文件到达客户端时，一定是准确无误的。

由于 HTTP 传输的数据都是未加密的，因此使用 HTTP 传输隐私信息非常不安全，为了保证这些隐私数据能加密传输，网景公司设计了 SSL（secure sockets layer）协议，该协议用于对 HTTP 传输的数据进行加密，从而诞生了 HTTPS。简单来说，HTTPS 协议是由 SSL+HTTP 构建的可进行加密传输、身份认证的网络协议，要比 HTTP 安全。

6. W3C 组织

W3C（world wide web consortium）中文译为“万维网联盟”。万维网联盟是著名的国际标准化组织。W3C 最重要的工作是发展 Web 规范，自 1994 年成立以来，已经发布了 200 多项影响深远的 Web 技术标准及实施指南，如超文本标记语言（HTML）、可扩展标记语言（XML）等。这些规范有效地促进了 Web 技术的兼容，对互联网的发展和应用起到了基础性和根本性的支撑作用。

四、Web 标准

由于不同的浏览器对同一个网页文件解析出来的效果可能不一致，为了让用户能够看到正常显示的网页，Web 开发者常常为需要兼容多个版本的浏览器而苦恼，当使用新的硬件（移动电话）或软件（如微浏览器）浏览网页时，这种情况会变得更加严重。为了让 Web 更好地发展，在开发新的应用程序时，浏览器开发商和站点开发商共同遵守标准就显得尤为重要，为此 W3C 与其他标准化组织共同制定了一系列的 Web 标准。Web 标准并不是某一个标准而是一系列标准的集合，主要包括结构、表现和行为三个方面，具体解释如下。

1. 结构

结构用于对网页中用到的信息进行分类与整理。在结构中用到的技术主要包括 HTML、XML 和 XHTML。

2. 表现

表现是指网页展示给访问者的外在样式，一般包括网页的版式、颜色、字体大小等。在网页制作中，通常使用 CSS 来设置网页的样式。

CSS（cascading style sheet）中文译为“层叠样式表”。CSS 标准建立的目的是以 CSS 为基础进行网页布局，控制网页的样式。

在网页中可以使用 CSS 对文字和图片以及模块的背景和布局进行相应的设置。后期如果需要更改样式，只需要调整 CSS 代码即可。

3. 行为

行为是指网页模型的定义及交互的编写，主要包括 DOM（对象模型）和 ECMAScript 两个部分，具体解释如下：

• DOM（document object model）指的是 W3C 中的文档对象模型。W3C 的文档对象模型是中立于平台和语言的接口，它允许程序和脚本动态地访问和更新文档、结构和样式。

• ECMAScript 是 JavaScript 的核心，由 ECMA (european computer manufacturers association) 国际联合浏览器厂商制定。

五、网页制作技术入门

HTML、CSS 和 JavaScript 是网页制作的标准语言，要想学好、学会网页制作技术，首先需要对它们有一个整体的认识。本节将针对 HTML、CSS 和 JavaScript 语言的发展历史、流行版本、开发工具、运行平台等内容进行详细的讲解。

1. HTML

HTML（hyper text markup language）中文译为“超文本标记语言”，主要是通过 HTML 标签对网页中的文本、图片、声音等内容进行描述。HTML 提供了许多标签，如段落标签、标题标签、超链接标签、图片标签等，网页中需要定义什么内容，就用相应的 HTML 标签描述即可。

HTML 之所以称为超文本标记语言，不仅是因为它通过标签描述网页内容，同时也由于文本中包含了超链接。通过超链接将网站、网页以及各种网页元素链接起来，构成了丰富多彩的网站。接下来通过一段源代码截图和相应的网页结构来简单地认识 HTML，具体如图 1-4 所示。

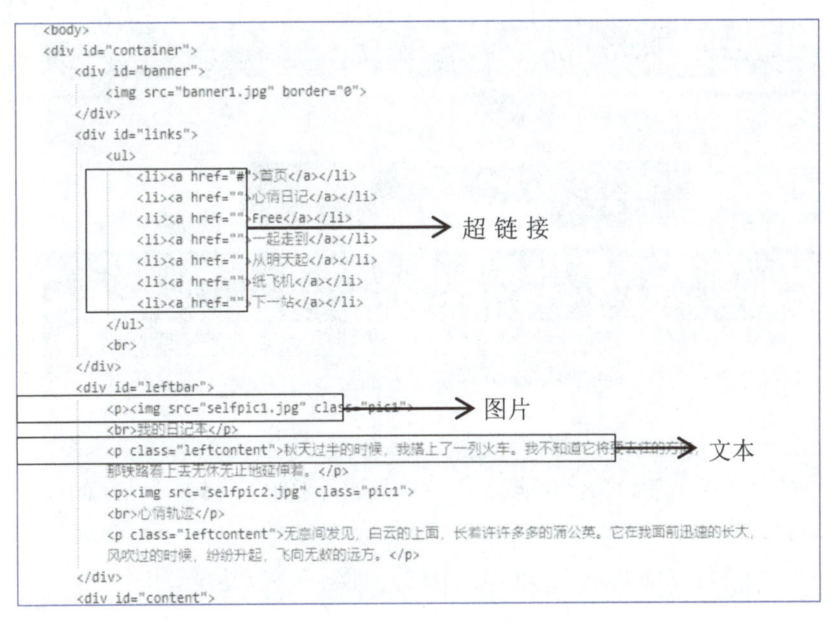

图 1-4 网页 HTML 结构

通过图 1-4 可以看出，网页内容是通过 HTML 指定的文本符号（图中带有“<>”的符号，被称为标签）描述的，网页文件其实是一个纯文本文件。

作为一种描述网页内容的语言，HTML 的历史可以追溯到 20 世纪 90 年代初期。1989 年 HTML 首次应用到网页编辑后，便迅速崛起成为网页编辑主流语言。到了 1993 年 HTML 首次以因特网草案的形式发布，众多不同的 HTML 版本开始在全球陆续使用，这些初具雏形的版本可以看作是 HTML 第一版。在后续的十几年中，HTML 飞速发展，从 2.0 版（1995 年）到 3.2 版（1997 年）和 4.0 版（1997 年），再到 1999 年的 4.01 版，HTML 功能得到了极大的丰富。与此同时，W3C（万维网联盟）也掌握了对 HTML 的控制权。

由于 HTML 4.01 版本相对于 4.0 版本没有什么本质差别，只是提高了兼容性并删减了一些过时的标签，业界普遍认为 HTML 已经到了发展的瓶颈期，对 Web 标准的研究也开始转向了 XML 和 XHTML。但是有较多的网站仍然是使用 HTML 制作的，因此一部分人成立了 WHATWG 组织致力于 HTML 的研究。

2006 年，W3C 又重新介入 HTML 的研究，并于 2008 年发布了 HTML5 的工作草案。由于 HTML5 具备较强的解决实际问题的能力，因此得到各大浏览器厂商的支持，HTML5 的规范也得到了持续的完善。2014 年 10 月底，W3C 宣布 HTML5 正式定稿，网页进入了 HTML5 开发的新时代。本书所讲解的 HTML 就是运用最新的 HTML5 版本。

2. CSS

CSS 通常称为 CSS 样式或层叠样式表，主要用于设置 HTML 页面中的文本内容（字体大小、对齐方式等）、图片的外形（宽高、边框样式、边距等）以及版面的布局等外观显示样式。CSS 以 HTML 为基础，提供了丰富的功能，如字体、颜色、背景的控制及整体排版等，而且还可以针对不同的浏览器设置不同的样式。如图 1-5 所示，图中文字的属性都是通过 CSS 来实现。

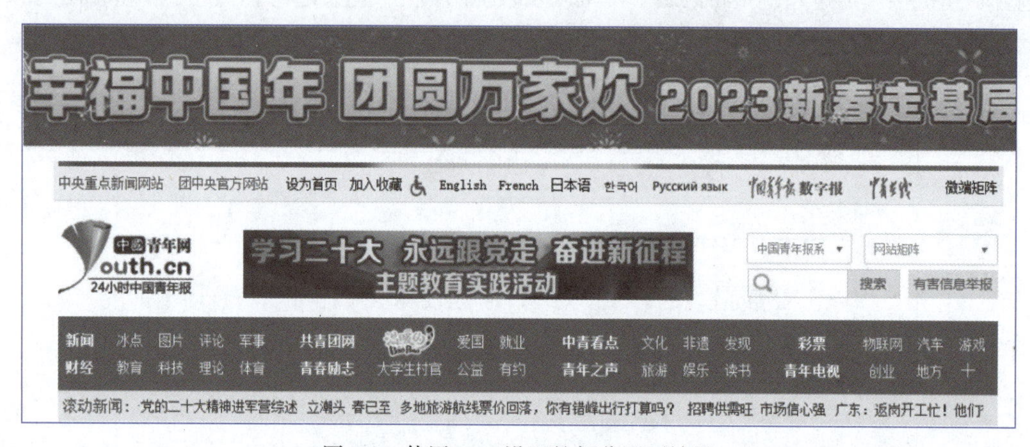

图 1-5 使用 CSS 设置的部分网页效果

CSS 的发展历史不像 HTML5 那样曲折。1996 年 12 月 W3C 发布了第一个有关样式的标准 CSS1，随后的 CSS 不断更新和强化功能，在 1998 年 5 月发布了 CSS2。CSS 的最新版本 CSS3 于 1999 年开始制订，在 2001 年 5 月 23 日 W3C 完成了 CSS3 的工作草案。CSS3 的语法是建立在 CSS 原始版本基础上的，因此旧版本的 CSS 属性在 CSS3 版本中依然适用。

在新版本的 CSS3 中增加了很多新样式，例如，圆角效果、块阴影与文字阴影、使用 RGBA 实现透明效果、渐变效果、使用 @Font-Face 实现定制字体、多背景图、文字或图像的变形处理（旋转、缩放、倾斜、移动）等，这些新属性将会在后面的内容中逐一讲解。

3. JavaScript

JavaScript 是网页中的一种脚本语言，其前身称为 LiveScript，由 Netscape（网景）公司开发。后来在 Sun 公司推出著名的 Java 语言之后，Netscape 公司和 Sun 公司于 1995 年一起重新设计了 LiveScript，并把它改名为 JavaScript。

作为一门独立的网页脚本编程语言，JavaScript 可以做很多事情，但最主流的应用是在 Web 上创建网页特效或验证信息。使用 JavaScript 脚本语言对用户输入的内容进行验证。如果用户在注册信息的文本框中输入的信息不符合注册要求，或在“确认密码”与“密码”文本框中输入的信息不同，将弹出相应的提示信息。

任务二　走进 HTML5

【任务提出】

网上商城首页中使用了大量图片用于商品展示，这些图片都是美工预先处理好的，乔明要将它们放进相应的盒子中，并且调整至合适的大小和位置，这个过程需要图像元素和 CSS 样式完美配合。

【学习目标】

知识目标

- 了解 HTML5 的基本结构和优势。
- 熟悉 HTML5 头部相关标签。
- 掌握 HTML5 文本控制标签的用法。
- 掌握 HTML5 图像标签的用法，能够自定义图像。
- 掌握常见图像样式的使用。

技能目标

- 能够向网页中添加图像。
- 能够使用标签定义文本。
- 能够按需调整图像的样式。

素质目标

- 逐步树立勇于实践的精神。

【相关知识】

一、HTML5的优势

近年来 HTML5 成为互联网行业最热门的话题。HTML5 包含了许多的功能，从桌面浏览器到移动应用，它从根本上改变了开发 Web 应用的方式。作为网页的设计人员，也应该顺应时代潮流，掌握 HTML5 的相关技术。本项目将对 HTML5 的结构和语法、文本控制标签、图像标签等知识进行详细讲解。

HTML5 作为 HTML 的最新版本，是 HTML 的传递和延续。从 HTML 4.0、XHTML 再到 HTML5，某种意义上讲，这是 HTML 的更新与规范过程。因此，HTML5 并没有给用户带来多大的冲击，老版本的大部分标签在 HTML5 版本中依然适用。相比于老版本的 HTML，HTML5 的优势主要体现在兼容、合理、易用三个方面，本任务将做具体介绍。

1. 兼容

HTML5 并不是对之前 HTML 语言的颠覆性革新，它的核心理念就是要保持与过去技术的完美衔接，因此有很好的兼容性。以往老版本的 HTML 语法较为松散，允许 </body> 等某些标签的缺失，如缺少 </p > 结束标签。在 HTML5 中并没有把这种情况作为错误来处理，而是在允许这种写法的同时，定义了一些可以省略结束标签的元素。

在老版本的 HTML 中，网站制作人员对标签大小写字母是随意使用的。然而一些设计者认为网页制作应该遵循严谨的制作规范。因此在后来的 XHTML 中要求统一使用小写字母。

2. 合理

HTML5 中增加和删除的标签都是对现有的网页和用户习惯进行分析概括而推出的。例如，W3C 分析了上百万的页面，发现很多网页制作人员使用 <div id="header"> 来定义网页的头部区域，就在 HTML5 中直接添加一个 <header> 标签。可见 HTML5 中新增的很多标签、属性都是根据现实互联网已经存在的各类网页标签进行的提炼和归纳，通过这样的方式让 HTML5 的标签结构更加合理。

3. 易用

作为当下流行的标签语言，HTML5 严格遵循“简单至上”的原则，主要体现在以下几个方面。

（1）简化的字符集声明。

（2）简化的 DOCTYPE。

（3）以浏览器自身特性功能替代复杂的 JavaScript 代码。

为了实现这些简化操作，HTML5 规范比以前更加细致、精确。为了避免造成误解，HTML5 对每一个细节都有着非常明确的规范说明，不允许有任何的歧义和模糊出现。

二、HTML5全新的结构

学习任何一门语言，首先要掌握它的基本格式，就像写信需要符合书信的格式要求一样。想要学习 HTML5，同样需要掌握 HTML5 的基本格式。在 HTML5 版本中，文档格式有了一些新的变化。HTML5 在文档类型声明与根标签上做了简化，简化后的文档格式如图 1-6 所示。

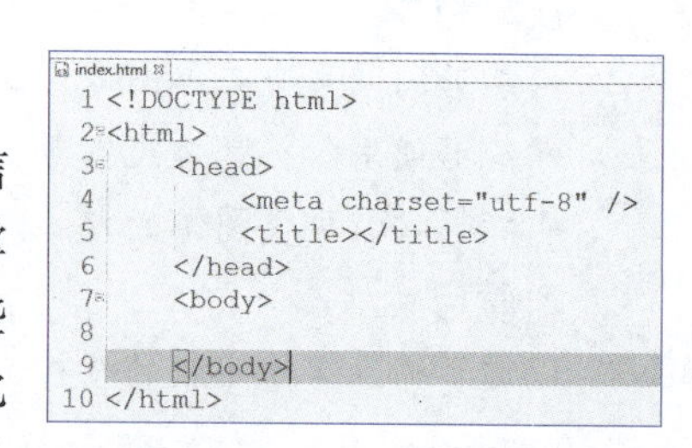

图 1-6 HTML5 文档的基本格式

1. <!DOCTYPE>

<!DOCTYPE> 位于文档的最前面，用于向浏览器说明当前文档使用哪种 HTML 或 XHTML 标准规范。因此只有在开头处使用 <!DOCTYPE> 声明，浏览器才能将该文档作为有效的 HTML 文档，并按指定的文档类型进行解析。

2. <html>

<html> 位于 <!DOCTYPE> 之后，也被称为根标签。根标签主要用于告知浏览器其自身是一个 HTML 文档，其中 <html> 标志着 HTML 文档的开始，</html> 则标志着 HTML 文档的结束，在它们之间是文档的头部和主体内容。

3. <head>

<head> 用于定义 HTML 文档的头部信息，也被称为头部标签，紧跟在 <html> 之后。头部标签主要用于封装其他位于文档头部的标签，例如，<title>、<meta>、<link> 及 <style> 等，用于描述文档的标题、作者以及与其他文档的关系。

4. <body>

<body> 用于定义 HTML 文档所要显示的内容，也被称为主体标签。浏览器中显示的所有文本、

图像、音频和视频等信息都必须位于 <body> 内，才能最终展示给用户。

需要注意的是，一个 HTML 文档只能含有一对 <body>，且 <body> 必须在 <html> 内，位于 <head> 之后，与 <head> 是并列关系。

另外，除了上述的文档结构标签外，HTML5 还简化了 <meta> 标签，让定义字符编码的格式变得更简单。

三、标签概述

在 HTML 页面中，带有"<>"符号的元素被称为 HTML 标签，如上面提到的 <html>、<head>、<body> 都是 HTML 标签。所谓标签就是放在"<>"符号中表示某个功能的编码命令，也称为 HTML 标记或 HTML 元素，本书统一称为 HTML 标签。下面介绍标签的分类、标签的关系和标签的属性。

1. 标签的分类

1）双标签

双标签也被称为"体标签"，是指由开始和结束两个标签符号组成的标签。双标签的基本语法格式如下：

```
<标签名>内容</标签名>
```

例如，前面文档结构中的 <html> 和 </html>、<body> 和 </body> 等都属于双标签。

2）单标签

单标签也被称为"空标签"，是指用一个标签符号即可完整地描述某个功能的标签。单标签的基本语法格式如下：

```
<标签名/>
```

例如，在 HTML 中还有一种特殊的标签——注释标签，该标签就是一种特殊功能的单标签。如果需要在 HTML 文档中添加一些便于阅读和理解，但又不需要显示在页面中的注释文字，就需要使用注释标签。注释标签的基本语法格式如下：

```
<!-- 注释语句 -->
```

需要注意的是，注释内容不会显示在浏览器窗口中，但是作为 HTML 文档注释标签，可以被下载到用户的计算机上，或者用户查看源代码时也可以看到注释标签。

2. 标签的关系

在网页中会存在多种标签，各标签之间都具有一定的关系。标签的关系主要有嵌套关系和并列关系两种，具体介绍如下：

1）嵌套关系

嵌套关系也称为包含关系，可以简单理解为一个双标签里面包含其他的标签。例如，在 HTML5 的结构代码中，<html> 标签和 <head> 标签（或 body 标签）就是嵌套关系，具体代码如下：

```
<html>
<head></head>
<body></body>
</html>
```

需要注意的是，在标签的嵌套过程中，必须先结束最靠近内容的标签，再按照由内到外的顺序依次关闭标签。在嵌套关系的标签中，通常把最外层的标签称为“父级标签”，里面的标签称为“子级标签”。只有双标签才能作为“父级标签”。

2）并列关系

并列关系也称兄弟关系，就是两个标签处于同一级别，并且没有包含关系。例如在HTML5的结构代码中，<head>标签和<body>标签就是并列关系。在HTML标签中，无论是单标签还是双标签，都可以拥有并列关系。

3. 标签的属性

使用HTML制作网页时，如果想让HTML标签提供更多的信息，例如，希望标题文本的字体为“微软雅黑”并且居中显示，段落文本中的某些名词显示为其他颜色加以突出，用户仅仅依靠HTML标签的默认显示样式是不够的，这时可以通过为HTML标签设置属性的方式。

任务三　制作第一个网页

【任务提出】

公司将举办迎国庆诗词鉴赏大会，前端工程师董嘉分配给乔明一个任务，设计一个古诗词网页。本任务乔明将分别在记事本和HBuilder网页编辑器这两种编辑环境下书写并理解HTML5文档的基本格式，学会使用简单标记，最终在浏览器中浏览生成。

【学习目标】

知识目标

- 掌握常用HTML编辑器。
- 理解Web标准。

技能目标

- 能够使用HBulider创建简单网页。

素质目标

- 文化自信，增加民族自豪感。

【相关知识】

一、常用HTML编辑器

不同厂商提供了众多HTML编辑器，这些编辑器各有优点，选择一款适合的HTML编辑器在开发中可以事半功倍。

1. 记事本

记事本是初学者学习写HTML文件日时经常会用到的一个工具，因为网页本身就是超链接文本文件。在记事本中输入HTML代码后，在“文件”菜单中选择“另存为”命令，将文档保存为

扩展名为 .htm 或者 .html 的文件，使用浏览器打开该文件就可以浏览网页了。

2. HBulider软件简介

HBuilder 是国内创业公司 DCloud（数字天堂）推出的一款支持 HTML5 的 Web 开发 IDE。HBuilder 的编写用到了 Java、C、Web 和 Ruby。HBuilder 本身主体是由 Java 编写。

它代表了新一代开放服务的方向，是基于持续更新的云知识库的高效开放工具，通过完整的语法提示和代码输入法、代码块等，大幅提升了 HTML、JS、CSS 的开发效率，丝毫不逊于国外的众多前端编辑器。编辑界面清晰，预览便捷，如图 1-7 所示。

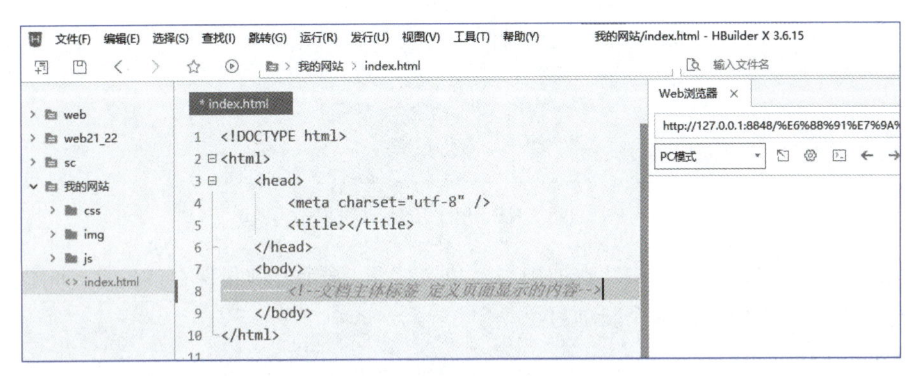

图 1-7 HBulider X 界面

3. Dreamweaver

Dreamweaver 简称“DW”，中文名称“梦想编织者”，最初为美国 Macromedia 公司开发，2005 年被 Adobe 公司收购。DW 是集网页制作和网站管理于一身的网页代码编辑器。利用对 HTML、CSS、JavaScript 等内容的支持，设计师和程序员可以在几乎任何地方进行网站建设。Adobe Dreamweaver 使用的接口，亦有 HTML（标准通用标记语言下的一个应用）编辑的功能，借助经过简化的智能编码引擎，轻松地创建、编码和管理动态网站。访问代码提示，即可快速了解 HTML、CSS 和其他 Web 标准。使用视觉辅助功能减少错误并提高网站开发速度。

4. Sublime Text

Sublime Text 是一款具有代码高亮显示、语法提示、自动完成功能且反应快速的编辑器软件。它不仅具有华丽的界面，还支持插件扩展机制，例如，插件 View In Browser 就可以非常方便地预览编写的网页效果，所以它是前端开发人员非常喜爱的一个编辑器。

【项目实践】

创建诗词网页

1. 在 HBuilder X中制作简单诗词页面

HBuilder 官网可以免费下载最新版的 HBuilder X。HBuilder X 目前有两个版本，一个是 Windows 版，另一个是 macOS 版，用户可以根据自己的计算机环境选择合适的版本。

安装好以后，打开 HBuilder X 软件，依次选择“文件”→“新建”→“项目”命令，如图 1-8 所示。

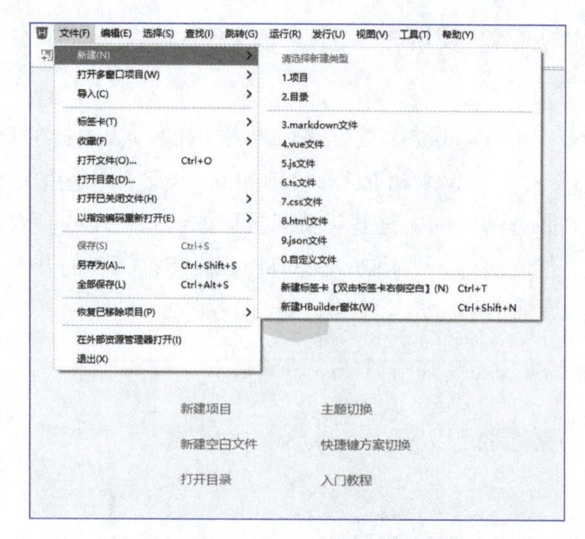

图 1-8　HBuilder X 新建项目

在“新建项目”对话框中选中“普通项目”单选按钮，确定好项目保存的位置，如图 1-9 所示，单击“创建”按钮就可以建立一个新项目了。

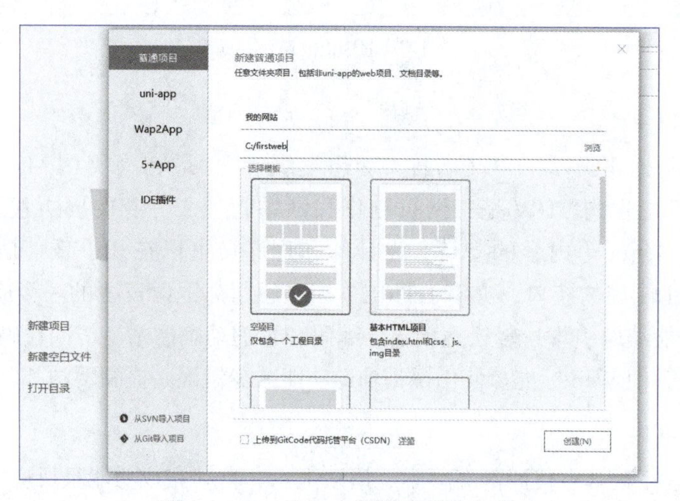

图 1-9　HBuilderX 的新建项目命令

2. 创建诗词页面

创建项目以后，在该项目下依次选择“文件”→“新建”→“html 文件”创建第一个网页，文档基本结构语法如图 1-10 所示。

```
index.html
1  <!DOCTYPE html>
2  <html>
3      <head>
4          <meta charset="utf-8" />
5          <title></title>
6      </head>
7      <body>
8
9      </body>
10 </html>
```

图 1-10　文档基本结构语法

在 HTML5 文档的基本模板中，<!DOCTYPE html> 用来声明 HTML 版本，指明网页遵循的规范页面以 <html> 标签开始，到 </html> 标签结束，一对 <html></html> 标签表示一个页面，也称为 HTML 文档的根标签或根元素。因为 html 元素中不包含 DOCTYPE，所以 <!DOCTYPE> 声明必须位于 <html> 标签之前。页面内有文档头部标签 <head></head> 和文档主体标签 <body></body> 两部分。

根据 Hbuilder X 给出的 HTML5 文档的基本模板，按照要求分别补充 <title></title>、<body></body> 等标记内容，如图 1-11 所示。

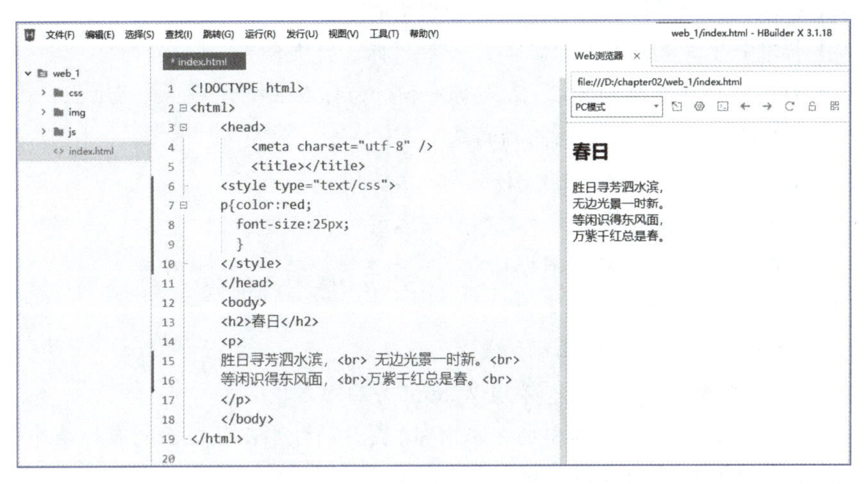

图 1-11 诗词页面

代码编辑完成后，可以选择“运行”→“运行到浏览器”→“Chrome”命令，到浏览器中查看网页效果。

【小　结】

本项目主要介绍了网页设计的基础知识，包括网页的组成，网站开发过程，与互联网相关的一些名词及 Web 标准，HTML、CSS、JavaScript 的特征及发展历程，常用浏览器，HBuilder 工具的使用等。

通过项目的学习，读者应该能够简简单地认识网页，了解网页基本的搭建方法，熟练地使用网页制作工具 HBuilder 创建简单的网页。希望读者以此为开端，完成对本书的学习。

【课后习题】

一、判断题

1. 因为静态网页的访问速度快，所以现在互联网上的所有网站都是静态网页组成的。(　　)
2. “HTTP”是一种详细规定了浏览器和万维网服务器之间互相通信的规则。(　　)
3. 在 Web 标准中，表现是指网页展示给访问者的外在样式。(　　)
4. 在网页中，层叠样式表指的是 JavaScript。(　　)
5. 所有的浏览器对同一个 CSS 样式的解析都相同，因此页面在不同浏览器下的显示效果完全一样。(　　)

二、选择题

1. 关于静态网页的描述，下列说法正确的是(　　)。

   A. 静态网页都会显示固定的信息　　B. 静态网页不会显示固定的信息
   C. 静态网页访问速度慢　　D. 静态网页访问速度快

2. 下列选项中的术语名词，属于网页术语的是(　　)。

   A. Web　　B. HTTP　　C. DNS　　D. iOS

3. 关于Web标准的描述，下列说法正确的是（　　）。

A. Web标准只要包括HTML标准

B. Web标准是由浏览器的各大厂商联合制定的

C. Web标准并不是某一个标准，而是一系列标准的集合

D. Web标准主要包括结构标准.表现标准和行为标准三个方面

4. 关于HTML的描述，下列说法正确的是（　　）。

A. HTML是更严谨纯净的XHTML版本

B. HTML提供了许多标签，用于对网页内容进行描述

C. 目前最新的HTML版本是HTML5

D. 初期的HTML在语法上很宽松

5. 关于CSS的描述，下列说法正确的是（　　）。

A. 当CSS作为独立的文件时，必须以.html为后缀名

B. CSS用于设置HTML页面中的文本内容.图片的外形以及版面的布局等外观显示样式

C. 只有独立的CSS文件才符合结构与表现分离的特点

D. 目前流行的CSS版本为CSS3

三、简答题

1. 请简要描述一下HTTP和HTTPS的差异。

2. 简述什么是JavaScript以及JavaScript的作用。

项目二　网页中插入图像和文本

【情境导入】

乔明拿到公司界面设计效果后，他的工作职责是将其转化为网站代码。一个网站由许多页面链接而成，其中最重要的是页面的首页。因此首先制作的是首页。网页排版是比较细致的工作，无论放置哪种具体元素，都必须和预先设计好的效果图保持一致，特别是细微之处的排版，更要耐心、细心，这样交付给客户的作品才是合格的。乔明暗自下决心，一定要努力学习成为一个合格的 Web 前端开发工程师。图像和文本是网页中应用最广泛的元素，那就从插入图像和文本开始吧！

任务一　网页中文本的应用

【任务提出】

网络上的信息大多是以文字的形式存在的，其中网站首页的文字多。在本任务中，主要完成网站首页中文本的添加。遵循的原则是网站首页中文本的设计要突出美感，让空间、文字、图形相互均衡，产生和谐的视觉效果。网站的应用页往往需要大段的文字，要注意段落的样式设计，以及图文混排的效果等。

【学习目标】

知识目标

- 掌握各类文本标签及其属性。
- 掌握文本标签的样式。

技能目标

- 能够向网页中添加文本。
- 熟练设置调整文本的样式。

素质目标

- 做事严谨，精益求精。

【相关知识】

向网页指定位置插入文字需要使用一系列新的样式属性，以便对文字和段落进行精确设置。

一、插入文本

文本是 HTML 中使用最多的展示内容，用适当语义的标签对文本数据进行结构化是架构网站的基本技能。常用的文本标签有标题 <h1> ～ <h6>、段落 <p>、换行
、水平线 <hr/>、强调文本 <strong> 与 <em> 等，不同浏览器对不同文本标签有自己默认的呈现样式。

1. 块级文本标签

1）标题标签 <h1> ～ <h6>

<h1> ～ <h6> 标签可定义六级不同大小的标题。<h1> 定义最大的标题,<h6> 定义最小的标题。其基本语法格式如下：

```
<hn> 标题文本 </hn>
```

标题标签为双标签，*n* 的取值为 1 ～ 6。由于其拥有确切的语义，有明显的主次和轻重关系，因此要选择恰当的标签层级来构建文档的结构，<h1> 常用作主标题，<h2> 是次重要的标题，以此类推。<h1> ～ <h6> 在 Chrome 浏览器下默认的呈现样式如图 2-1 所示。

2）段落标签 <p>

在网页中要把文字有条理地显示出来，离不开段落标签。如同我们平常写文章一样，整个网页也可以分为若干个段落，段落的标签就是 <p>，其基本语法格式如下：

```
<p> 段落文本 </p >
```

作为块级元素，p 标签会自动在段落前后创建一些空白区域，大小有别于行间距，可以通过样式属性 margin 来改变。

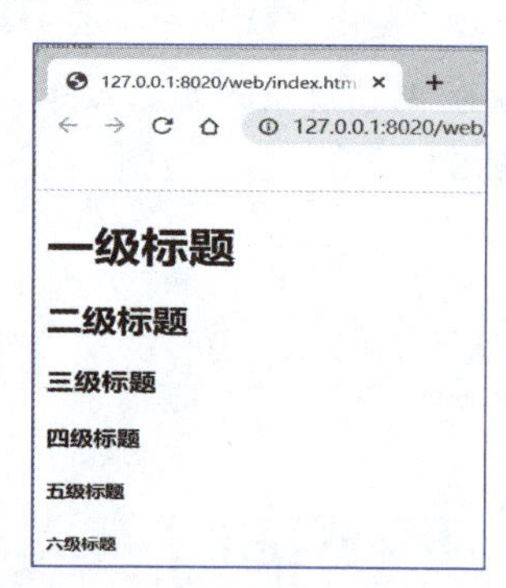

图 2-1　HTML5 文档的基本格式

3）水平线标签 <hr/>

在网页中常常可以看到一些水平线将段落与段落隔开，使得文档结构清晰，层次分明。这些水平线可以通过插入图片实现，也可以简单地通过标签实现，<hr/> 就是创建横跨网页水平线的标签，其基本语法格式如下：

```
<hr/>
```

<hr/> 是块级元素，块级元素的样式属性 hr 标签同样有效，示例如下：

```
<hr style="width: 80%; margin: 0 auto; background:#00F">
```

我们将得到一条占父级容器宽度 80% 的水平居中的蓝色横线。需要注意的是，我们看到的线其实是一个高度为 0 的有边框的小矩形盒子。

2. 行内文本标签

行内文本的一系列标签可以为段落中的个别文字设置特殊效果，有效增加可读性。

1）<span> 标签

<span> 标签经常被用来修饰段落中的某一部分文本，没有特定的含义。如果没有设置样式 span 元素中的文本与其他文本也不会有任何视觉上的差异。对 span 元素设置 CSS 样式可以为行文本设置特殊效果。绝大多数行内修饰标签，如加粗 <b><strong>、斜体 <i><em>、下划线 <u> 等都可以被 <span> 取代，在样式表中设置 span 元素的样式可以更好地实现内容与形式分离。

【例 2-1】使用 span 标签实现首字下沉。

向 HTML 文档中写入如下代码：

```
<!DOCTYPE html>
    <html>
        <head>
            <meta charset="utf-8">
            <title> 文本 </title>
        </head>
        <body>
            <p><span style="color:rgb(79,81,200); font-size:2.5em; font-family:楷体 ; float:left;"> 青 </span> 青花瓷 (blue and white porcelain)，又称白地青花瓷，常简称青花，是中国瓷器的主流品种之一，属釉下彩瓷。青花瓷是用含氧化钴的钴矿为原料，在陶瓷坯体上描绘纹饰，再罩上一层透明釉，经高温还原焰一次烧成。钴料烧成后呈蓝色，具有着色力强、发色鲜艳、烧成率高、呈色稳定的特点。原始青花瓷于唐宋已见端倪，成熟的青花瓷则出现在元代景德镇的湖田窑。明代青花成为瓷器的主流。明宣德时发展到了顶峰。明清时期，还创烧了青花五彩、孔雀绿釉青花、豆青釉青花、青花红彩、黄地青花、哥釉青花等衍生品种。</p>
        </body>
    </html>
```

页面运行效果如图 2-2 所示。将段首文字放大 2.5 倍，并设置浮动效果后，形成首字下沉的效果。

2）mark 标签文本

<mark> 是 HTML5 中的新标签，用来定义带有记号的文本，表示页面中需要突出显示或高显示的信息，也是行内元素，示例如下：

```
<p> 中华传统 <mark> 文化 </mark></p >
```

效果如图 2-3 所示。

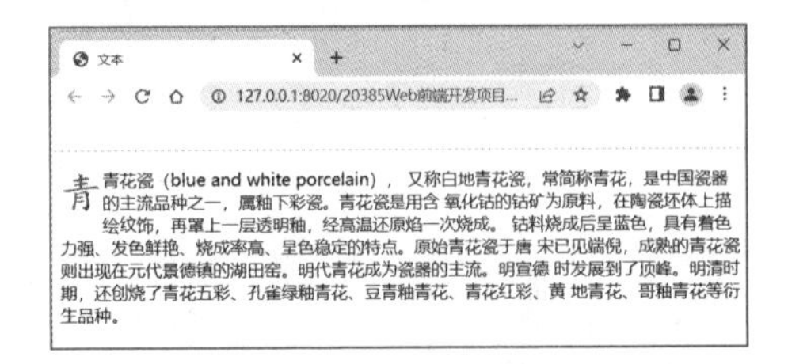

图 2-2　span 标签用法

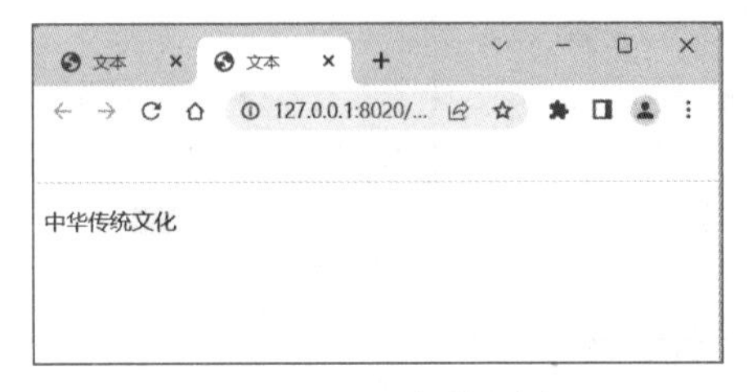

图 2-3　mark 标签用法

3. 其他标签

除了常见的块级文本标签和行内文本标签外，CSS 还提供了一部分具有特殊意义的标签。

1）换行标签

在 HTML 中，一个段落中的文字会从左到右依次排列，直到父级盒子的右端，然后自动换行。如果希望某段文本强制换行显示，就需要使用换行标签
，如果还像在 Word 中直按【Enter】键，换行就不起作用了。HTML 中的
 元素属于内联元素，但是除了换行也没有其他实际意义。

2）注释标签

在开发中为代码添加适当的注释是一种良好的习惯。注释只在编辑文本的情况下可见，在浏览器展示页面时并不会显示。

在 HTML 中用 "<!--" 和 "-->" 标签插入注释，该标签不支持任何属性，其基本语法结构如下：

```
<!-- 注释的文本内容 -->
```

示例如下：

```
<!-- 以下是商品部分 -->
<div> 商品中心 </div>
```

“<!--” 和 “-->” 之间的任何内容都不会显示在浏览器中。

CSS 中的注释必须以 “/*” 开始，以 “*/” 结束，中间加入注释内容。注释可以放在样式表之外，也可以放在样式表内部，其基本语法结构如下：

```
/* 注释的文本内容 */
```

示例如下：

```
.head{ width:1000px;}
/* 定义网页的底部样式 */
.footer {width:1000px;}
 p{
color:#ff7700;            /* 字体颜色设置 */
height: 30px;             /* 段落高度设置 */
}
```

3）特殊字符

浏览网页时，常常会看到一些包含特殊字符的文本，如数学公式、版权信息等。那么如何在网页上显示这些包含特殊字符的文本呢？ HTML 为这些特殊字符准备了专门的替代码，见表 2-1。

表 2-1　特殊字符

字　　符	描　　述	替　代　码
	空格	
<	小于号	<
>	大于号	>
&	和号	&
¥	人民币	¥
©	版权	©
®	注册商标	®
℃	摄氏度	°
±	正负号	±
×	乘号	×
÷	除号	÷

常用的特殊字符有空格 ( )、版权符号 (©)、人民币 (¥) 等，在 HTML 代码中直接插入即可使用。

二、CSS字体和文本样式的应用

CSS 字体和文本样式是相对于文字部分进行的样式修饰。准备好网页上需要显示的文本内容后，还需要设置字体、文字大小、颜色、行间距、对齐方式等，这些在 CSS 中都有与之对应的样式属性。

1. 字体样式

字体样式是关于文字设置的集合，这些设置可包括字体、文字大小及特殊效果等。CSS 中常用的字体样式属性见表 2-2。

表 2-2　常用的字体样式属性

样式属性	描　述	取值
font-family	字体系列	font-family: "Time New Roman,Times", serif;
font-size	字号	14px 16pt 1.5em
font-style	斜体	italic
font-weight	粗体	bold
font	一次性设置所有的字体属性	font:italic bold 18px ' 华文行楷 ' ;

1）设置字体

设置字体的样式属性是 font-family，其基本语法结构如下：

```
font-family: 字体 1, 字体 2…;
```

font-family 有两种类型的字体系列名称可以作为值。

（1）指定具体字体名，如“Times New Roman”“黑体”“arial”等。为防止用户机器上的字体系列不可用，font-family 取值为具体字体名称时通常会多定义几个备用字体，如果第一个字体没有，就按照第二个字体显示。双引号可以省略，但是字体名称内部如果有空格，那么一定要用双引号把字体名称引起来。

（2）指定通用字体集名，通用字体集名就是统一描述一类字体样式的名称，如“serif(有边饰字体)”“sans-serif(无边饰字体)”等。浏览器在遇到字体集名称时，会自动从系统中寻找与之匹配的字体进行显示。通用字体集名称见表 2-3。

表 2-3　通用字体集名称

通用字体集名称	特　征	说　明
serif	有边饰字体	该类字体笔画有粗细变化，不建议作为标题字体使用，如宋体（SimSun）、Times New Roman 等
sans-serif	无边饰字体	该类字体通常是机械的和统一线条的，它们往往拥有相同的曲率、笔直的线条、锐利的转角如微软雅黑（Microsoft Yahei）、Tahoma 等
monospace	等宽字体	等宽字体是指字符宽度相同的计算机字体，如 Consolas
cursive	卷曲字体	浏览器中不常用
fantasy	花哨字体	浏览器中不常用

使用通用字体集名称的好处是浏览器总能从系统中找到与之相匹配的具体字体，而不必担心某种字体甚至备用字体都不可用。所以，设计者在定义任何字体时，最好都在最后加上一个通用字体集，以保证字体显示万无一失，示例如下：

```
font-family: "Times New Roman", Times, serif;
```

还要注意在同一个网站中尽量不要使用超过三种字体，否则会使网站看起来比较混乱，缺乏结构化。

2）文字大小

设置文字大小的样式属性是 font-size，具体用法如下：

```
font-size:16pt;
font-size:12px;
font-size:2em;
```

在 CSS 中，字体大小的设置单位常用的有三种 :px、pt 和 em。

（1）px 即 pixel（像素），是屏幕上显示数据最基本的点，常用于网页设计，其大小与设备的显示分辨率相关。所以，像素的大小是会“变”的，其也称为“相对单位”。各大浏览器厂商不约而同地把字号都默认为 16px。如果 font-size 设置得过小，则 Chrome 中文界面默认会将小于 12px 的文本强制按照 12px 显示。

（2）pt 就是 point，英文音译为“磅”，中文读作“点”，是排版印刷中常用的文字大小单位。pt 是固定的长度单位，1pt=1/72 英寸。

在默认显示设置中，1px=1/96 英寸，结合 1pt=1/72 英寸的关系，可换算出 96px=72pt。

（3）em 是相对长度单位，相对于当前对象内文本的字体尺寸，如果当前对象内文本的字体尺寸未被重新设置，则为相对于浏览器的默认字体尺寸。在默认大小情况下，1em=16px，1.25em=16px × 1.25=20px。如果在 body 中定义 font-size:12px;，则 1em=12px，1.25em=12px × 1.25=15px。

3）文字加粗、倾斜与大小写

文字的一些其他样式设置，如加粗、倾斜等，虽然有 <b>、<strong>、<i> 等专门的行内标签但是更建议使用 CSS 样式，具体用法如下：

```
font-style:italic;/* 斜体 */
font-weight: boid;/* 加粗 */
font-variant:small-caps;/* 小体大写 */
```

4）用 font 综合设置样式

如果将所有关于字体的样式设置在一个 font 属性中，则必须按照指定的顺序来写，各个属性值之间用空格隔开，具体用法如下：

```
选择器 (font:font-style font-variant font-weight font-size font-family;)
```

其中不需要设置的属性可以省略（取默认值），但必须保留 font-size 和 font-family 属性，否则 font 属性将不起作用。

2. 文本样式

文本样式主要涉及多个字符的排版效果，如水平对齐、垂直对齐、行高、缩进等。常用的文本样式见表 2-4。

表 2-4　常用的文本样式

样式属性	描　述	取　值

color	文本颜色	red
		#f00
		#ff0000
		rgb(255,0,0)

line-height	行高	14px 1.5em 120%
text-decoration	装饰线	none overline underline line-through center left
text-indent	首行缩进	2em
text-align	水平对齐方式	center left right justify
letter-spacing	字符间距	2px -3px

1）文本颜色

用于设置前景字符颜色的样式属性是 color。该属性改变的是文本的颜色，使用时要与背景色 background-color 样式属性区分，具体用法如下：

```
color:blue;
color:#0000ff;
color:#00f;
color:rgb(0,0,255);
color:rgb(0%,0%,100%);
```

以上五种颜色的取值都可以将文本设置为蓝色。

2）行高

行高是指文本行的基线间的距离，即每行文字的下基线与下一行文字的下基线之间的距离（或者每行文字的上基线与下一行文字的上基线之间的距离），具体用法如下：

```
line-height:30px;
```

line-height 的一个很重要的应用就是通过调整其值实现单行文字在容器中垂直居中。

【例 2-2】行高的应用——设置垂直居中对齐效果。

向 HTML 文档中写入如下代码：

```
<!DOCTYPE html>
<html>
    <head>
        <meta charset="utf-8">
        <title>line-height</title>
        <style type-"text/css">
            #text{
                font-family:微软雅黑; height:60px;
```

```
                background-color: #eee; font-size:16px;
                line-height:60px;}
            </style>
    </head>
    <body>
            <p id="text">垂直居中的文本</p>
    </body>
    </html>
```

页面效果如图 2-4 所示。在上面的代码中，文本所在的容器盒子的高度为 60px，而文本的行高也恰恰为 60px，所以文本能够在盒子中垂直居中显示。

在 CSS 盒模型中，要使内容水平居中可以将左右 margin 的值设置为 auto，由浏览器自己计算并确定水平位置，但是内容垂直居中就不那么方便设置了，单行文本经常使用 line-height 样式属性来设置垂直居中效果。

3）装饰线

text-decoration 样式属性的作用是在文本的上面、中间或下面添加线条。取值为 overline 时在文本上面添加装饰线；取值为 line-through 时，在文本中间添加删除线；取值为 underline 时，在文本下面添加下划线。图 2-5 所示为三种装饰线的效果。

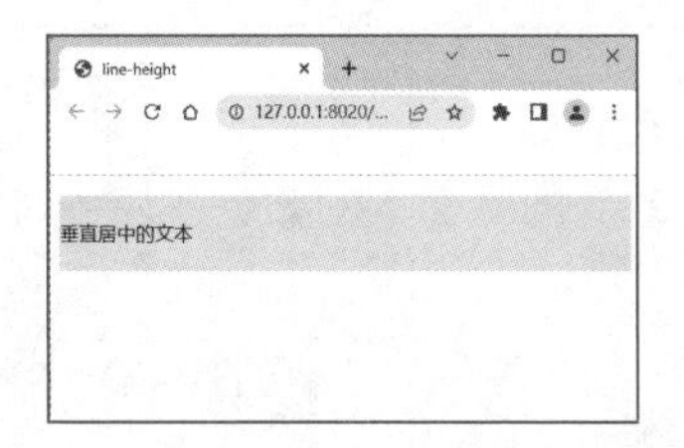

图 2-4　单行文本垂直居中对齐效果

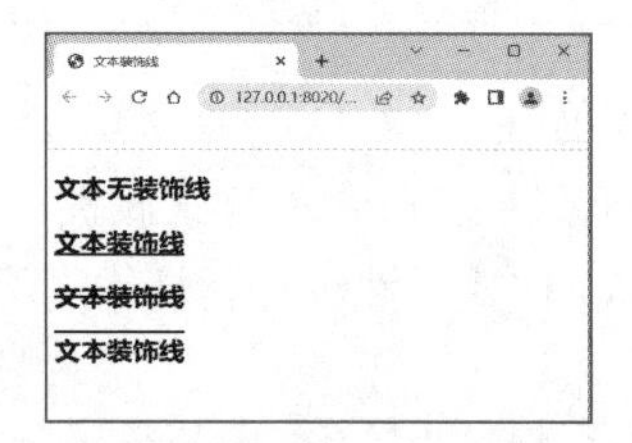

图 2-5　种装饰线的效果

text-decoration 属性经常用于为超链接文本去掉下划线。默认情况下，<a> 标签做出来的超链接默认有下划线，为了美观，可以将其 text-decoration 的值设置为 none，强行去掉下划线。<a> 标签将在后面的项目中详细学习，在下面例子中仅对下划线的样式进行设置。

【例 2-3】去掉超链接的默认下划线。

向 HTML 文档中写入如下代码：

```
<!DOCTYPE html>
<html>
    <head>
        <meta charset="utf-8">
        <style type="text/css">
            a{text-decoration: none;}
        </style>
    </head>
    <body>
        <a href="#">超链接 1</a> 
        <a href="#">超链接 2</a> 
        <a href="#">超链接 3</a>
    </body>
</html>
```

去掉下划线前后效果对比如图 2-6 所示。

图 2-6　使用 <a> 标签去掉下划线前后的效果对比

4）首行缩进

首行缩进是将段落的第一行缩进，这是常用的文本格式化效果，一般为缩进两个字符。text-indent 属性的初始值为 0，text-indent:2em; 实现段首空两格的效果。text-indent 还可以取负值，实现悬挂缩进的效果。text-indent 分别为 2em 和 -2em 时的页面效果如图 2-7 所示。

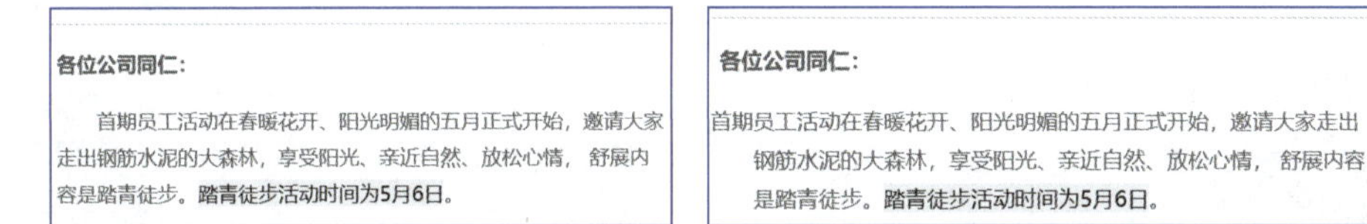

图 2-7　text-indent 分别为 2em 和 −2em 的页面效果

5）水平对齐方式

text-align 用于设置水平方向上的对齐方式，可以取值为 left、right、center 等，其基本语法结构如下：

```
text-align: left | right | center | justify;
```

（1）left: 为默认值，左对齐。

（2）right: 表示右对齐。

（3）center: 表示居中对齐。

（4）justify: 表示两端对齐。

6）字符间距

letter-spacing 属性用于增加或减少字符间的空白（字符间距）。该属性定义了在文本字符框之间插入多少空间。默认值 normal 相当于 0，示例如下：

```
<p style "letter-spacing:10px;"> helloweveryone</p>
```

显示结果为“h e l l o w e v e r y o n e”。

```
<p style="letter-spacing:10px;"> 字符间的空白 </p>
```

显示结果为“字 符 间 的 空 白”。

letter-spacing 的值允许为负值，这会让字母之间靠得更紧，或者出现重叠的效果。读者可以自行测试一下。

另外还有一个 word-spacing 属性，用于增加或减少单词间的空白（字间隔）。该属性用于定义元素中单词之间插入多少空白。同样，默认值 normal 等同于设置为 0，该属性也允许指定为负值，这会让单词之间靠得更紧。示例如下：

```
<p style="word-spacing:10px;"> how are you</p>
```

显示结果为“how are you”。

letter-spacing 和 word-spacing 二者有何区别？letter-spacing 属性增加或减少的是字符间的空白（字符间距），word-spacing 属性增加或减少的是单词间的空白（字间隔）。那么如何区分哪些字符是一个单词呢？浏览器以空格为标准，使用空格隔开的为一个单词，所以 word-spacing 会把连续的一串中文字符当作一个单词，示例如下：

```
<p    style="word-spacing:10px;">单词之间的空白</p>
```

显示结果仍然为“这是一个测试”。可以看出，文字之间并没有产生间隔。

【项目实践】

完成文字页面排版

其页面效果如图 2-8 所示。

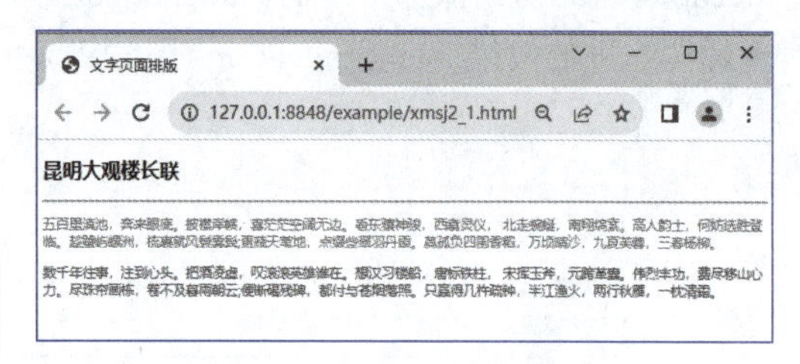

图 2-8　文字页面排版效果

向 HTML 文档中写入如下代码：

```
<!DOCTYPE html>
<html>
    <head>
        <meta charset="UTF-8">
            <title></title>
    </head>
    <body>
<h2>昆明大观楼长联</h2>
    <hr/>
<font color=#f60><p>五百里滇池,奔来眼底。披襟岸帻,喜茫茫空阔无边。看东骧神骏,西翥灵仪,北走蜿蜒，南翔缟素。高人韵士，何妨选胜登临。趁蟹屿螺洲，梳裹就风鬟雾鬓；更蘋天苇地，点缀些翠羽丹霞。莫孤负四围香稻，万顷晴沙，九夏芙蓉，三春杨柳。</p></font>
<font color=#afc><p>数千年往事,注到心头。把酒凌虚,叹滚滚英雄谁在。想汉习楼船,唐标铁柱,宋挥玉斧，元跨革囊。伟烈丰功，费尽移山心力。尽珠帘画栋，卷不及暮雨朝云；便断碣残碑，都付与苍烟落照。只赢得几杵疏钟，半江渔火，两行秋雁，一枕清霜。</p></font>
    </body>
</html>
```

任务二　网站首页中图像的应用

【任务提出】

公司首页中使用了大量图片用于商品展示，这些图片都是美工预先处理好的，乔明要将它们放进相应的盒子中，并且调整至合适的大小和位置，这个过程需要图像元素和 CSS 样式完美配合。

【学习目标】

知识目标

- 掌握 <img> 标签及其属性的用法。

- 掌握常见图像样式的使用。

技能目标

- 能够向网页中添加图像。
- 能够按需调整图像的样式。

素质目标

- 逐步树立勇于实践的精神。

【相关知识】

在 Web 前端开发团队中，图片往往由专门的美工人员事先处理好，开发人员可以直接使用或者做很少的设置后使用。

一、插入图像

图像是网页中必不可少的元素。显示一个页面时，浏览器会先下载 HTML 文件，页面主体结构开始显示之后才下载图像，在网速比较慢的时候能明显看出图片的加载要滞后一些。所以页面的一幅图片通常不允许太大，较大的图片可以在页面分割之后再以多个图像元素的方式插入页面中。

在 HTML 页面中插入图像的标签是 <img>，其基本语法结构如下：

```
<img src=" 图像 URL" alt=" 替代文本 " [ 其他可选属性 ] />
```

<img> 标签是单标签，只有开始标签，没有结束标签，开始标签中的“/”可以省略不写。它还是行内元素，用于在当前行中插入一幅图像，图像前后的文本默认与图像底部对齐，如图 2-9 所示。由于图片本身就有大小，所以严格地讲，插入图片的本质是使用 <img> 标签在页面中创建一块行内区域，用以容纳被引用的图像。<img> 标签有两个必需的样式属性 :src 属性和 alt 属性。

图 2-9　段落中插入图片效果

1. src属性与图像路径

<img> 标签的 src 属性是必需的。它的值是图像文件的 URL，也就是引用该图像的文件绝对路径或相对路径。在实际工作中，通常在网站目录下建立一个文件夹来专门存放图像文件，这类文件夹可以命名为“pics”或“images”，存放的图像格式可以是 JPG、GIF 或 PNG 等。准备好图片素材以后，在 HTML 中插入 <img> 标签，再使用路径指明图像文件的位置。路径的使用方式有以下两种。

1）绝对路径

绝对路径一般是指带有盘符的路径或完整的网络地址，例如：

```
"E:\myweb\img\logo.gif"，或者 "http://www.hljswkj.edu.cn/images/logo.gif"。
```

网页中不推荐使用绝对路径，因为网页制作完成之后，需要将所有的文件上传到服务器，这时图像文件可能在服务器的 C 盘，也有可能在 D 盘、E 盘，还可能在 aa、bb 文件夹中。也就是说，很有可能服务器上不存在 "E:\mywebl\img\logo.gif" 这样一个路径，当然也就无法找到指定的图像文件了。

2）相对路径

相对路径不带有盘符，通常是以当前 HTML 网页文件为起点，通过层级关系描述目标图像的位置。一个网站中通常会用到很多图像，为了方便查找，可能需要对图像进行分类，即将图像放在不同的文件夹中。假设在与网页文件同级的 img 文件夹中有两个文件夹 img01 和 img02，两者分别用于存放不同类型的图像，图像文件 logo.gif 位于 img01 中。在 index 文件中引用 logo.gif 图像文件的代码如下：

```
< img src="img/img01/logo.gif"/>
```

其中，“/” 用于指定下一级文件夹。

制作网页时还有一种常见的情况，即图像文件和 HTML 网页文件同时位于独立的文件夹中，例如，图像文件位于 img 文件夹，网页文件位于 html 文件夹。

这时插入图像的代码如下：

```
< img src="../img/logo.gif"/>
```

在上面的代码中，"../" 用于指定上一级文件夹。从当前 html 文件夹的上一级进入 img 文件夹才能找到图像文件。

总的来说，相对路径的设置分为以下三种。

（1）图像文件和 html 文件位于同一文件夹：只需输入图像文件的名称即可，如 < img src="logo.gif" />。

（2）图像文件位于 html 文件的下一级文件夹：输入文件夹名和文件名，中间用 “/” 隔开，如 < img src="img/img01/logo.gif"/>。

（3）图像文件位于 html 文件的上一级文件夹：在文件名之前加上 “../”，如果是上两级，则需要使用 “../../”，以此类推，如 < img src="../logo.gif" />。

2. alt属性

由于图片本身并不包含在网页里，直到加载网页时，浏览器才会从 Web 服务器上下载图片，并在网页上显示出来，如果图片下载失败，则用户看到的将是一个表示断链的图标。这时可以通过 <img> 标签的 alt 属性指定页面中图像不能显示时的替代文本信息。

alt 属性指定了替代文本，用于在图像无法显示或者用户禁用图像显示时，给用户提供一些提示信息。该属性虽然是 <img> 标签的必备属性，但是省略该属性并不会发生错误，主要是为方便搜索引擎抓取图片，同时也为使用屏幕阅读器的残障人士提供方便，推荐网页开发人员在引入图像时都使用这个属性，示例如下：

```
< img src="logo.gif" alt=" 网站标志 "/>
```

如果图片无法正常显示，则在网页上显示为 网站标志 。

3. 其他可选属性

除了 src 和 alt 两个必备属性之外，<img> 标签还有以下几个可选属性。

（1）title: 指定当鼠标指针指向图片时显示的提示信息。

（2）width: 设置图像在页面中的显示宽度，可以设置为像素，也可以设置为原图片大小的百分比的形式。

（3）height: 设置图像的高度，单位可以是像素或百分比值。

如果不设置 width 和 height，则系统将默认显示图片的真实大小；如果分别设置 width 和 height，则按指定宽高显示。通常情况下，为了保证图片比例不失调，只设置 width 属性或者 height 属性，另一个属性的值会自动按比例变化。

二、CSS 图像样式

在大多数情况下，我们更加倾向于使用CSS美化图像。CSS中可用于调整图像的样式属性如下。

1. 设置图片的宽高

<img> 标签虽然是行内元素，但是它是根据 src 属性的值来显示的。由于图像本身有内在尺寸，所以具有宽高属性，可以通过 CSS 重新设定。不指定宽高属性时，按其内在尺寸显示，也就是图片保存时的宽度和高度，设置方法如下：

```
width：设置图像的宽度；
height：设置图像的高度；
```

也可以只设置 width 或 height 属性中的一个，另一个值将会根据内容的尺寸自动调整，防止图像失真。

【例 2-4】设置横栏广告的图像。

向 HTML 文档中写入如下代码：

```
<!DOCTYPE html>
<html>
    <head>
        <meta charset="utf-8">
        <title> 插入图片 </title>
    <style type="text/css">
            .box{
                margin: 0 auto;
                width: 90%;
            }
            .box img{
                width: 100%;
            }
        </style>
    </head>
    <body>
    <div class="box"><img src="img_1/banner.png" alt=" 商品图片 "></div>
    </body>
</html>
```

在上面的代码中，通过 width:100%; 样式属性设置图片大小和容器盒子等宽，页面运行效果如图 2-10 所示。

图 2-10　网页中插入图片的效果

在实际应用中，向已经布局好的页面模块中插入图片时经常会发生图片过大而超过容器盒子大小的情况。

【例 2-5】图片超出容器大小时默认完整显示。

容器盒子大小为 100px × 100px，图片大小为 200px × 200px。向 HTML 文档中写下如下代码：

```
<!DOCTYPE html>
<html>
    <head>
        <meta charset="utf-8">
        <title></title>
        <style type="text/css">
        .box{
            width:100px;
            height: 100px;
            border: 1px solid;
            }
        </style>
    </head>
    <body>
        <div class="box"><img src="img/h5.jpg" ></div>
    </body>
</html>
```

运行后的页面效果如图 2-11 所示，图片大小超出容器大小，图片默认完整显示。

容器的大小和位置往往在页面布局时就已经确定好了，后续一般不会随意改变，建议在上传图片时，事先将图片剪切以匹配容器，或者在引用图片时，调整图片的样式大小为容器的 100%，同时对容器使用 overflow:hidden 属性，避免图片占据过多的空间。

【例 2-6】重设容器中图片的大小。

将例 2-5 的 CSS 代码做如下改进：

```
<style type="text/css">
.box{
    width:100px; height:100px;
    border: 1px solid;
}
.box img{
    width: 100%;
    overflow: hidden;}
</style>
```

页面效果如图 2-12 所示，图片大小被调整至和容器相匹配，超出容器大小的部分被隐藏。

图 2-11　图片超出容器盒子的显示方式

图 2-12　图片大小和容器相匹配

2. 设置图片的行内框

<img> 元素虽然是行内元素，但是水平方向的外边距、边框、内间距对它都适用，这些属性都会增加它的占位宽度，且使用方法与块级元素样式属性的用法相同。

border: 设置图像的边框。

border-radius: 设置圆角图像。

margin: 设置图像在四个方向的外边距。

padding: 设置图像在四个方向的内间距。

【例 2-7】制作网页中的圆形图像。

向 HTML 文档中写入如下代码：

```
<!DOCTYPE html>
<html>
    <head>
    <meta charset="utf-8">
    <title></title>
    <style type="text/css">
    .box{width: 200px; height: 200px; border: 1px solid red; }
    .box img{width:60%; overflow:hidden; border-radius: 50%; border: 1px
      solid;margin: 10%; padding:10%;)
    </style>
    </head>
    <body>
          <div class="box">< img src="img/h5.jpg" ></div>
    </body>
</html>
```

页面效果如图 2-13 所示。图片被裁剪为圆形，超出边界的部分隐藏。

图 2-13　容器盒子中的圆形图像

3. 设置图片的垂直对齐方式

<img> 是行内元素，不会独占一行。如果同一行中还有其他的行内元素，则可以设置它们之间的垂直对齐方式，具体设置方法如下：

```
vertical-align: 同一行中图像与文字的垂直对齐方式；
```

默认情况下，该属性仅仅影响图片、按钮、文字和单元格等行内元素。常用的取值如下：

top: 图像顶端与第一行文字的行内框顶端对齐。

text-top: 图像顶端与第一行文字的文本顶线对齐。

middle: 图像垂直方向中间线与第一行文字对齐。

bottom: 图像底线与第一行文字的行内框底端对齐。

text-bottom: 图像底线与第一行文字的文本底线对齐。

baseline: 图像底线与第一行文字的基线对齐。

【例 2-8】设置图像与文本的对齐关系。

同一行中包含图片和行内文本两个元素，向 HTML 文档中写入如下代码：

```
<!DOCTYPE <html>
<html>
  <head>
      <meta charset="utf-8">
      <title> vertical-align </title>
      <style type="text/css">
            Img{vertical-align:top;}
            span{ line-height: 60px;}
      </style>
  </head>
  <body>
    <h2>图像与文本的对齐关系</h2>
    <hr />
    <div>< img src="img/h5.jpg"/><span>行高 60px，图像顶端与第一行文字行内框顶端
对齐</span></div>
  </body>
</html>
```

运行效果如图 2-14 所示，top 效果为图像顶端与第一行文字的行内框顶端对齐。将 CSS 改动如下：

```
<style type="text/css">
        img{vertical-align:text-top;}
        span{ line-height: 60px;}
</style>
```

文字和图片的对齐关系如图 2-15 所示，text-top 效果为图像顶端与第一行文字的文本顶线对齐。

图 2-14 vertical-align:top 效果

图 2-15 vertical-align:text-top 效果

4. 将图像转换为块级元素

和其他元素一样，对 <img> 标签使用 display 属性可以在块级元素和行内元素之间转换，示例如下：

```
display:block;
```

该段代码可以将图像转换为块级元素。

<img> 标签是行内标签，只要没有采用其他换行方法，在浏览器窗口宽度允许的情况下，各个 <img> 插入的图像都将在一行中显示。

【例 2-9】将多幅行内图片显示在同一行。

在 HTML 文档中写入如下代码：

```
<!DOCTYPE html>
<html>
    <head>
        <meta charset="utf-8">
        <title>行内图片</title>
        <style type "text/css">
            .pic img{width: 400px; }
        </style>
    </head>
    <body>
        <div clas="pic">
            <img src="img_1/banner.png" alt="">
            <img src="img_1/banner.png" alt="">
        </div>
    </body>
</html>
```

效果如图 2-16 所示。仔细观察可以发现，两个 <img> 元素之间有一条很小的缝隙，这条缝隙是从何而来的呢？又该如何消除呢？

其实多个 inline-block 或者 incline 元素之间出现缝隙是因为代码中有空格，在页面上表现为一条一个字符宽的缝隙，将多个 img 标签写在同一行就可以解决这个问题。上面的代码修改如下：

```
<div class="pic"><img src="img_1/banner.png" alt="">< img src="img_1/
banner.png" alt=""></div>
```

这时再预览页面，效果如图 2-17 所示，中间的缝隙不见了，两幅行内图片紧紧拼接在一起。

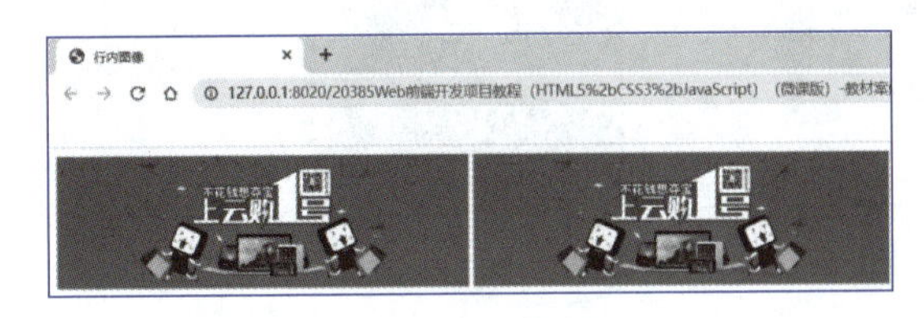

图 2-16　行内图片

图 2-17　行内图片无缝隙效果

当然，还可以设置图像的 display:block; 样式属性将其转换为块级元素，这样块级盒子之间的距离就可以使用 margin 等样式属性来精确控制。如果希望图像水平方向无缝隙拼接，则只需要设置 float 浮动就可以，但是要注意浮动以后带来的一系列问题。

【例 2-10】利用浮动实现图像无缝拼接。

向 HTML 文档中写入如下代码：

```
<!DOCTYPE html>
    <html>
        <head>
            <meta charset="utf-8">
            <title>行内图像和块级图像</title>
            <style type="text/css">
                .pic img{width:400px; float:left;}
            </style>
        </head>
        <body>
```

```
        <div class="pic";>
            <img src="img_1/banner.png" alt="">
            <img src="img_1/banner.png" alt="">
        </div>
        </body>
</html>
```

元素浮动的同时，也将行内元素转换为块级元素了，所以 display:block; 可以省略不写。在浮动状态下，仍然可以使用 margin 样式属性控制块级图像之间的距离，例如，设置 margin: 0 20px;，图像水平间距增大，读者可以自行测试，在开发中根据实际需要使用。

【项目实践】

在首页布局的基础上插入图像

效果如图 2-18 所示。

图 2-18　插入图像后的页面效果

需要插入的图像为随书配套素材文件中 img 文件夹中的 banner.png 主体区域广告部分。

向 HTML 文档中写入如下代码：

```
<div class="banner" id="banner">
     <ul class="clear" style="left: -100%;">
        <li><img src="img/gh8.jpg"/></li>
        <li><img src="img/gh1.jpg"/></li>
        <li><img src="img/gh2.jpg"/></li>
        <li><img src="img/gh3.jpg"/></li>
        <li><img src="img/gh4.jpg"/></li>
        <li><img src="img/gh5.jpg"/></li>
        <li><img src="img/gh6.jpg"/></li>
        <li><img src="img/gh7.jpg"/></li>
        <li><img src="img/gh8.jpg"/></li>
        <li><img src="img/gh1.jpg"/></li>
    </ul>
</div>
```

CSS 部分代码如下：

```
.banner{
        position:relative;
        width: 590px;
        /*min-width: 1200px;*/
        height: 470px;
        overflow: hidden;
        }
ul{
        position: relative;
        list-style: none;
        width: 1000%;
}
ul li{
        float: left;
        width: 10%;
        }
ul li img{
        width: 100%;
        width: 590px;
        height: 470px;
        }
.clearAfter:after{
        content: "";
        display: block;
        clear: both;
        }
```

右边插入图像代码参照如下：

```
<div class="fr you-pic">
      <img src="img/xq-sp-2.png"/>
      <img src="img/sc-1.jpg"/>
      <img src="img/sc-2.jpg"/>
</div>
```

CSS 部分代码如下：

```
.you-pic img{
        width: 190px;
        height: 150px;
        margin-bottom: 10px;
        }
.fr{
    float: right;
}
```

【小　　结】

本项目学习了如何在网页中插入图像和文字信息，同时按照效果图的要求对图像、文本和段落进行精确的样式设置。需要注意的是，img 标签是行内标签，要遵循“行布局”的规则，也可以根据开发需求将其转换为块级元素。另外，无论是图像还是文本，都要严格按照效果图的要求进行样式设置，结合之前学过的相关知识，保证页面的美观和在不同浏览器下的兼容性。

【课后习题】

一、判断题

1. <body> 标签和 <head> 标签是并列关系。 （ ）
2. 标签就是放在“< >”标签符中表示某个功能的编码命令。 （ ）
3. 在标签嵌套中，单标签可以作为父级标签。 （ ）
4. 设置标签属性时，标签名与属性 . 属性与属性之间均以空格分开。 （ ）
5. 绝对路径就是网页上的文件或目录在硬盘上的真正路径。 （ ）

二、选择题

1. 下列选项中，属于 HTML5 扩展名的是（ ）。

A. xhtml　　B. html　　C. htm　　D. xhtm

2. 下列选项中，可以调整图像垂直边距的属性是（ ）。

A. vspace　　B. title　　C. alt　　D. hspace

3. 下列选项中，属于网页上常用图片格式的是（ ）。

A. GIF 格式　　B. PSD 格式　　C. PNG 格式　　D. JPG 格式

4. 下列标签中，用于将文字以加删除线方式显示的是（ ）。

A. <b></b> 和 <strong></strong>　　B. <u></u> 和 <ins></ins>

C. <i></i> 和 <em></em>　　D. <del></del> 和 <s></s>

5. 下列选项中，可以设置文字字体的属性是（ ）。

A. face　　B. size　　C. color　　D. font

6. 在 html 文件夹中存在页面文件 page.html，在其内部存在代码 < img src="../images/img1.jpg">，根据代码中的路径标识，images 文件夹与 html 文件夹的位置关系是（ ）。

A. 两者位于同一个父文件夹中　　B. images 是 html 的父文件夹

C. html 是 images 的父文件夹　　D. 两者之间没有任何关系

7. 若要设置图片与同一行文本之间的对齐关系，需要使用的样式属性是（ ）。

A. text-align　　B. target　　C. width　　D. vertical-align

8. 插入图像时，建议使用哪种路径方式？（ ）

A. 相对路径　　B. 绝对路径　　C. 根路径　　D. 引用路径

三、简答题

1. 请简要描述一下 HTML5 的优势。
2. 请简要描述一下 img 标签的作用。

项目三　初识首页布局

【情境导入】

乔明学习了几个常用标签后很快就做出了一个网页，页面中的文字与图片排版很乱，看起来既单调又不美观，离网络上的商业网站还差得远呢！于是乔明专门去请教了前端工程师董嘉，他告诉乔明做前端页面要树立一种“模块化”的思维，就像给报纸杂志排版一样，要确定好各模块的大小和位置，再考虑内部细节。乔明恍然大悟，原来网页开发要从大局着手，那就先学习如何摆放这些模块吧！

任务一　CSS 装饰网页

【任务提出】

如何才能控制页面的外观呢？在符合 W3C 标准的 Web 页面中，HTML 负责内容组织，CSS 负责网页元素泊版式、颜色、大小等外观样式。本任务主要学习如何对 HTML 元素应用 CSS 样式，实现对页面元素外观的控制。

【学习目标】

知识目标

- 理解 DIV+CSS。
- 掌握三种基础选择器。

技能目标

- 能够灵活运用三种基础选择器。
- 能够使用 DIV+CSS 简单布局。

素质目标

- 学会把大的问题拆分解决。

【相关知识】

样式表是网页的直观效果，用于装饰网页。绝大多数页面元素都有自己的样式属性，这些样式属性集合到一起就构成了样式表。

一、DIV+CSS网页布局

DIV+CSS是基于W3C标准的网页布局理念，其中DIV泛指<div>等页面标签，可以理解为“盒子”，DIV在页面上占据一定大小的矩形区域，CSS不仅可以静态地修饰网页，还可以配合各种脚本语言动态地对网页各元素进行格式化。二者的结合完全有别于以往的排版方式（如table排版）基本流程是先在页面整体上使用DIV划分内容区域，然后用CSS进行定位，最后在相应的区域内添加具体内容。

1. 用DIV划分页面

使用DIV将页面进行划分是网站页面排版的第一步，主要目的是确定好网页整体框架。以最常见的网页为例,页面一般可划分为banner（网页横幅）、菜单主导航、主体内容、footer（页面底部，又称为脚注）几部分。主体内容一般来说相对复杂，需要根据内容本身去考虑页面的版式，例如，是否需要二级菜单？如何放置？页面主体内容是双栏式还是“左中右”三栏式布局，一般计算机端上运行的网站采用多栏式页面，内容少一些的页面采用两栏式，如图3-1所示，大型网站和门户网站大多使用“左中右”三栏式页面。

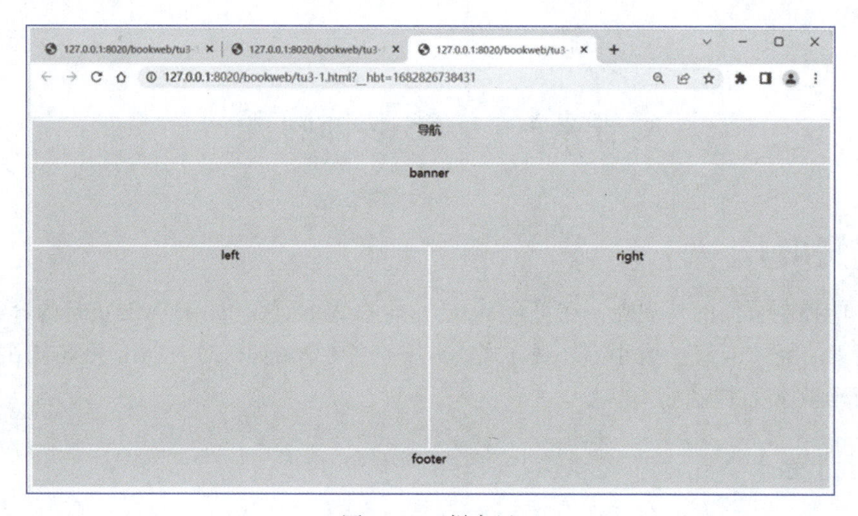

图3-1　两栏布局

2. CSS实现定位

把页面的DIV框架确定后就可以使用CSS对各个“盒子”进行定位，包括盒子的大小、位置、填充、边框、与周围盒子的距离及盒子之间是否重叠覆盖等，这些需要根据具体的样式属性来设置。

3. 细分各个内容块

用CSS将页面中大的内容块确定好以后，就可以对各个块再次进行细致规划，决定每个块的内容及结构，最后根据需要向块内部添加文本、图像、视频、表格等内容，这个过程重复了第一步的操作。

思政“治众如治寡”是中国古代兵法家孙子提出来的一种方法论和管理学思想。软件工程中也经常使用这种“分而治之”的思想，即无论多么复杂的系统，都可以分解为小的模块。同样，网站开发时，无论网页有多么复杂的需求和功能，都可以将其拆分成容易实现的最小单元，平时也可以使用“分而治之”的思想来管理日常的生活和工作。

二、CSS修饰网页

图 3-2 所示为最简单的网页框架，其已经划分好了页面布局，采用单栏式页面，自上向下分为四个部分，那么如何对这些内容块的大小、位置等参数进行具体设置呢？这就需要在 HTML 文档的基础上添加 CSS。如果把一个网页看成一个人，那么 HTML 相当于人的骨架，是结构；CSS 相当于人的外衣，是外在表现。

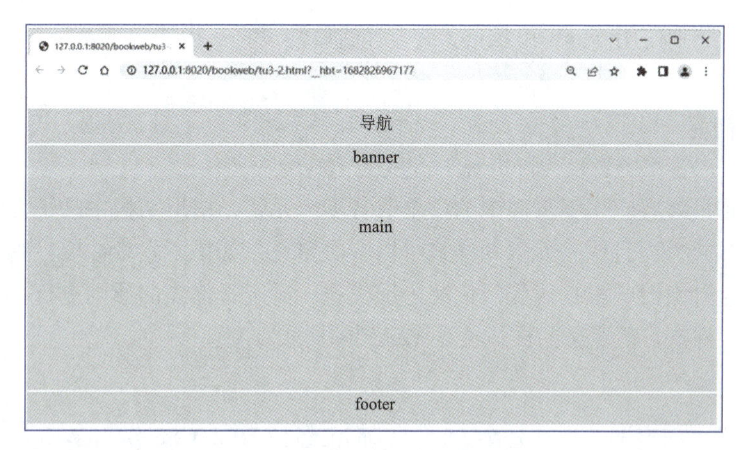

图 3-2　单栏式布局

1. CSS简介

CSS 是若干样式规则的集合。每个样式规则都是由选择器和声明块两个基本部分组成的，其基本语法格式如下：

```
选择器 { 声明部分 }
```

选择器决定为哪些元素设置样式，如 p、h1 等。

声明块定义相应的样式，它包含在一对大括号内，由一条或多条样式声明组成，每一条声明由一个样式属性和属性值组成，中间用英文冒号“:”隔开，每一条样式声明以英文分号“;”结束，其格式如下：

```
样式属性 : 属性值 ;
```

这里先使用几条常用的样式声明，后面边学习边积累。

1）设置文本大小

设置文本大小的样式属性是 font-size，用法如下：

```
font-size:33pt;
```

其中 pt 是文本大小的单位，全称为 point，印刷行业称为“磅”，大小为 1/72 英寸。还可以使用另一个单位 px，全称为 pixel（像素），是屏幕上显示数据的最基本的点，具体大小与屏幕分辨率有关。

2）设置颜色

设置文字颜色的样式属性是 color，设置背景色的样式属性是 background-color，用法如下：

```
color:red;
background-color: #FF0000;
```

CSS中的颜色可以使用颜色的英文名称表示，如blue、green、black、purple等，注意不要拼写错误。更常见的是使用十六进制数将颜色表示为红、绿、蓝三种颜色值的结合，以#符号开始，三组双位数字依次表示红色、绿色、蓝色，每组取值范围从最低值0（十六进制00）到最高值255（十六进制FF）。例如，#FF0000表示红色，#990000表示浅红色，#FFFF00表示黄色。

以上两个样式属性虽然都设置了颜色，但是应用对象不同，要区分开。

3）设置内容块的大小

内容块的宽高分别使用width和height两个样式属性设置，用法如下：

```
width:200px;
height:100px;
```

以上代码设置内容块的宽度为200 px，高度为100 px。

这些样式规则最终要应用于页面中的一个或者多个元素，树形结构中的子元素能够继承父元素定义的大多数样式，而且同一元素的样式可以多次定义，如果不发生冲突，则全部样式可以叠加起来应用；发生冲突时，根据优先级依照内层优先、后定义优先的原则进行覆盖，即内层子元素样式覆盖父元素样式，后定义的样式覆盖先定义的样式。

2. CSS的优点

现在无论是各大门户网站，还是个人网站，都已经把DIV+CSS作为Web前端开发的行业标准。DIV+CSS的标准化网页设计主张将网页内容和形式完全分开，网页内容放置在<body>和</body>之间，形式则由CSS来定义，这种方法的优点如下：

（1）表现和内容分离。将设计部分剥离出来放在一个独立的样式文件中，大大缩减了页面代码。

（2）缩短改版时间。只要简单地修改几个CSS文件就可以重新设计一个有成百上千个页面的站点。

（3）一次设计，多次使用。可以将站点上同类风格的内容都使用同一个CSS文件进行控制，如果改动CSS文件，那么多个网页都会随之发生变动。

3. 引入CSS样式表

要想使用CSS修饰网页，就需要在HTML文档中引入CSS样式表，CSS提供了四种引入方式，分别是行内式、内嵌式、外链式、导入式，具体介绍如下。

1）行内样式表

行内式也称为内联式CSS样式，就是在标签内部使用style属性定义样式声明，其基本语法格式如下：

```
<标签名 style="样式声明1;样式声明2;…; ">
```

任何标签的style属性都可包含任意多个CSS样式声明，但这些声明只对该元素及其子元素有效，即这种样式代码无法共享和移植，并且会导致标签内部的代码烦琐，所以一般很少使用，只在一些特定场合使用。

如果某个页面中的某个元素有特殊样式，则可以直接把CSS代码添加到HTML的标签中，即作为HTML标签的属性存在。通过这种方法，可以很简单地对某个元素单独定义样式。

【例3-1】应用行内式样式表。

向HTML文档中写入如下代码：

```
<!DOCTYPE html>
    <html>
```

```
        <head>
            <meta charset="utf-8">
            <title>行内式样式表应用</title>
        </head>
    <body style="background-color:#eee">
            <h2>水调歌头</h2>
            <h5>[宋]苏试 </h5>
            <p style="color:#FF0000; font-size:18px; font-family:隶书; ">
            明月几时有？把酒问青天。<br>
            不知天上宫阙，今夕是何年。<br>
            我欲乘风归去，又恐琼楼玉宇，高处不胜寒。<br>
            起舞弄清影，何似在人间。<br>
            转朱阁，低绮户，照无眠。<br>
            不应有恨，何事长向别时圆？ <br>
            人有悲欢离合，月有阴晴圆缺，此事古难全。<br>
            但愿人长久，千里共婵娟。</p >
    </body>
</html>
```

以上代码中的 <body> 和 <p> 都应用 style 属性添加了若干样式声明，这些样式只对当前元素有效果。页面效果如图 3-3 所示。

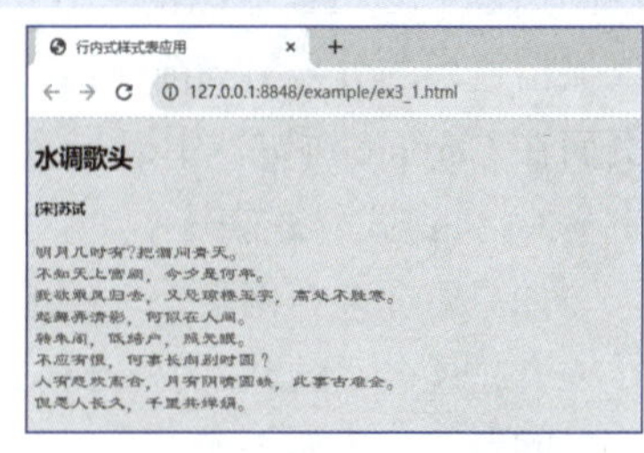

图 3-3 行内样式表应用

2）内嵌样式表

如果开发人员只需定义当前网页的样式，就可使用内嵌样式表。内嵌样式“嵌”在当前网页的 <head> 和 </head> 标签之间，这些样式只能应用于当前网页。内嵌样式表由一对 <style></style> 标签定义，<style></style> 标签之间存放着若干样式规则。其基本语法格式如下：

```
<head>
    <style type="text/css">
           样式规则
    </style>
    /* 头部的其他标签 */
</head>
```

【例 3-2】应用内嵌样式表。

向 HTML 文档中写入如下代码：

```
<!DOCTYPE html>
<html>
    <head>
        <meta charset="utf-8">
        <title>内嵌式样式表应用</title>
        <style type="text/css">
           h3{font-family:"华文行楷";}
           p{width:490px;height:200px;background:#eee;
             font-family:"华文行楷";font-size:20px;}
        </style>
    </head>
        <body style="background-color:#eee">
           <h2>水调歌头</h2>
```

```
            <h5>[ 宋 ] 苏试 </h5>
            <p>
            明月几时有？把酒问青天。<br/>
            不知天上宫阙，今夕是何年。<br/>
            我欲乘风归去，又恐琼楼玉宇，高处不胜寒。<br/>
            起舞弄清影，何似在人间。<br/>
            转朱阁，低绮户，照无眠。<br/>
            不应有恨，何事长向别时圆？ <br/>
            人有悲欢离合，月有阴晴圆缺，此事古难全。<br/>
            但愿人长久，千里共婵娟。
            </p >
        </body>
    </html>
```

以上代码中，线框内部分为内嵌样式表，分别为 h3 和 p 标签设置了样式规则，多个样式规则可以同时应用到某一个页面元素上，但是多个样式规则之间不论是否换行，都必须用分号分隔，最后一个样式规则后的分号可以省略的分号可以省路(为便于增加新样式规则，建议保留最后的分号)。当前页面中的所有h3和p标记都要遵守这些规则。页面在 Chrome 浏览器中运行的效果如图 3-4 所示。

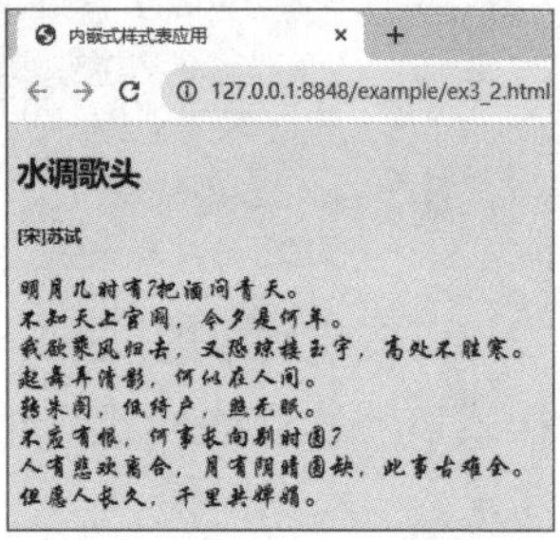

图 3-4　内嵌样式表应用

3）外链式样式表

如果要在多个网页上一致地应用相同样式，则可使用外部样式表。在一个扩展名 为 CSS 的外部样式表文件中定义样式，并将它们链接到所需网页，这样多个网页可以共用相同的样式，确保多个网页外观的一致性。如果需要更新样式，则只需在外部样式表中进行修改，该修改就会应用到所有与该样式表相链接的网页。

首先，新建一个扩展名为 CSS 的样式表文件，将样式规则集中写在该样式表文件中，其基本语法格式如下：

```
选择器 1{ 属性名 1: 属性值 1; 属性名 2: 属性值 2; ……属性名 n: 属性值 n;}
选择器 2{ 属性名 1: 属性值 1; 属性名 2: 属性值 2; ……属性名 n: 属性值 n;}……
```

然后，在 HTML 文档中的 <head></head> 部分使用 <link> 标记引用外部样式表文件，其基本语法格式如下：

```
<head>
    <title> 外部样式表 </title>
    <link href=" 路径 / 样式文件 .css" type="text/css" rel="stylesheet"/>
</head>
```

【例 3-3】外链式样式表应用。

步骤 1：选择“文件”→“新建”→“css 文件”命令，创建样式表 style_1.css，代码如下：

```
h3{font-family:" 楷体 ";}
p{width:490px;height:200px;background:#eee;
    font-family:" 华文行楷 ";font-size:20px;}
```

步骤 2：选择“文件”→“新建”→“html 文件”命令，在同一目录下创建 ex3_3.html，代码如下：

```
<!DOCTYPE html>
```

```
<html>
    <head>
        <meta charset="utf-8">
        <title>外链式样式表</title>
        <link href="style_1.css" type="text/css" rel="stylesheet"/>
    </head>
    <body >
        <h2>水调歌头</h2>
        <h5>[宋]苏试 </h5>
        <p>
        明月几时有？把酒问青天。<br>
        不知天上宫阙，今夕是何年。<br>
        我欲乘风归去，又恐琼楼玉宇，高处不胜寒。<br>
        起舞弄清影，何似在人间。<br>
        转朱阁，低绮户，照无眠。<br>
        不应有恨，何事长向别时圆？ <br>
        人有悲欢离合，月有阴晴圆缺，此事古难全。<br>
        但愿人长久，千里共婵娟。</p >
  </body>
</html>
```

步骤 3：把样式表和网页绑定，在 ex3_3.html 的 <head></head> 部分使用 <link> 标签和 CSS 文件链接。

链接样式表后，页面显示效果见图 3-3。

4）导入式样式表

导入式与链入式相同，都是针对外部样式表文件的。对 HTML 头部文档应用 <style> 标签，并在 <style> 标签内的开处使用 @import 语句，外部样式表文件，其基本语法格式如下：

```
<style type="text/css" >
@import url(css 文件路径);// 或 @import "css 文件路径";
/* 在此还可以存放其他 css 样式 */
</style>
```

该语法中，<style>标签内还可以存放其他的内嵌样式，@import 语句需要位于其他内嵌样式的上面。

如果对例 3-3 应用导入式 CSS 样式，只需把 HTML 文档中的 <link/> 语句替换成以下码即可：

```
<style type="text/css">
    @import "style.css";
</style>
```

或者：

```
<style type="text/css">
    @import url(style.css);
</style>
```

虽然导入式和链入式功能基本相同，但是大多数网站都是采用链入式引入外部样式表的，主要原因是两者的加载时间和顺序不同。当一个页面被加载时，<link /> 标签引用的 CSS 样式表将同时被加载，而 @import 引用的 CSS 样式表会等到页面全部下载完后再被加载。因此，当用户的网速比较慢时，会先显示没有 CSS 修饰的网页，这样会造成不好的用户体验，所以大多数网站采用链入式。

【项目实践】

样式表引用方法

劝学

君子曰：学不可以已。青，取之于蓝，而青于蓝；冰，水为之，而寒于水。木直中绳。輮以为轮，其曲中规。虽有槁暴，不复挺者，輮使之然也。故木受绳则直，金就砺则利，君子博学而日参省乎己，则知明而行无过矣。

吾尝终日而思矣，不如须臾之所学也；吾尝跂而望矣，不如登高之博见也。登高而招，臂非加长也，而见者远；顺风而呼，声非加疾也，而闻者彰。假舆马者，非利足也，而致千里；假舟楫者，非能水也，而绝江河，君子生非异也，善假于物也。

积土成山，风雨兴焉；积水成渊，蛟龙生焉；积善成德，而神明自得，圣心备焉。故不积跬步，无以至千里；不积小流，无以成江海。骐骥一跃，不能十步；驽马十驾，功在不舍。锲而舍之，朽木不折；锲而不舍，金石可镂。蚓无爪牙之利，筋骨之强，上食埃土，下饮黄泉，用心一也。蟹六跪而二螯，非蛇鳝之穴无可寄托者，用心躁也。

向 HTML 文档中写入如下代码：

```
<!DOCTYPE html>
<html>
    <head>
        <meta charset="utf-8">
        <title></title>
    </head>
    <body>
    <h2> 劝学 </h2>
    <p> 君子曰：学不可以已。青，取之于蓝，而青于蓝；冰，水为之，而寒于水。木直中绳。輮以为轮，其曲中规。虽有槁暴，不复挺者，輮使之然也。故木受绳则直，金就砺则利，君子博学而日参省乎己，则知明而行无过矣。</p>
     <p class=one> 吾尝终日而思矣，不如须臾之所学也；吾尝跂而望矣，不如登高之博见也。登高而招，臂非加长也，而见者远；顺风而呼，声非加疾也，而闻者彰。假舆马者，非利足也，而致千里；假舟楫者，非能水也，而绝江河，君子生非异也，善假于物也。</p>
     <p id=two> 积土成山，风雨兴焉；积水成渊，蛟龙生焉；积善成德，而神明自得，圣心备焉。故不积跬步，无以至千里；不积小流，无以成江海。骐骥一跃，不能十步；驽马十驾，功在不舍。锲而舍之，朽木不折；锲而不舍，金石可镂。蚓无爪牙之利，筋骨之强，上食埃土，下饮黄泉，用心一也。蟹六跪而二螯，非蛇鳝之穴无可寄托者，用心躁也。</p>
    </body>
</html>
```

任务二　CSS3 选择器

【任务提出】

乔明发现页面越复杂，网页代码中的 HTML 标签就越多，而且同一个标签也会被多次使用，那么在 CSS 中如何准确地找到其中某一个标签，并设置其样式呢？在样式规则中，选择器的功能就是选取需设置样式的元素。W3C 为 Web 开发人员提供了各种各样的选择器，从最基本的元素选择器、类选择器、ID 选择器，到交集选择器、并集选择器、后代选择器，以及其他更丰富的选择器，定位页面上的任意元素非常简单。

【学习目标】

知识目标

- 理解什么是选择器。
- 掌握三种基本选择器的用法。
- 掌握扩展选择器的用法。

技能目标

- 学会使用三种基本选择器。
- 能够灵活运用扩展选择器快速选中页面元素。

素质目标

- 在生活中发现美，设计美。

【相关知识】

一、CSS选择器

选择器的种类很多，使用也很灵活，W3C 规定的三种基本选择器理论上能够满足所有需求但是某些场合下比较麻烦，所以又扩展了一些适用于特定场合的选择器。在实际开发中灵活选用选择器可以大大提高编码效率。

遵循 Web 标准的网页都是将 CSS 和 HTML 分开写的，可是 HTML 中有那么多同名标签，如何才能在 CSS 中准确快速地选中指定的标签呢？这就需要给这些标签指定另外一个可识别的“名字”，称为 CSS 选择器，又称选择符，其主要功能是指定 HTML 树形结构中的 DOM 元素节点。

根据使用的普及程度把 CSS 的选择器分为两大类：基本选择器和扩展选择器。

基本选择器包括标签名选择器、ID 选择器、类选择器；扩展选择器包括后代选择器、子代选择器、交集选择器、并集选择器、通用选择器、伪类选择器等。

二、基本选择器的用法

基本选择器是最常用的选择器，其是独立的一个选择器。

1. 标签选择器

标签选择器，也称元素选择器，是 CSS 选择器中最常见且最基本的选择器。它用 HTML 的标签名称作为选择器名称，如 html、body、p、div 等，其实质就是按标签名分类为页面中某一类标签指定统一的 CSS 样式，其基本语法格式如下：

```
标签名{样式声明1;样式声明2;}
```

用标签名选择器定义的样式对该样式表作用范围内的所有该标签都有效。例如，div{color:red} 规定应用了该样式表的网页中所有 <div> 标签内的文字颜色都是红色。

【例 3-4】使用标签名选择器定义样式。

向 HTML 文档中写入如下代码：

```
<!DOCTYPE htmL>
<html>
    <head>
      <meta charset="utf-8">
      <title> 标签名选择器 </title>
      <style type="text/css">
         body{background-color:#ccc;}
         p{ color:#f00;
            font-size:18px
            font-family: "隶书";
            border-bottom-style:dashed;
            border-bottom-width:1px;}
      </style>
    </head>
    <body>
       <h2> 梅 </h2>
       <h3> 王安石 </h3>
       <p> 墙角数枝梅，</p >
       <p> 凌寒独自开。</p >
       <p> 遥知不是雪  </p >
       <p> 为有暗香来。</p >
    </body>
</html>
```

以上代码用内嵌样式表写了两条样式规则，分别对 <body> 和 <p> 标签的样式做了声明，表示该网页中的所有 <body> 和 <p> 标签都使用了规定的样式。页面效果如图 3-5 所示。

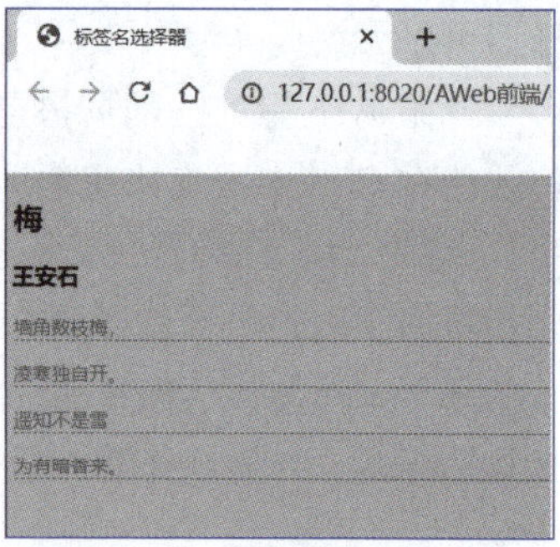

网页中很多标签会被大量重复使用，如果仅使用标签名选择器，则很难准确定位到某个具体的页面元素，所以在实际应用中，还可以定义一些“别名”。通过属性值和这些“别名”相匹配，就可以更具体地定位到某个页面元素了，其中常见的有 class 和 id 两个属性。

图 3-5　使用标签名选择器

2. 类选择器

声明类选择器必须以圆点“.”开头，“.”与样式类名之间不能有空格，其基本语法格式如下：

```
. 样式类名 { 样式声明 1; 样式声明 2}
```

示例如下：

```
.zts:{color:red;}
```

该样式规则对所有以该类名作为 class 属性值的标签都有效，无论是相同还是不同的标签。也就是说，该样式规则对所有使用 class="zts" 属性的标签都有效，如 <p class="zts"> <div class="zts"> 等任意类型的标签都可以应用。下面把例 3-4 改进一下。

【例 3-5】使用类选择器定义样式。

在 HTML 文档中改写如下代码：

```
<!DOCTYPE htmL>
<html>
    <head>
      <meta charset="utf-8">
      <title>标签名选择器</title>
      <style type="text/css">
        body{background-color:#ccc;}
           p{color:#f00;
             font-size:18px
             font-family: "隶书";
             border-bottom-style:dashed;
             border-bottom-width:1px;}
           .one{font-family:"黑体";      /*类选择器*/
                font-size:27px;}
        </style>
    </head>
    <body>
        <h2>梅</h2>
        <h3>王安石</h3>
        <p>墙角数枝梅，</p >
        <p>凌寒独自开。</p >
        <p class="one">遥知不是雪  </p >
        <p>为有暗香来。</p >
    </body>
</html>
```

页面效果如图 3-6 所示。

在样式表中对 <body> 和 <p> 标签名选择器和一个类选择器分别做了样式声明，在 <body></body> 之间，<h2> 和其中一个 <p> 标签都通过 class 属性应用了 one 类，声明的样式对这个元素都有效。在实际项目中，一个元素为了能与多个样式表匹配，标签的 class 属性值还可以包含多个样式类名，样式类名之间以空格隔开，这种用法称为样式复用。例如，<div class="user login"> 能同时应用 .style_1 和 .style_2 两个选择器声明的样式，示例如下：

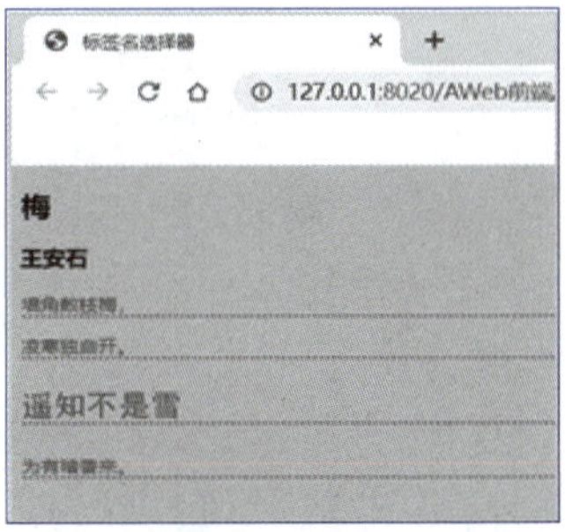

图 3-6　使用类选择器

```
.style_1{ font-size:20px; }
.style_2{ color:#f60;}
```

<div class=".style_1 .style_2"> 文字信息 </div>“文字信息”会以 30px 的橘色字体显示。

如果这两个选择器为同一个样式属性定义了不同的值，示例如下：

```
.style_1{ font-size:30px; color:#f00;}
.style_2{ color:#00f;}
<div class=".style_1 .style_2">文字信息 </div>
```

两个样式类都定义了颜色的样式属性，该属性值会按照优先级进行覆盖，即先使用先定义的 .style_1 中的值，再被覆盖为后定义的 .style_2 中的值，也就是重复的属性后定义的优先（近者优先）。所以以上语句即使改变了类的应用顺序 :<div class=".style_1 .style_2"> 内容区域 </div>，“内容区域”文字依然显示为蓝色。

需要注意的是，类选择器名称区分大小写，若定义样式时使用选择器 .First，引用样式时使用

class="first"，则样式引用无效。

3. ID选择器

ID 选择器类似于类选择器，也可以应用于任何元素，但在一个 HTML 文档中，类选择器可以使用多次，ID 选择器只能使用一次。

声明 ID 选择器以“#”开头，“#”与 id 属性值之间不能有空格，其基本语法格式如下：

```
#id 选择器名 { 样式声明 1; 样式声明 2;……}
```

例如，#first{ 样式声明 } 样式规则仅对具有 id="first" 属性的标签有效。同样，在例 3-5 的基础上改进一下。

【例 3-6】使用 ID 选择器定义样式。

向 HTML 文档中添加如下代码：

```
<!DOCTYPE htmL>
<html>
 <head>
    <meta charset="utf-8">
    <title> 标签名选择器 </title>
    <style type="text/css">
      body{background-color:#ccc;}
      p{color:#f00;
       font-size:18px
       font-family: " 隶书 ";
       border-bottom-style:dashed;
       border-bottom-width:1px;}
       .one{font-weight:bolder;
           font-size:27px;}
       #four{font-family:" 楷体 ";
             color:#ff0;}
    </style>
</head>
<body>
     <h2> 梅 </h2>
     <h3> 王安石 </h3>
     <p> 墙角数枝梅，</p >
     <p> 凌寒独自开。</p >
     <p class="one"> 遥知不是雪   </p >
     <p id-"four"> 为有暗香来。</p >
</body>
</html>
```

诗中最后一句应用了 id="four" 的样式。页面效果如图 3-7 所示，在该 HTML 文档中，id 属性值“four”只使用了一次。细心的读者也许会发现，如果重复应用该 id 属性值，在前端页面显示也是没有问题的，但是由于 id 属性值经常用于在脚本中精确查找，所以要保证它的唯一性。

ID 选择器名称也区分大小写，若定义样式时使用选择器 #First，引用样式时使用 id="first"，则样式引用无效。

另外，ID 选择器比类选择器具有更高的优先级，即当 ID 选择器与类选择器在样式定义上发生冲突时，优先使用 ID 选择器定义的样式。

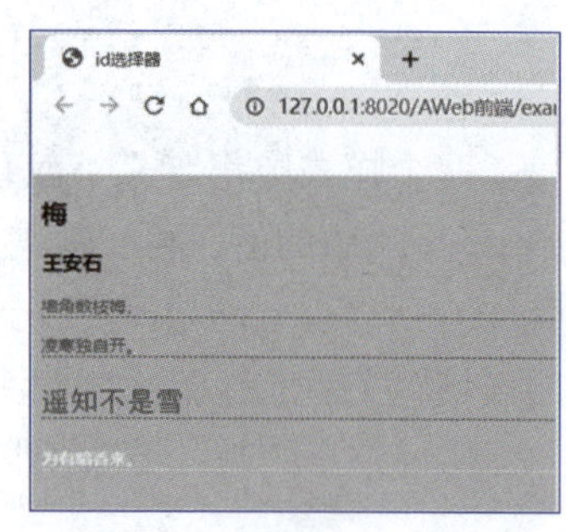

图 3-7　使用 ID 选择器

三、扩展选择器的用法

在实际项目中，页面元素多，层次复杂，当基本选择器不能够满足全部需求时，就需要用到更为便捷的扩展选择器。这里简要介绍几种扩展选择器，后续课程中加以补充更多选择器。

1. 后代选择器

用于选择元素内部的元素(包括儿子、孙子、重孙子等元素)，故称为后代选择器。后代选择器使用空格表示，又称为包含选择器，其基本语法格式如下：

```
element1 element2{
        样式声明1;
        样式声明2;
   …}
```

例如，div p{样式声明}表示<div>元素内嵌套的所有<p>元素。

2. 子代选择器

使用“>”表示子代选择器，也称子元素选择器。与后代选择器相比，子代选择器只能选择某元素的直接子元素。如果在指定页面元素时，不希望选择任意的后代元素，而是希望缩小范围，只选择某个元素的子元素，就可以使用子代选择器，其基本语法格式如下：

```
element1>element2{
        样式声明1;
        样式声明2;
   …}
```

例如，div>p{样式声明}表示当前<div>元素的子代(不包含孙子等隔代)元素<p>。

3. 交集选择器

交集选择器就是指定两个标签相交的部分，由两个选择器构成，通常第一个为标签名选择器，第二个为类选择器，两个选择器之间不能有空格，示例如下：

```
h2.style_3{color:purple; font-size:27px;}
```

该段代码表示选中标签名为<h2>，同时又应用了style_3类的某个元素。

【例3-7】使用交集选择器定义样式。

向HTML文档中写入如下代码：

```
<!DOCTYPE htmL>
<html>
<head>
     <meta charset="utf-8">
     <title> 交集选择器 </title>
     <style type="text/css">
       body{background-color:#ccc;}
       p{color:#f00;
        font-size:18px
        font-family:" 隶书 ";
        }
       .style_1{color:deeppink;}
       p.style_1{font-size:35px;}
     </style>
```

```
</head>
<body>
    <h2 class="style_1">梅</h2>
    <h3>作者·王安石</h3>
    <p>墙角数枝梅，</p >
    <p class="style_1">凌寒独自开。</p >
    <p>遥知不是雪</p >
    <p>为有暗香来。</p >
</body>
</html>
```

在上面代码中，<h2> 和 <p> 标签都使用了 class="style_1" 的属性，但是交集选择器 p.style_1 指定的是标签名为 <p>，同时又应用了 style_1 类属性的元素。页面效果如图 3-8 所示。

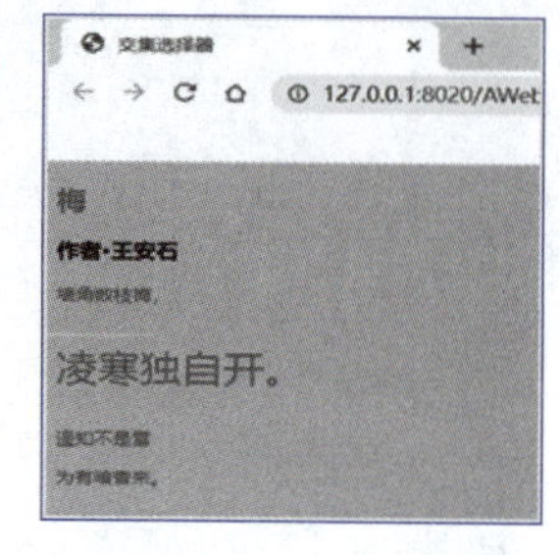

图 3-8　使用交集选择器

4. 并集选择器

并集选择器也称群组选择器，可以同时对多个选择器定义样式。例如，element1、element2 选择器具有相同的样式，可以用逗号分隔每个选择器的名称，在后面的大括号中统一声明样式，其基本语法格式如下：

```
element1,element2{
样式声明 1;
样式声明 2;
  ……}
```

例如，h1,p,#id1{样式声明;} 表示对三个选择器同时定义相同的样式。

5. 通用选择器

通用选择器的作用是选取所有标签，用 * 来表示，示例如下：

```
*{font-size:16pt;}
```

该段代码表示将页面中所有元素的文字大小均设为 16pt，通常写在样式表的开始位置，后面可以根据需要进行层叠设置。

CSS 是为美化和优化 HTML 代码而存在的，使用 CSS 可以使 HTML 代码更加简洁、高效。在 CSS 中使用选择器的目的是指定 CSS 要作用的对象元素，而且基本选择器和扩展选择器结合使用可以发挥更大的功效。

CSS 还提供了很多其他的选择器，如伪类选择器、伪对象选择器等，后面随着项目的深入，我们会继续学习。表 3-1 所示为 CSS 中的大多数选择器，读者可以查阅。

表 3-1　常用 CSS 选择器

选　择　器	例　　子	例子描述
. class	. intro	选择 class="intro" 的所有元素
#id	#firstname	选择 id="firstname" 的所有元素
*	*	选择所有元素
element	p	选择所有元素
Element,element	div,p	选择所有元素和所有元素

续表

选 择 器	例 子	例子描述
Element element	div p	选择 <div> 元素内部的所有 p 元素
element>element	div>p	选择父元素为元素的所有元素
element+element	div+p	选择紧接在元素之后的所有元素
[attribute]	[target]	选择带有 target 属性的所有元素
[attribute=value]	[target=_blank]	选择 target="blank" 的所有元素
[attribute ～ =value]	[title ～ =flower]	选择 title 属性包含"flower"的所有元素
[attribute|=value]	[lang|=en]	选择 lang 属性值以"en"开头的所有元素
:link	a:link	选择所有未被访问的链接
:visited	a:visited	选择所有已被访问的链接
:active	a:active	选择活动链接
:hover	a:hover	选择鼠标指针位于其上的链接
:focus	input:focus	选择获得焦点的 input 元素
:first-letter	p:first-letter	选择每个 <p> 元素的首字母
:first-line	p:first-line	选择每个 <p> 元素的首行
:first-child	p:first-child	选择属于父元素的第一个子元素的每个 <p> 元素
:before	p:before	在每个 <p> 元素的内容之前插入内容
:after	p:after	在每个 <p> 元素的内容之后插入内容
:lang(language)	p:lang(it)	选择带有以"it"开头的 lang 属性值的每个 <p> 元素
element1 ～ element2	p ～ ul	选择前面有 <p> 元素的每个 <ul> 元素
[attribute^=value]	a[src^="https"]	选择其 src 属性值以"https"开头的每个 <p> 元素
[attribute$=value]	a[src$=".pdf"]	选择其 src 属性以".pdf"结尾的所有 <p> 元素
[attribute*=valuel]	a[src*="abc"]	选择其 src 属性中包含"abc"的每个 <p> 元素
:first-of-type	p:first-of-type	选择属于其父元素的首个 <p> 元素的每个 <p> 元素
:last-of-type	p:last-of-type	选择属于其父元素的最后 <p> 元素的每个 <p> 元素
:only-of-type	p:only-of-type	选择属于其父元素唯一的 <p> 元素的每个 <p> 元素
:only-child	p:only-child	选择属于其父元素的唯一子元素的每个 <p> 元素
:nth-child(n)	p:nth-child(2)	选择属于其父元素的第二个子元素的每个 <p> 元素
:nth-last-child(n)	p:nth-last-child(2)	从后数第二个子元素
:nth-of-type(n)	p:nth-of-type(2)	选择属于其父元素第二个 <p> 元素的每个 <p> 元素
:nth-last-of-type(n)	p:nth-last-of-type(2)	同上，从最后一个子元素开始计数
:last-child	p:last-child	选择属于其父元素的最后一个子元素的每个 <p> 元素

【项目实践】

多种选择器的应用

以下 HTML 代码中写了两个文本块，每个文本块内部又有多个段落，使用样式表为其添加样式能够精准定位不同的段落并设置样式，请根据需要选用适合的选择器，自主设计页面效果，可参照图 3-9 所示的效果。

```
<body>
        <div>
        <h1>《论语》</h1>
        <p>《论语》是春秋时期思想家、教育家孔子的弟子及再传弟子记录孔子及其弟子言行而编成的语录文集，成书于战国前期。全书共 20 篇 492 章，以语录体为主，叙事体为辅，较为集中地体现了孔子及儒家学派的政治主张、伦理思想、道德观念、教育原则等。作品多为语录，但辞约义富，有些语句、篇章形象生动，其主要特点是语言简练，浅近易懂，而用意深远，有一种雍容和顺、纡徐含蓄的风格，能在简单的对话和行动中展示人物形象。《论语》自宋代以后，被列为“四书”之一，成为古代学校官定教科书和科举考试必读书。</p>
        <p>《论语》是一部以记言为主的语录体散文集，主要以语录和对话文体的形式记录了孔子及其弟子的言行，集中体现了孔子的政治、审美、道德伦理和功利等价值思想。</p>
        <p>《论语》内容涉及政治、教育、文学、哲学以及立身处世的道理等多方面。现存《论语》20 篇 492 章，其中记录孔子与弟子及时人谈论之语约 444 章，记录孔门弟子相互谈论之语 48 章。</p>
        </div>
        <div>
        <h1>作品鉴赏</h1>
        <h2>思想内容</h2>
        <p>《论语》作为儒家经典，其内容博大精深，包罗万象，《论语》的思想主要有三个既各自独立又紧密相依的范畴：伦理道德范畴——仁，社会政治范畴——礼，认识方法论范畴——中庸。仁，首先是人内心深处的一种真实的状态，这种真的极致必然是善的，这种真和善的全体状态就是“仁”。孔子确立的仁的范畴，进而将礼阐述为适应仁、表达仁的一种合理的社会关系与待人接物的规范，进而明确“中庸”的系统方法论原则。“仁”是《论语》的思想核心。</p>
        <h2>艺术特色</h2>
        <p>《论语》多为语录，但都辞约义富，有些语句、篇章形象生动。如《子路曾皙冉有公西华侍坐》不仅篇幅较长，而且注重记述，算得上一篇结构完整的记叙文，人物形象鲜明，思想倾向通过人物表情、动作、对话自然地显露出来，具有较强的艺术性。</p>
        <h2>后世影响</h2>
        <p>《论语》是儒家经典之一。自汉武帝“罢黜百家，独尊儒术”之后，《论语》被尊为“五经之辖辖，六艺之喉衿”，是研究孔子及儒家思想尤其是原始儒家思想的第一手资料。南宋时朱熹将《大学》《中庸》《论语》《孟子》合为“四书”，使之在儒家经典中的地位日益提高。元代延祐年间，科举开始以“四书”开科取士。此后一直到清朝末年推行洋务运动，废除科举之前，《论语》一直是学子士人推施奉行的金科玉律。</p>
    </div>
    </body>
```

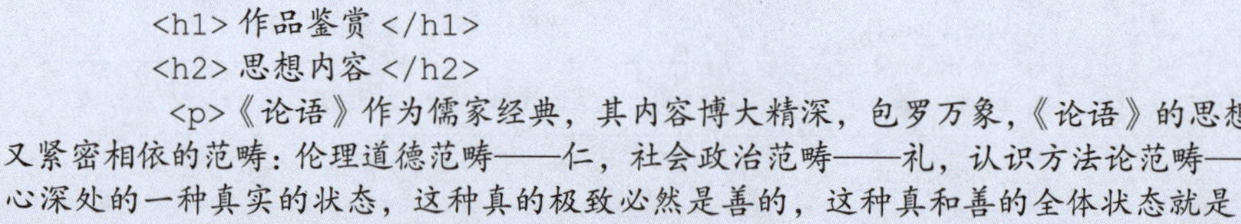

图 3-9　网页参考效果

向 HTML 文档中写入如下代码：

```
<!DOCTYPE html>
<html>
    <head>
        <meta charset="utf-8">
        <title>CSS 选择器 </title>
        <style type="text/css">
            *{font-family:" 微软雅黑 ";}
            #txt1{border:2px  solid red;}
            #txt1 h1{font-size:24px;color: red;
                text-align:center;}
            #txt2{background:#eee;}
            #txt2 h1{font-family:" 楷体 ";}
            .one,.two,.three{font-size: 14px;}
            .three{font-size:18px;}
        </style>
    </head>
    <body>
         <div id="txt1">
        <h1>《论语》</h1>
        <p class="one">《论语》是春秋时期思想家、教育家孔子的弟子及再传弟子记录孔子及其弟子言行而编成的语录文集，成书于战国前期。全书共 20 篇 492 章，以语录体为主，叙事体为辅，较为集中地体现了孔子及儒家学派的政治主张、伦理思想、道德观念、教育原则等。作品多为语录，但辞约义富，有些语句、篇章形象生动，其主要特点是语言简练，浅近易懂，而用意深远，有一种雍容和顺、纡徐含蓄的风格，能在简单的对话和行动中展示人物形象。《论语》自宋代以后，被列为“四书”之一，成为古代学校官定教科书和科举考试必读书。</p>
        <p class="two">《论语》是一部以记言为主的语录体散文集，主要以语录和对话文体的形式记录了孔子及其弟子的言行，集中体现了孔子的政治、审美、道德伦理和功利等价值思想。</p>
         <p class="three">《论语》内容涉及政治、教育、文学、哲学以及立身处世的道理等多方面。现存《论语》20 篇 492 章，其中记录孔子与弟子及时人谈论之语约 444 章，记录孔门弟子相互谈论之语 48 章。</p>
        </div>
        <div id="txt2">
        <h1> 作品鉴赏 </h1>
        <h2> 思想内容 </h2>
         <p class="one">《论语》作为儒家经典，其内容博大精深，包罗万象，《论语》的思想主要有三个既各自独立又紧密相依的范畴：伦理道德范畴——仁，社会政治范畴——礼，认识方法论范畴——中庸。仁，首先是人内心深处的一种真实的状态，这种真的极致必然是善的，这种真和善的全体状态就是“仁”。孔子确立的仁的范畴，进而将礼阐述为适应仁、表达仁的一种合理的社会关系与待人接物的规范，进而明确“中庸”的系统方法论原则。“仁”是《论语》的思想核心。</p>
        <h2> 艺术特色 </h2>
        <p class="two">《论语》多为语录，但都辞约义富，有些语句、篇章形象生动。如《子路曾皙冉有公西华侍坐》不仅篇幅较长，而且注重记述，算得上一篇结构完整的记叙文，人物形象鲜明，思想倾向通过人物表情、动作、对话自然地显露出来，具有较强的艺术性。</p>
        <h2> 后世影响 </h2>
        <p class="three">《论语》是儒家经典之一。自汉武帝“罢黜百家，独尊儒术”之后，《论语》被尊为“五经之輨辖，六艺之喉衿”，是研究孔子及儒家思想尤其是原始儒家思想的第一手资料。南宋时朱熹将《大学》《中庸》《论语》《孟子》合为“四书”，使之在儒家经典中的地位日益提高。元代延祐年间，科举开始以“四书”开科取士。此后一直到清朝末年推行洋务运动，废除科举之前，《论语》一直是学子士人推施奉行的金科玉律。</p>
      </div>
      </body>
 </html>
```

任务三 盒子模型

【任务提出】

DIV+CSS网页布局的基本流程就是先在页面上使用块级元素划分内容区域,然后用CSS定位,最后在相应的区域内添加具体内容。块级元素的大小和使用盒子模型划分位置决定了该内容块在网页上的占位。经过前两个任务的学习，乔明已经能够在页面样式表中为页面中的指定元素规定样式规则，本任务就是将这些块级元素按照美工事先设计好的版式排列在网页上。

【学习目标】

知识目标

- 理解行内元素和块级元素及其转换。
- 掌握盒子模型及常用样式属性。
- 理解垂直外边距合并的原理。
- 掌握 BFC 布局及其触发方法。

技能目标

- 能够灵活转换元素的显示方式。
- 能够使用盒子模型进行页面布局。

素质目标

- 培养精益求精的工匠精神。
- 提高自主探究的能力。

【相关知识】

进行页面布局时要在样式表中对页面中指定“盒子”的大小、位置、内外边距等做出精确的设置，而网页中的元素种类很多，有的适合做容器，有的不适合，需要分类处理。

一、HTML 元素的分类和转换

网页中的 HTML 元素按呈现效果可分为块级元素和行内元素两大类，但是这两类元素的分类不是绝对的，它们之间可以通过多种方式转换。

1. 块级元素

块级元素在页面中以区域块的形式呈现，默认情况下，块级元素的高度为其内容高度，宽度会扩展到与父元素同宽，所以块级元素要独占一行，无法在其后容纳其他块级元素与行内元素。也就是说，块级元素的开头和结尾都会自动换行，同级别的兄弟块自上而下垂直排列，如 <h1> ～ <h6> 标题元素、<p> 段落元素和 <div> 盒子元素等。

所有块级元素的本质都是一样的，都可以理解为一个矩形盒子，可以对其设置宽、高、边框等样式。但是有些块级元素，如标题标签 <h1> ～ <h6>、段落标签 <p>、分隔线 <hr> 等，有具体的语义，在其内部不能放置任何其他块级元素的内容；而另外一些块级元素，如 <div>，没有语义，表示一个区块，任何情况下只要网页需要一个块级元素容器，就可以使用这个元素。所以 <div>

是页面中使用最多的元素，我们经常使用 <div> 元素 +CSS 样式来实现整个网页的布局，如图 3-10 所示，这些用来占位的盒子都可以使用 <div> 来实现，<div> 内部可以嵌套段落、表格、表单等其他页面元素，也可以嵌套其他 <div>。

<div> 是双标签，必须成对出现。

在 HTML5 中为了使代码易于阅读，还增加了多个带有语义的块级标签。例如，用 <header> 定义文档或者文档部分区域的页眉，用 <nav> 描述超链接区域，用 <article> 元素表示文档、页面应用或网站中的独立结构，如论坛帖子、新闻文章、博客等，用 <aside> 元素表示侧边栏或嵌入内容，用 <footer> 定义页脚等，如图 3-11 所示。对于初学者来说，如果无法一次记住这么多标签，则可以暂时先使用 <div> 进行页面布局，后续熟练了再扩展使用 HTML5 的其他语义化标签。

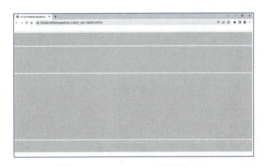

图 3-10　DIV+CSS 网页布局

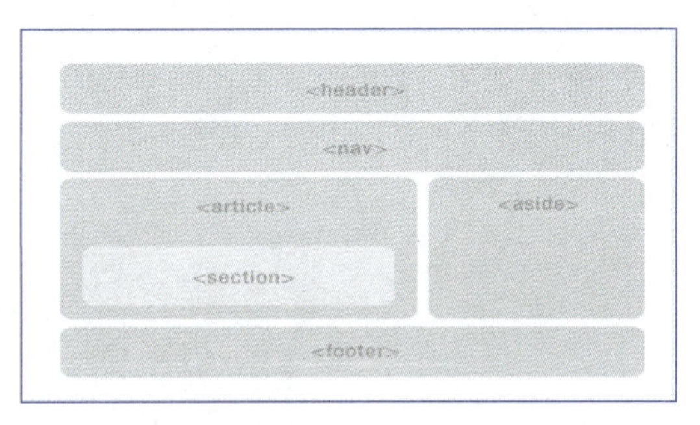

图 3-11　HTML5 语义化标签

2. 行内元素

行内元素也称内联元素，与它前后的其他行内元素显示在一行中，作为某个内容块的一部分。所以只能设置自身的字体大小或图像尺寸，元素的高度、宽度及顶部和底部的边距均不可设置。<a> 超链接元素、<img> 图像元素、<span> 文本元素等都是常用的行内元素。

【例 3-8】在促销广告中应用行内元素 <span>。

向 HTML 文档中写入如下代码：

```
<!DOCTYPE html>
<html>
    <head>
        <meta charset="utf-8">
        <title>行内元素应用</title>
        <style type="text/css">
        #header{                /* 设置当前 div 中文本的通用样式 */
            font-family:"微软雅黑";
            font-size:16px;
            color:#099;
                }
        #header .main{          /* 控制第 1 个 span 中的特殊文本 */
          color:#63F;
          font-size:20px;
          padding-right:20px;
                  }
        #header .art{           /* 控制第 2 个 span 中的特殊文本 */
          color:#F33;
```

```
            font-size:18px;
                 }
      </style>
    </head>
    <body>
          <div id="header">
          <span class="main">泰山，</span>又名岱山、岱宗、岱岳、东岳、泰岳，为五岳之一，
<span class="art">有"五岳之首""天下第一山"之称。位于山东省中部，隶属于泰安市，绵亘于泰安、
济南、淄博三市之间，总面积2.42万公顷，主峰玉皇顶海拔1 532.7米。
          </span>
          </div>
    </body>
  </html>
```

页面效果如图3-12所示，<span></span>为行内元素，<span>内的文字在段落中与前后文字显示在同一行中，经常用于突出强调文本中的某一部分。

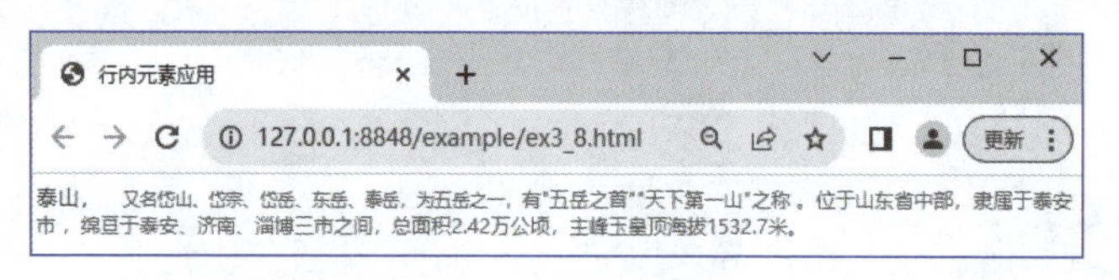

图3-12　行内元素span

3. 行内元素和块级元素的转换

行内元素和块级元素不是一成不变的，在实际项目中可以根据需要相互转换，二者的主要差别是display显示模式不同，块级元素的display值为block而行内元素的display值为inline。可以指定display样式属性的取值来决定元素的显示方式，其基本语法格式如下：

```
display:inline;   /*将元素转换为行内元素*/
display:block;   /*将元素转换为块级元素*/
```

display还有一个取值为inline-block，称为行内块元素，其兼具行内元素和块级元素的特点。其在内部类似于块级元素，拥有块级元素的宽、高、边框等样式属性值，也可以设定自己的padding（内边距）、border（边框）与marin（外边距）等样式属性值，而在外部的排列方式又类似行内元素，即在一行内水平排列，不是像块级元素一样从上到下排列，其基本语法格式如下：

```
display:inline-block; /*将元素转换为行内块元素*/
```

除此之外，行内元素脱离文档流后也会变为块级元素，例如，浮动，相关内容在后面的项目中会详细讲解。

二、块级元素的盒子模型

盒子模型是CSS中最重要、最基础的部分，它指定块级元素如何显示及如何相互交互。每个元素都被看成一个矩形盒子，这个盒子由元素的内容（content）内边距（padding）、边框（border）和外边距（margin）组成，如图3-13所示。内容可以是文字，也可以是图片，还可以是另一个元素。直接包围内容的部分是内边距，也称为内填充，如果给元素添加背景，那么背景会应用于元素的内容和内边距组成的区域。因此可以用内边距在内容周围创建一个隔离带，使内容不与背景混合在一起。内边距的边缘是边框。边框以外是外边距，外边距默认是透明的，因此不会遮挡其后的

任何元素，一般使用它来控制元素之间的距离。

1. 盒子的宽度和高度

网页上的每个盒子都占有一定大小的区域，在 CSS 中可以使用宽度属性 width 和高度属性 height 对盒子的大小进行控制。

盒子模型的 width 属性的默认取值为 auto，即盒子的实际宽度充满浏览器窗口或者该元素所在父元素的内容区域。width 属性可以设置为固定值，例如，width:700 px; 表示盒子宽度为 700 像素。还可以设置为相对值，例如，width:80%; 表示盒子宽度占父级内容区 width 值的 80%。

同样，盒子的 height 属性的默认取值也为 auto，此时盒子中内容的总高度并不确定，而是由其实际内容的多少来决定。height 属性的取值同样可以为固定值，也可以为相对值，但是 height 属性的百分比的大小是相对其父级元素 height 属性的大小，若某元素的父元素没有确定 height 属性，则无法有效使用 height=××% 的样式。

CSS 内定义的 width 和 height 默认指的是内容区域的宽度和高度，而不是盒子实际占据的空间大小，实际占位的宽高还要加上四个方向上的内边距（padding）、边框（border）、外边距（margin）的距离。盒子的各样式属性如图 3-14 所示。

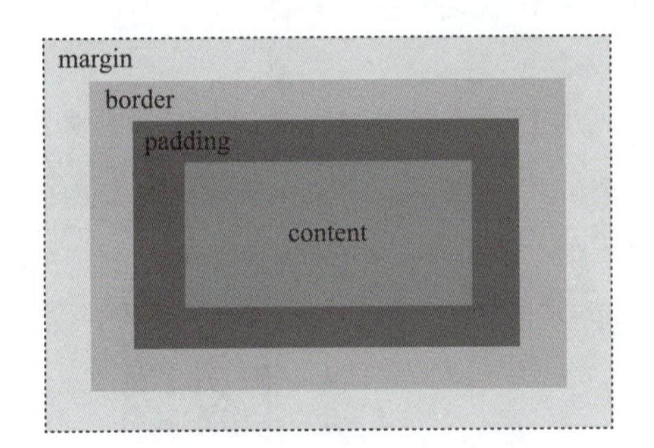

图 3-13　盒子相关属性

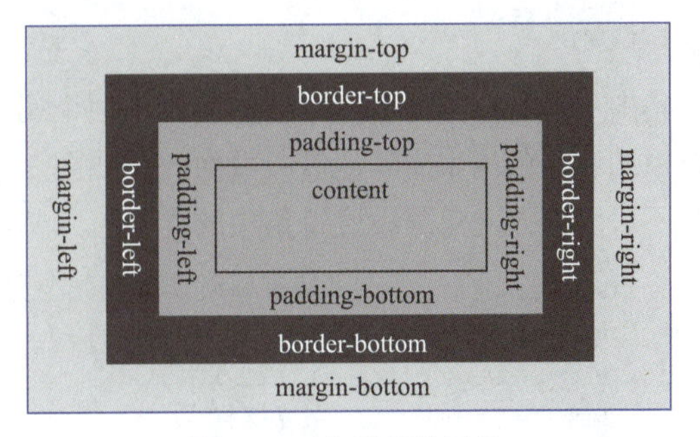

图 3-14　盒子相关属性

2. 盒子的边框

为了分割页面中不同的盒子，常常需要给元素设置边框效果。在 CSS 中边框属性 border 包括边框样式属性（border-style）、边框宽度属性（border-width）、边框颜色属性（border-color）。CSS3 还新增了边框圆角（border-radius）等样式。

1）设置边框样式

border-style 用于定义页面中边框的风格，常用属性值如下：

- none: 没有边，即忽略所有边框的宽度（默认值）。
- solid: 边框为单实线。
- dashed: 边框为虚线。
- dotted: 边框为点线。
- double: 边框为双实线。

使用 border-style 属性综合设置四边样式时，必须按上、右、下、左的顺时针顺序，其基本语法格式如下：

```
border-style: 上边框样式 右边框样式 下边框样式 左边框样式;
```

省略时采用值复制的原则，即 1 个值为 4 边，2 个值为上下 / 左右，3 个值为上 / 左右 / 下。

【例 3-9】设置盒子的边框样式。

向 HTML 文档中写入如下代码：

```
<!DOCTYPE html>
<html>
<head>
    <meta charset="utf-8">
    <title> 盒子边框样式 </title>
    <style type="text/css">
          p{
            width:200px;
            height:200px;
            background:#f90;
            border-style:solid double;
            }
    </style>
</head>
<body>
      <p></p>
</body>
</html>
```

其中 border-style:solid dashed; 设置了两个属性值，表示上下边框为单实线，左右边框为虚线，边框粗细和颜色均采用默认值。页面效果如图 3-15 所示。

还可以分方向单独设置每条边的样式，其基本语法格式如下：

```
border-top-style: 上边框样式 ;
border-right-style: 右边框样式 ;
border-bottom-style: 下边框样式 ;
border-left-style: 左边框样式 ;
```

图 3-15　盒子边框样式

2）设置边框宽度

border-width 用于定义边框的粗细，一般以 px 为单位，其基本语法格式如下：

```
border-width: 上边框宽度 右边框宽度 下边框宽度 左边框宽度 ;
```

同样，综合设置 4 边宽度也必须按上、右、下、左的顺时针顺序采用值复制，即 1 个值为 4 边，2 个值为上下 / 左右，3 个值为上 / 左右 / 下。

也可以分方向单独设置每条边的宽度，其基本语法格式如下：

```
border-top-width: 上边框宽度 ;
border-right-width: 右边框宽度 ;
border-bottom-width: 下边框宽度 ;
border-left-width: 左边框宽度 ;
```

3）设置边框颜色

border-color 用于设置边框颜色，其基本语法格式如下：

```
border-top-color: 上边框颜色 ;
border-right-color: 右边框颜色 ;
border-bottom-color: 下边框颜色 ;
border-left-color: 左边框颜色 ;
border-color: 上边框颜色 [ 右边框颜色 下边框颜色 左边框颜色 ];
```

颜色取值可为预定义的颜色值、# 十六进制值、rgb(r,g,b) 或 rgb(r%,g%,b%)，在实际工作中最常用的是 # 十六进制值。例如，color:red、#ff0000、rgb (255,0,0) 或 rgb (100%,0%,0%) 等多种写法都表示红色。

综合设置 4 边颜色也必须按顺时针顺序采用值复制，即 1 个值为 4 边，2 个值为上下 / 左右，3 个值为上 / 左右 / 下。

border 样式属性还可以同时规定边框的粗细、颜色和边框类型，示例如下：

```
border:2px solid blue;/*4 个方向上的边框均为 2 像素粗的蓝色单实线 */
```

这种属性在 CSS 中称为复合属性。常用的复合属性还有 font、border、margin、padding 和 background 等，它们都可以将几种属性结合在一起书写。在实际工作中使用复合属性可以简化代码，提高页面的运行速度，但是如果只有一项值，则最好不要应用复合属性，以免样式不兼容。

4）边框圆角

CSS3 增加了圆角边框的样式属性 :border-radius。它可以分别对盒子的 4 个角设置不同的圆角造型，甚至绘制圆、半圆、四分之一圆等各种圆角图形，其基本语法格式如下：

```
border-radius: 水平半径 1 ～ 4/ 垂直半径 1 ～ 4;
```

“/” 前可用 4 个数值表示圆角的水平半径，后面可用 4 个值表示圆角的垂直半径，, 仍然可以采用值复制的形式，也可以用 border-top-left-radius、border-top-right-radius、border-bottom-right-radius、border-bottom-left-radius 4 个属性分别设置左上角、右上角、右下角、左下角 4 个角的圆角值。取值单位可以是 px，表示圆角半径，值越小，角越尖锐，负数无效。还可以使用百分比，此时圆角半径将基于盒子的宽度或高度像素数进行百分比计算，若盒子的宽与高取值都为 50%，则会得到一个圆形，否则为椭圆形。

例如，对宽高皆为 200px 的盒子设置以下圆角半径值，效果如图 3-16 所示。

```
border-radius:20px;
border-radius:20px 40px;
border-radius:10%;
border-radius:50%;
border-radius:20px 0 20px 0;
border-radius:0 80%;
```

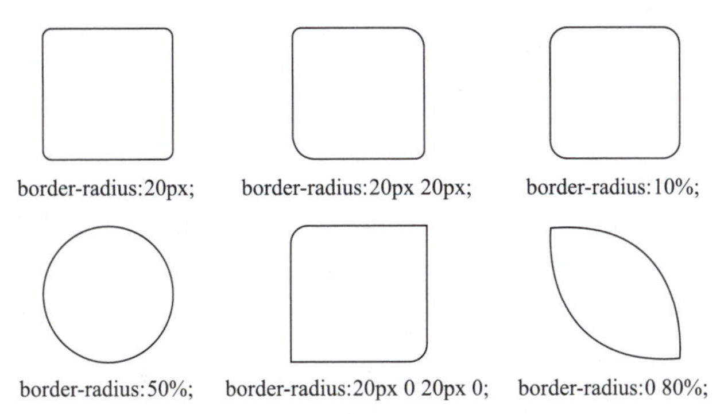

图 3-16　不同圆角半径的效果图

3. 盒子的内边距

为了调整内容在盒子中的显示位置，常常需要给元素设置内边距，内边距指的是元素内容与边框之间的距离，也常常称为内填充。

在 CSS 中，padding 属性用于设置内边距，同边框 border 一样，padding 也是复合属性，其基本语法格式如下：

```
padding-top: 上边距 ;
padding-right: 右边距 ;
padding-bottom: 下边距 ;
padding-left: 左边距 ;
padding: 上边距 [ 右边距 下边距 左边距 ];
```

在上面的设置中，padding 相关属性的取值可为：auto(默认值)，不同单位的绝对值、相对于父元素 (或浏览器) 宽度的百分比值。在实际工作中最常用的单位是像素 (px)，不允许使用负值。与边框相关属性一样，使用复合属性 padding 定义内边距时，必须按顺时针顺序方向采用值复制方式 :1 个值为 4 个方向，2 个值为上下 / 左右，3 个值为上 / 左右 / 下。

【例 3-10】设置元素内边距。

<body> 部分代码如下：

```
<body>
    <div class="box">
        <h3> 爱莲说 </h3>
        <p> 水陆草木之花，可爱者甚蕃。晋陶渊明独爱菊。自李唐来，世人甚爱牡丹。予独爱莲之出淤泥而不染，濯清涟而不妖，中通外直，不蔓不枝，香远益清，亭亭净植，可远观而不可亵玩焉。</p>
        <p> 予谓菊，花之隐逸者也；牡丹，花之富贵者也；莲，花之君子者也。噫！菊之爱，陶后鲜有闻。莲之爱，同予者何人？牡丹之爱，宜乎众矣。</p>
        </div>
</body>
```

CSS 代码如下：

```
<style type="text/css">
    *{padding: 0; margin: 0;} /* 将页面元素的默认内外边距置零 */
    .box{
        border: 1px solid #666;
        padding:20px;           /* 盒子四个方向内边距相同 */
        padding-bottom:0;       /* 单独设置下边距 */
        /* 上面两行代码等价于 padding:20px 20px 0;*/
        }
    .box p{
        border: 1px dashed red;
        padding:5%;}
</style>
```

由于不同浏览器对于页面元素的默认 padding 和 margin 的取值是不相同的，因此为了保证统一的页面效果，通常在样式表的开头就使用 *{padding:0; margin:0;} 将页面元素的默认内外边距设置为零。在样式表中使用 padding 样式属性分别为容器盒子和段落文字设置内边距，其中容器盒子内边距使用固定值，段落内边距使用相对值——相对其父级元素的宽度。所以当拖动浏览器窗口改变身宽度时，段落文字的内边距也会随之发生变化。这时 <p> 标签的父元素为 <div>，而容器盒子的边距不会发生变化。页面效果如图 3-17 所示。

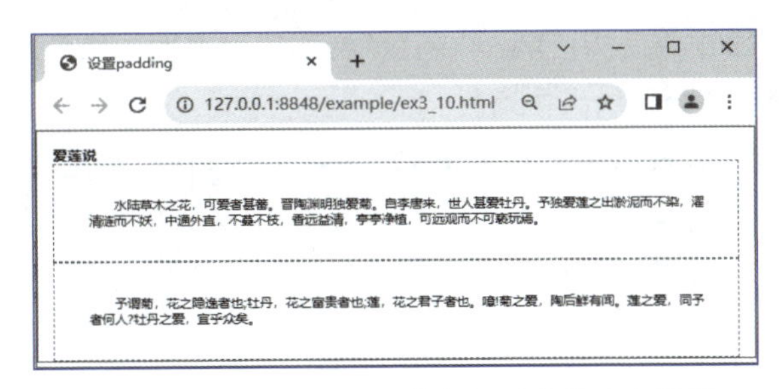

图 3-17　padding 绝对取值与相对取值对比效果

4. 盒子的外边距

网页是由多个盒子排列而成的，要想合理地布局网页，使盒子与盒子之间不那么拥挤，就需要为盒子设置外边距。外边距指的是元素边框与相邻元素之间的距离。CSS 中的 margin 属性用于设置外边距，它也是一个复合属性，与内边距 padding 的用法类似，设置外边距的格式如下：

```
margin-top: 上边距 ;
margin-right: 右边距 ;
margin-bottom: 下边距 ;
margin-left: 左边距 ;
margin: 上边距 [ 右边距  下边距  左边距 ];
```

margin 相关属性的值，以及复合属性 margin 取 1 ～ 4 个值的情况与 padding 相同，但是外边距可以使用负值，使相邻元素重叠。以下代码中设置了元素的外边距：

```
div{
    border:1px solid blue;
    margin-right:50px;   /* 设置盒子的右外边距 */
    margin-bottom:30px;  /* 设置盒子的下外边距 */
    /* 上面两行代码等价于 margin:0 50px 30px 0;*/
    }
```

在样式表中同时设置盒子的右外边距和下外边距，使盒子和父级元素之间拉开一定的距离，是一种常见的页面排版方法。

margin 属性值还可以是 auto。margin 左右方向设置为 auto 可以使块级元素在父级容器中保持水平居中，这是因为块级元素的宽度默认是充满父级元素的，如果给其设置一个固定的小于父级元素的宽度，而将 margin 左右方向设置为 auto，则可以自动平分剩余空间，无须进行人工计算。但是垂直方向设置为 auto 无法做到垂直居中，主要是因为块级元素的高度默认是内容高度，与父级元素的高度并没有直接的关系，而 margin 垂直方向设置为 auto，则被重置为 0。所以在开发中经常使用 margin:0 auto; 来实现块级元素在父级容器中水平居中，垂直居中则需要精确调整盒子的内填充、外边距等属性或者使用定位的方法来实现。

5. 盒子的背景

在 CSS 中可以使用纯色作为盒子背景，也可以使用背景图像创建复杂的背景效果，还可以调整背景图像的位置、大小等属性。

1）设置背景颜色

设置背景颜色的格式如下：

```
background-color: 背景颜色 ;
```

背景颜色会填充元素的内容、内边距，一直扩展到元素边框，如果边框有透明部分（如虚线边框），则会透过这些透明部分显示出背景色。

颜色值可以使用多种模式表示，如 rgb() 函数、# 十六进制值、颜色名等，示例如下：

```
body{background-color: yellow;}
h1{background-color: #0f0;}
h2{background-color: #ddd;}
p{background-color: rgb(230,0,25);}
```

以上样式规则用不同方式分别为 body、h1、h2、p 元素设置了颜色。background-color 不能继承，其默认值是 transparent，也就是说，如果一个元素没有指定背景色，背景就是透明的。

2）设置背景图片

如果需要设置一个背景图片，则必须为 background 属性设置一个 url 地址来指向图片文件的路径，其基本语法格式如下：

```
background-image:url(背景图片地址);
```

示例如下：

```
<style type="text/css">
.bacpic(background-image:url(bg.jpg);
</style>
<body class="bacpic">
</body>
```

以上代码为页面设置的背景图片为当前同一目录下的 bg.jpg 文件。背景图片的默认位置在元素的左上角，并在水平和垂直方向上重复显示，直到铺满。

背景图片可以使用以下样式属性进行调整。

（1）background-repeat: 设置背景图片是否重复及重复的方式。

① 取值 repeat/no-repeat，表示重复 / 不重复。

② 取值 repeat-x/repeat-y，表示水平 / 垂直重复。

（2）background-position: 设置背景图片位置。

① 取固定值，可直接使用图片左上角在元素中的坐标。

② 取预定义关键字，可指定背景图片在元素中的对齐方式，其中水平方向可取值 left、center、right，垂直方向可取值 top、center、bottom，两个关键字的顺序任意，若只有一个值，则另一个默认为 center。

③ 取百分比值，将百分比值同时应用于元素和图片，再按该指定点对齐。例如，0% 0% 表示图片左上角与页面元素的左上角对齐；50% 50% 表示图片的 50% 与页面元素的 50% 对齐，即中心部分对齐。

以上三种写法分别取固定值、百分比值和预定义关键字，都能实现背景图片在容器中的水平垂直居中效果。

（3）background-attachment: 设置背景图片固定或者滚动。

① 取值 scroll: 默认，背景图片随滚动条滚动。

② 取值 fixed: 图片位置固定。

（4）background-size: 规定背景图片的尺寸。以像素大小或百分比规定背景图片的尺寸。如果以百分比规定尺寸，那么尺寸为相对于父元素的宽度和高度。

（5）background-origin: 规定背景图片的定位区域。背景图片可以放置于 content-box、padding-box 或 border-box 区域，各区域范围如图 3-18 所示。

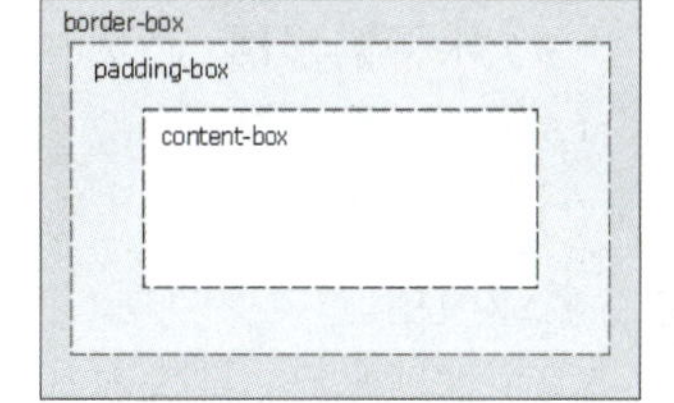

图 3-18　盒子背景图片的放置区域

【例 3-11】设置盒子背景图片。

向 HTML 文档中写入如下代码：

```
<!DOCTYPE html>
<html>
    <head>
        <meta charset="utf-8">
        <title> 盒子模型背景应用 </title>
        <style type="text/css">
    div{
        border:3px solid #c97f34;
        font-size:20px;
        padding:30px;
        width:500px;
        height:500px;
        margin:30px auto;
        background-color:#f8f7c6;
        background-image:url(images/mb.png);
        background-repeat:no-repeat;
        background-position:80% 400px;
        }
    p{text-align:justify;}
    </style>
    </head>
    <body>
        <div>
        <h2> 优美的汉字 </h2>
        <p> 汉字是至今仍“活”着的最古老的一种文字，也是世界上使用人数最多的一种文字，汉
字的数量有数万之多，如收在《康熙字典》里的汉字就有 47 000 多个。汉字作为中华文明起源的重要标志，
书写了灿烂的中华文明，承载了华夏文化的悠久历史。今天，古老的汉字又以它独特而智慧的方式解决了现
代化信息处理的问题，正踏着青春的步伐活跃在现代生活中。
        </p>
    </body>
</html>
```

运行结果如图 3-19 所示。

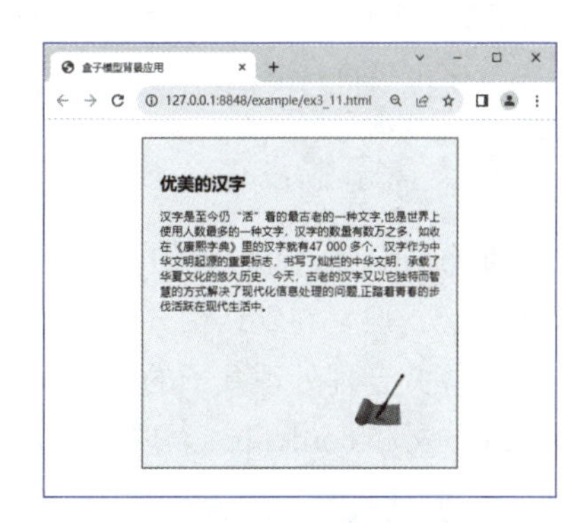

图 3-19　盒子背景图片的设置效果

6．盒子的阴影效果

阴影效果使用得当会对页面效果起到画龙点睛的作用，例如，网页的按钮部分、弹出框部分、一个模块与另一个模块的分界部分，都可以使用阴影进行区分。在 CSS3 中使用 box-shadow 样式属性可以为盒子添加阴影效果，格式及说明如下：

```
box-shadow:水平偏移量 垂直偏移量 [模糊半径] [扩展半径] 颜色 阴影类型
```

（1）水平偏移量：必选参数，取正数时，阴影在盒子右边，取负数时，阴影在盒子左边。

（2）垂直偏移量：必选参数，取正数时，阴影在盒子底部，取负数时，阴影在盒子顶部。

（3）模糊半径：可选参数，只能是正数或0，默认为0，表示没有模糊效果，值越大，阴影的边缘就越模糊。

（4）扩展半径：可选参数，默认为0；值为正时，阴影扩大，值为负时，阴影缩小。

（5）颜色：可选参数，如不设定颜色，则浏览器会取默认色，但各浏览器默认取色不一致，因此建议不要省略此参数；阴影颜色可以使用rgba颜色值形式，同时为阴影添加透明效果，例如，rgba(0,0,0,0.5)，最后一个参数的取值范围为0～1，0是完全透明，1为不透明。

（6）阴影类型：如果取值inset，则表示内阴影，省略为外阴影。

【例3-12】为盒子制作阴影。

向HTML文档中写入如下代码：

```
<!DOCTYPE html>
<html>
      <head>
      <meta charset="utf-8">
      <title></title>
      <style type="text/css">
        .backg{width:200px; height:200px; background:#f00;
        box-shadow:4px 4px 4px 4px rgba(50,50,50,0.5);}
      </style>
      </head>
        <body>
        <div class="backg"></div>
        </body>
</html>
```

阴影效果如图3-20所示，盒子周围出现半透明的灰色阴影。还可以给一个元素设置多个阴影，多个阴影之间使用逗号分隔。给同一个元素设置多个阴影属性时要注意顺序，最先写的阴影将显示在最顶层，如果先写的阴影半径大于后写的阴影，则后者将被前者完全遮挡而无法看到效果，示例如下：

```
box-shadow:0 0 15px 0 #66f inset,0 0 30px 0 #aaf inset;
```

读者可以自行测试多阴影效果。

图3-20　盒子的阴影

三、盒子的占位

在布局网页之前，我们就已经从设计稿上了解到了每个模块的大小和位置，每个模块使用盒子来占位，但是在默认模式下，盒子的宽高并不是盒子的实际占位大小，还需要前端开发人员重新计算并合理处理盒子的占位问题。CSS3中的box-sizing属性允许以两种方式来指定盒模型content-box和border-box。现代浏览器和E9+浏览器默认为content-box。

1. 默认模式: content-box

在默认模式下，我们所说的盒子都是标准盒模型，又称为W3C盒模型，盒子的宽高指的是盒子内容的宽度和高度，即content区域。

假设页面给某个模块留有 200px×200px 的空间大小，要求该模块与左右相邻盒子的间距为 30px。边框与本模块内容之间留有 10px 的间距，且自身带有 10px 的边，那么需要将内容的宽度设置为 200-60-20-20=100px 才能刚好放进预留的空间，高度也同样如此。CSS 样式代码如下：

```
#box{width:100px;
    border:10px solid blue;
     margin:30px;
     padding:10px;
       }
```

2. IE 怪异模式:border-box

在 border-box 模式下，代码中的宽高即为边框的宽高，包含了 content、padding 及 border 占据的区域，所以在计算宽高时，盒子的宽高为在给定值的基础上加上 margin 值。

在实际开发中，有时设置属性 box-size:border-box; 会提高开发效率，但是也要考虑大多数开发者的习惯。

假设页面给某个模块留有 200px×200px 的空间大小，该模块与左右相邻盒子均相距 30px，边框与该模块内容之间的间距为 10px，边框宽度为 10px，如果盒子采用 border-box 模式，那么将内容宽度 width 设置为 200-60=140px 刚好能放进预留的空间，示例如下：

```
#box{
    box-sizing:border-box;
    width:140px;
    border:10px solid blue;
    margin:30px;
    padding:10px;
       }
```

三、使用BFC隔离空间

在页面排版中可能会遇到一系列问题，如垂直排列的盒子外边距合并等，只有解决了这些细节问题才能使网站页面的布局更加规范，扩展性更强。

1. 垂直外边距的合并

在标准流中，垂直排列的盒子占据的总高度并不是每个盒子自身高度的简单相加，特别是相邻盒子都设置有上下外边距时，上下相邻的两个元素或内外包含的两个元素，其垂直方向的上下外边距会自动合并，即发生重叠。

1）块级元素的垂直外边距合并

上下相邻的两个元素的垂直外边距合并后，其大小为其中最大的边距值。

假设上面元素的下边距为 20px，下面元素的上边距为 10px，在显示时，它们边框之间的距离不是 30px，而是合并后的边距 20px。

2）嵌套盒子的垂直外边距合并

两个块级元素嵌套，如果外元素上部没有内填充及边框，则外元素的 margin-top 也会与内元素的 margin-top 发生合并，合并后的外边距高度为其中最大的外边距。

假设外元素的上外边距是 10px，内元素的上外边距是 20px，显示结果为内外元素顶端重合，具有相同的上外边距 20px。

外边距合并设计的意图是使具有外边距的多个元素在相邻时尽量占用较小的空间。

另外，只有普通文档流中块级元素的垂直外边距会发生外边距合并，行内框、浮动框或绝对定位之间的外边距不会合并。一旦发生合并，就会影响页面排版。我们设想，如果每个元素都是一个独立的空间，被包含在父元素里的子元素和外面的元素不相互影响是不是就可以解决这个问题呢？有没有什么方法能够让里面的子元素和外部的元素真正隔离开呢？BFC 布局就是将元素和外部隔离的一种布局方式。

2. BFC 布局

BFC 是 Web 页面中 CSS 布局的一个概念，经常用于作为边距重叠解决方案。

1）BFC 布局简介

普通标准流也称为格式化上下文（fomatting context,FC），它是页面中的一块渲染区域，有一套渲染规则，决定了其子元素如何布局及与其他元素之间的关系和作用。最常见的格式化上下文有块级格式化上下文（block fomatting context,BFC）和行内格式化上下文（inline formatting context,IFC）。页面中元素的类型和 display 属性决定了元素以何种方式渲染，即使用哪一种格式化上下文的容器。例如，display 属性值为 block 的元素使用 BFC 块级渲染，display 属性为 inline 或者 inline-block 的元素使用 IFC 行内渲染。在页面布局中主要使用 BFC 布局。在 BFC 环境中，内部元素不受外部其他环境中的布局影响。具体规则如下：

（1）同一个 BFC 内的两个相邻块级元素的外边距合并，不同 BFC 的外边距不合并。

（2）BFC 的区域不会与外部浮动元素重叠。

（3）计算 BFC 高度时，浮动元素也会参与计算。

（4）BFC 元素是一个独立的容器，外面的元素不会影响里面的元素，里面的元素也不会影响外面的元素。

2）创建 BFC 空间

通过上面对 BFC 的认识，我们知道 BFC 就是让元素形成一个独立的空间，空间内的元素不会影响到其他环境中的元素，那么如何才能让元素形成这样一个空间呢？在实践中有多种方法，最常见的就是设置包含块属性 overflow:hidden/auto;。

overflow 属性通常用于规定当盒子内的元素超出盒子自身的大小时，溢出的内容如何处理。给一个元素设置 overflow:hidden，该元素的内容若超出了给定的宽度和高度，那么超出的部分将被隐藏，不占空间。该属性默认取值为 visible，指定属性值为 hidden/auto 则将该盒子触发为独立的 BFC 空间。

3）使用 BFC 解决外边距合并问题

【例 3-13】相邻盒子的垂直外边距合并问题及解决方法。

在一个盒子中写入两个上下相邻的盒子，设定垂直外边距以后，观察页面效果中三个盒子的垂直外边距的显示大小。向 HTML 文档中写入如下代码：

```
<!DOCTYPE html>
<html>
        <head>
                <meta charset="utf-8">
                <title></title>
                <style type="text/css">
                        *{padding: 0; margin: 0;}
```

```
                .parent{
                    width: 400px;
                    background-color:#ff0;
                    }
                .box{
                    overflow: hidden;
                    }
                .child1{
                    width: 400px;
                    height: 200px;
                    background-color: red;
                    margin-bottom: 40px;
                    margin-top: 30px;
                    }
                .child2{
                    width: 400px;
                    height: 200px;
                    background-color: blue;
                    margin-top: 20px;
                    }
            </style>
        </head>
        <body>
            <div class="parent">
                <div class="child1"></div>
                <div class="child2"></div>
            </div>
        </body>
</html>
```

页面效果如图 3-21 所示。

在【例 3-13】中，父级盒子 .parent 中有两个垂直排列的子盒子，父级盒子 parent 和子盒子 .child1 的上边距发生了合并，而子盒子 .child1 的下边距和 .child2 的上边距也发生了合并，合并后的 margin 并没有将两个相邻盒子的垂直外边距相加，而是取上下两个相邻值的最大值，这对我们的布局很不利。下面使用 BFC 布局解决垂直外边距合并的问题。

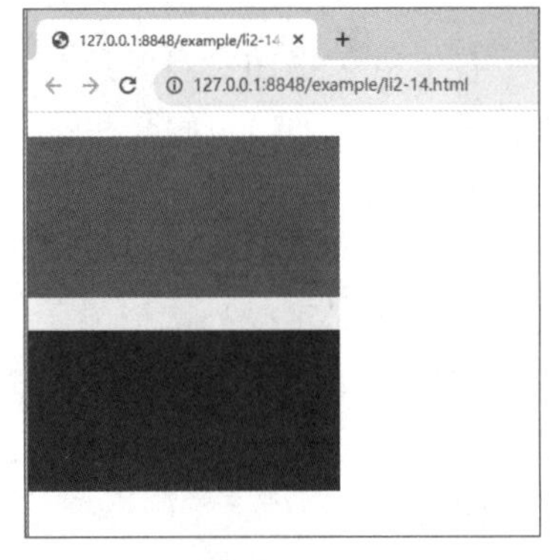

图 3-21　垂直外边距合并的盒子

做一个独立的区块 div 包裹子元素 child1，设置父级元素 div 的 overflow 属性值为 hidden 者 auto，父级元素会被子元素撑开，高度就是子元素的高度。向 HTML 文档中写入如下代码：

```
<!DOCTYPE html>
<html>
        <head>
            <meta charset="utf-8">
            <title></title>
            <style type="text/css">
                *{padding: 0; margin: 0;}
                .parent{
```

```
                        width: 400px;
                        background-color:#ff0;
                        }
                .box{
                    overflow: hidden;
                    }
                  .child1{
                        width: 400px;
                        height: 200px;
                        background-color: red;
                        margin-bottom: 40px;
                        margin-top: 30px;
                        }
                .child2{
                    width: 400px;
                    height: 200px;
                    background-color: blue;
                    margin-top: 20px;
                    }
            </style>
        </head>
        <body>
            <div class="parent">
                <div class="box">
                    <div class="child1"></div>
                </div>
                <div class="child2"></div>
            </div>
        </body>
</html>
```

有了独立的 BFC 空间后，.child1 盒子和父级盒子及同级盒子的垂直外边距的合并就不会再发生了，页面效果如图 3-22 所示。

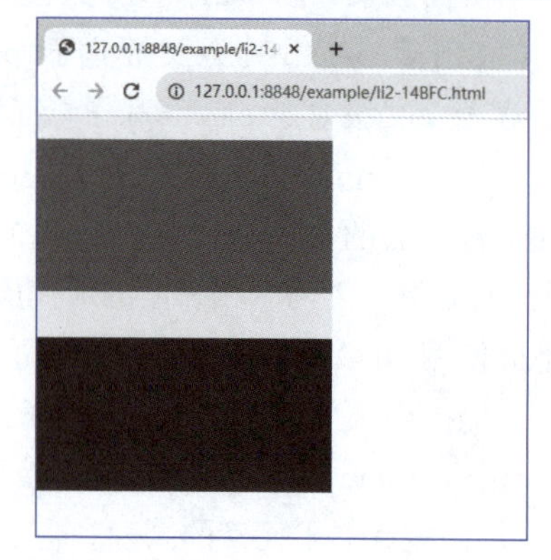

图 3-22　BFC 布局解决外边距合并问题

触发 BFC 的元素会变成一个独立的盒子，这个独立的盒子里的布局不受外部影响，也不会影响到外面的元素。BFC 布局不仅可以解决垂直外边距合并的问题，还可以解决子元素浮动之后父元素塌陷的问题、浮动元素与其他元素重叠的问题。

【项目实践】

单栏式布局

1. 使用DIV+CSS实现单栏式布局

常见的单栏式布局有以下两种，如图 3-23 所示。

向 HTML 文档中写入如下代码：

```
<!DOCTYPE html>
<html>
```

```
    <head>
        <meta charset="utf-8">
        <title></title>
        <style type="text/css">
            .head,.content,.foot{
                margin: 0 auto;
            }
            .head{
                height:150px;
                background: #0000FF;
            }
            .content{
                height: 400px;
                background: #FFFF00;
                }
            .foot{
                height:100px;
                background: #AAAAAA;
            }
        </style>
    </head>
    <body>
        <div class="head"></div>
        <div class="content"></div>
        <div class="foot"></div>
    </body>
</html>
```

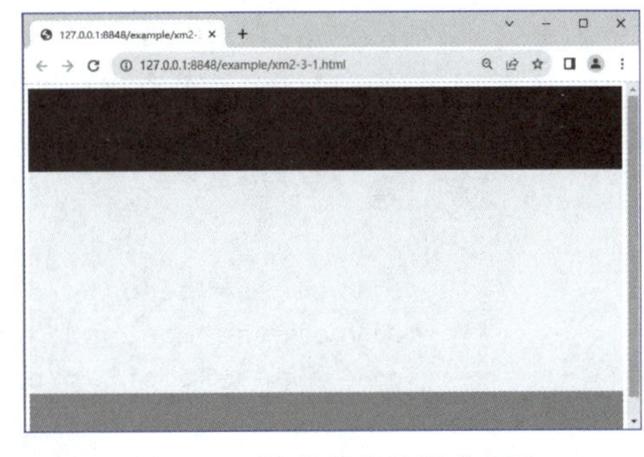

图 3-23　屏幕等宽单栏式布局

2. 内容部分略窄的单栏式布局

效果如图 3-24 所示。

向 HTML 文档中写入如下代码：

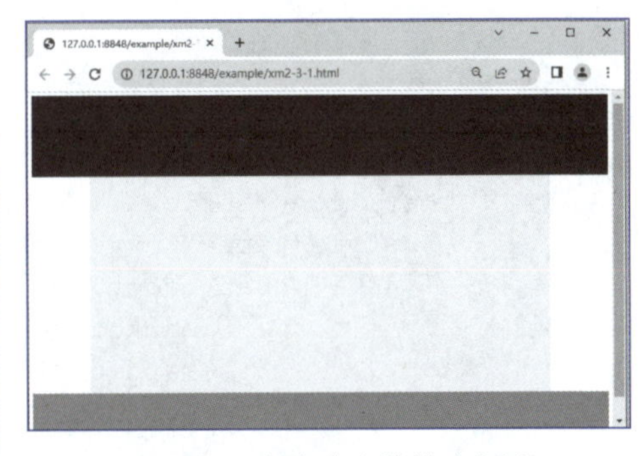

图 3-24　内容略窄单栏式布局

```
<!DOCTYPE html>
<html>
    <head>
        <meta charset="utf-8">
        <title></title>
        <style type="text/css">
            .head,.content,.foot{
                margin: 0 auto;
            }
            .head{
                height:150px;
                background: #0000FF;
            }
            .content{
                height: 400px;
                background: #FFFF00;
                width: 80%;
            }
            .foot{
```

```
                height:100px;
                background: #AAAAAA;
            }
        </style>
    </head>
    <body>
        <div class="head"></div>
        <div class="content"></div>
        <div class="foot"></div>
    </body>
</html>
```

3. BFC经常用于页面布局

按以下要求完成如图 3-25 单栏式布局。

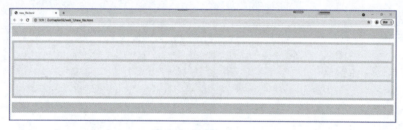

图 3-25 单栏式布局

要求：页面分为三大版块，它们之间的垂直距离设置得大一些，为 20px，主体部分内部有三个小版块，它们之间的垂直距离设置得小一点，为 10px，使用 BFC 布局完成。

向 HTML 文档中写入如下代码：

```
<!DOCTYPE html>
<html>
    <head>
        <meta charset="utf-8">
        <title></title>
        <style type="text/css">
            .head,.foot,.cont{
                background: cyan;
                margin: 10px auto 20px;
                overflow: hidden;
            }
            .head,.foot {  height:50px;  }
            .cont>*{  background: #ffff00;height: 80px;margin: 10px;
               }
        </style>
    </head>
    <body>
        <div class="head">
        </div>
        <div class="cont">
            <div></div>
            <div></div>
```

```
            <div></div>
        </div>
        <div class="foot">
        </div>
    </body>
</html>
```

【小　结】

本项目主要学习了盒子模型的概念，盒子模型相关属性，学习多种选择器定位网页中的元素并在样式表中设置样式规则的方法。学习完本项目后，就能按需对任意块级元素的大小、位置、内外边距等做出精确的设置，并能够解决在简单布局中遇到的问题，为后续学习打下良好的基础。

【课后习题】

一、判断题

1. 外链式是将所有的样式放在一个或多个以 .css 为扩展名的外部样式表文件中。　(　　)
2. word-wrap 属性用于实现长单词和 URL 地址的自动换行。　(　　)
3. 标签指定式选择器由标签选择器和 id 选择器两个选择器构成。　(　　)
4. CSS 的层叠性是指书写 CSS 样式表时，子标签会继承父标签的某些样式。　(　　)
5. 权重相同时，CSS 样式遵循就近原则。　(　　)
6. 在 E[att^=value] 属性选择器中，E 指代的是某个标签。　(　　)
7. 在 E[att*=value] 属性选择器中，E 可以省略。　(　　)
8. CSS3 中，子代选择器主要用来选择某个元素的子元素。　(　　)
9. CSS3 中，临近兄弟选择器使用减号“-”来链接前后两个选择器。　(　　)
10. CSS3 中，.only-child 选择器用于匹配属于某父元素的唯一子元素的元素。　(　　)
11. border-style 属性用于设置圆角边框。　(　　)
12. h-shadow 表示水平阴影的位置，不可以为负值。　(　　)
13. RGBA 模式用于设置背景与图片的不透明度。　(　　)
14. <strong> 是行内元素。　(　　)
15. display 属性可以对元素的类型进行转换。　(　　)

二、选择题

1. 下列选项中，CSS 注释的写法正确的是（　　）。

   A. <!-- 注释语句 -->　　B. /* 注释语句 */
   C. / 注释语句 /　　D. " 注释语句 "

2. 下列选项中，属于引入 CSS 样式表的方式是（　　）。

   A. 行内式　　B. 内嵌式　　C. 外链式　　D. 旁引式

3. 下列选项中，用来表示通配符选择器的符号是（　　）

   A. “*” 号　　B. “#” 号　　C. “.” 号　　D. “:” 号

4. 关于 rgb 代码的表示方法，下列选项正确的是（　　）。

   A. rgb(255,0,0)　　B. rgb(100%,0%,0%)

C. rgb(100%,0,0)　　D. rgb(100 0 0)

5. 下列选项中，不具有继承性的属性的有（　　）。

A. padding　　B. background　　C. height　　D. border-top

6. CSS3 中，用来选择某个元素的第一级子元素的选择器是（　　）。

A. 子代选择器　　B. 兄弟选择器　　C. 属性选择器　　D. 伪类选择器

7. CSS3 中，用于为父元素中的第一个子元素设置样式的选择器是（　　）。

A. :last-child　　B. :first-child　　C. :not　　D. :nth-child(n)

8. CSS3 中，用于为父元素中的倒数第 n 个子元素设置样式的选择器是（　　）。

A. :last-child　　B. :nth-of-type(n)　　C. :nth-last-child(n)　　D. :nth-child(n)

9. CSS3 中，属于结构化伪类选择器的是（　　）。

A. :last-child　　B. :nth-of-type(n)　　C. :not　　D. :nth-child(n)

10. CSS3 中，（　　）选择器用来选择没有子元素或文本内容为空的所有元素。

A. :last-child　　B. :empty　　C. :not　　D. :nth-child(n)

11. 下列选项中，属于盒子模型基本属性的是（　　）。

A. 内边距　　B. 外边距　　C. 边框　　D. 宽和高

12. 下列选项中，可以控制盒子宽度的属性是（　　）。

A. width　　B. height　　C. padding　　D. margin

13. 下列选项中，属于边框属性的是（　　）。

A. border-style　　B. border-height　　C. border-width　　D. border-color

14. 关于内边距属性 padding 的描述，下列说法正确的是（　　）。

A. padding 属性是复合属性

B. 必须按顺时针顺序采用值复制原则定义四个方向的内边距

C. 其取值可为 1 ～ 4 个值

D. padding 的取值不能为负

15. 下列选项中，可清除元素默认外边距的是（　　）。

A. font-size:0;　　B. line-height:0;　　C. padding:0;　　D. margin:0;

三、简答题

1. 请简要描述一下什么是结构与表现相分离。

2. 请简要描述一下 CSS3 的优势。

3. 请简要介绍一下 E[att$=value] 属性选择器。

4. 请简述一下 :not 选择器的作用。

5. 请简要描述什么是外边距塌陷。

6. 请简要描述 <div> 标签的作用。

项目四　DIV+CSS 复杂布局

【情境导入】

乔明使用 DIV+CSS 布局，很快就把几个盒子在页面中排好了，可是前端工程师董嘉看过以后，又和乔明一起浏览百度新闻、人邮学院官网、小米官网等网站，董嘉根据这些网页随手画了两个更为复杂的布局范例。乔明这才发现实际网页的布局比他做的布局复杂多了，大多数网页是两栏的甚至多栏的，那么怎样才能做出这样的页面布局呢？

任务一　浮动布局两栏式页面

【任务提出】

乔明发现网页中两个模块水平排列的布局非常常见，特别是在页面主体部分，但是仅仅简单地罗列盒子无法得到这样的效果，本任务学习盒子的浮动布局，为盒子应用 float 属性设置浮动，浮动后的盒子将脱离标准流，可以实现水平排列的效果。

【学习目标】

知识点

- 理解浮动布局。
- 掌握浮动属性 float 的用法。
- 掌握清除浮动属性 clear 的用法。

技能目标

- 能够熟练应用浮动属性完成图文混排效果。
- 能够熟练应用浮动属性完成多个模块水平排列的效果。
- 能够清除页面排版中浮动对其他元素的影响。

素质目标

- 提高自主探究能力。
- 培养精益求精的工匠精神。

【相关知识】

相同的 HTML 文档结构加上不同的 CSS 样式会呈现出不同的效果。对多个水平排列的模块进行布局时很容易就会想到浮动。

一、认识浮动

在学习本任务之前，设计页面都是按照默认的排版方式，即页面中的元素盒子从上到下垂直排列。一些内容比较简单的网页，特别是适用于移动端浏览的网页，为方便内容的及时更新和浏览，经常使用这种简单的布局，如图 4-1 所示。

但是大多数网页由于内容比较复杂，特别是网站首页，为了在有限的空间内展示更多的信息，往往都会按照左、中、右或者左、右的结构进行排版。两栏式布局是传统桌面网站最常见的一种布局方式，其将有限的空间划分为若干横纵结合的模块，有助于页面内容的组织和展示。例如图 4-2 所示央广网页面，就是很典型的两栏式布局。

图 4-1　一栏式布局

图 4-2　央广网页面

通过这样的布局，页面变得整齐，有节奏。如何实现这种效果呢？

要想实现块级元素水平排列的效果，需要为元素设置浮动。设置了浮动属性的元素会脱离标准文档流的控制，向左或向右移动，直到它的外边缘碰到包含框或另一个浮动框的边框为止。

二、元素的浮动属性float

在 CSS 中，通过 float 属性来定义浮动，其基本语法格式如下：

```
选择器 {float: 属性值 ;}
```

常用的 float 属性值有三个，分别表示不同的含义，具体如下：

- none: 元素不浮动 (默认值)。
- left: 元素向左浮动。
- right: 元素向右浮动。

1. 设置浮动

在默认标准流模式下，HTML 文档中的元素就像“流水”一样，按照排列次序依次在页面中出现，所有元素的 float 属性值未经设置都取默认值 none。例如，在以下 HTML 文档中有三个 <div> 元素和一个 <p> 元素，采用标准流排列。

【例 4-1】制作标准流盒子。

向 HTML 文档中写入如下代码：

```
<!DOCTYPE html>
<html>
    <head>
        <meta charset="utf-8">
        <title>float</title>
        <style type="text/css">
            .box01,.box02,.box03{height:50px; }
            .box01{ background: #f88; }
            .box02{ background: #8f8; }
            .box03{ background: #88f; }
            p{background: #CCCCCC; border: 1px dashed; }
        </style>
    </head>
    <body>
        <div class="box01">box01</div>
        <div class="box02">box02</div>
        <div class="box03">box03</div>
        <p>人工智能（artificial intelligence），英文缩写为 AI。它是研究、
      开发用于模拟、延伸和扩展人的智能的理论、方法、技术及应用系统的一
      门新的技术科学。人工智能是新一轮科技革命和产业变革的重要驱动力量。
        </p>
    </body>
</html>
```

如果不对元素设置浮动，则元素及其内部的子元素将按照标准文档流的样式显示，每一个块级元素都要占满页面整行，页面效果如图 4-3 所示。

2．设置浮动

对 box01 应用左浮动样式，具体的 CSS 代码如下：

```
.box01 { float:left;}
```

保存 HTML 文件，页面效果如图 4-4 所示。

图 4-3　不设置浮动属性

图 4-4　box01 浮动

可以看出，设置左浮动的 box01 漂浮到了 box02 的左侧，也就是说，box01 不再受文档流控制，

出现在了一个新的层次上，box02 则向上移动，占据了原来 box01 的位置。脱离了文档流的 box01 的宽度与浏览器的宽度也不再有关系，而是由其自身的内容决定。

继续为 box02 设置左浮动，具体的 CSS 代码如下：

```
.box01,.box02{ float:left;}
```

保存 HTML 文件，页面效果如图 4-5 所示。

在图 4-5 中，box02 也脱离了标准文档流的控制并向左漂浮，直到它的左边缘与父元素的边框或另一个浮动框的边界对齐为止。此时，标准文档流中只剩下 box03 和 p 元素。

在上述案例的基础上，继续为 box03 设置左浮动，具体的 CSS 代码如下：

```
box01,.box02,.box03{ float:left; }
```

保存 HTML 文件，页面效果如图 4-6 所示。

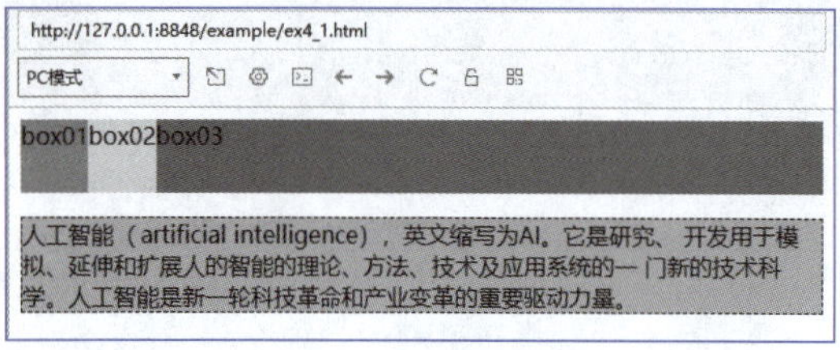

图 4-5 box01 box02 都浮动

图 4-6 box01 box02 box03 都浮动

此时，box01、box02、box03 排列在同一行，<p> 元素占据了 box03 的位置，但是由于三个浮动盒子对 <p> 元素中段落文本的位置产生了影响所以段落文本将环绕盒子，出现了图文混排的网页效果。

现在由于 box01、box02、box03 都没有设置 width 属性值，所以浮动盒子的宽度由内容宽度决定。我们修改三个盒子的 width 属性值为相对值 30%，可以改变三个盒子的占位，得到图 4-7 所示的效果。这种方法经常用于页面上水平模块的布局占位。

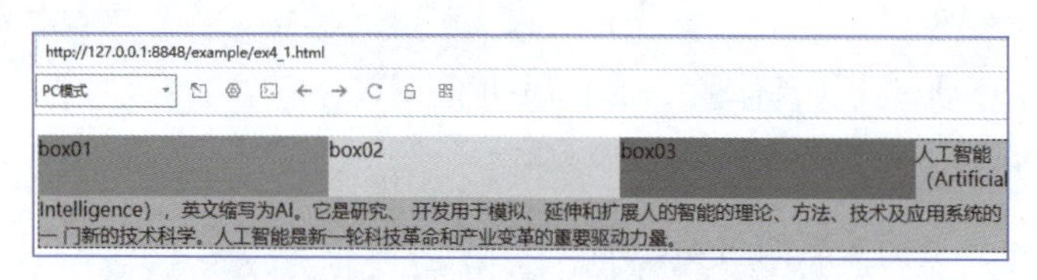

图 4-7 box01 box02 box03 具有固定宽度

float 属性的另一个值 right 在网页布局时也会经常用到，它与 left 属性值用法相同，但作用方向相反。

三、清除浮动

由于浮动元素不再占用原文档流的位置，所以它会对页面中其他元素的排版产生影响。例如图 4-7 所示的段落文字总是要占据浮动盒子旁边的空白区域。在实际应用中，为了避免某个盒子浮动对标准流中的后面的盒子产生影响，通常要清除浮动。

在 CSS 中，clear 属性用于清除浮动，即规定元素的某个方向上不允许浮动元素，其基本语法格式如下：

```
选择器{clear: 属性值 ;}
```

clear 属性的常用值有三个，分别表示不同的含义，具体如下：

- left: 清除左侧浮动的影响。
- right: 清除右侧浮动的影响。
- both: 同时清除左右两侧浮动的影响。

如果声明为 left 或 right，则元素上外边距的边界刚好处于该侧边上浮动元素下外边距边界之下，如果声明为 both，则是在左右两侧均不允许浮动元素。

接下来对上面案例中的 <p> 标签应用 clear 属性，来清除前面浮动元素对段落文本的影响。在 <p> 标签的 CSS 样式中添加如下代码：

```
p{clear:left;}          /* 清除左浮动 */
```

添加该样式后，<p> 元素的上外边框边界刚好处于之前向左浮动的几个盒子的下外边距边界之下，保存 HTML 文件，刷新页面，效果如图 4-8 所示。

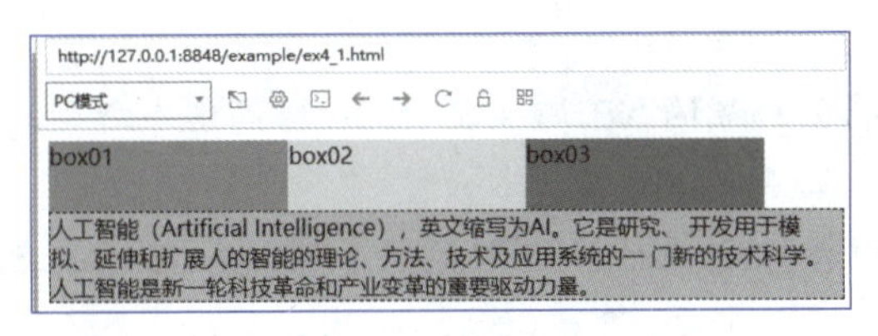

图 4-8　清除浮动

四、盒子的高度塌陷及解决方法

clear 属性能清除元素左右两侧浮动的影响，在网页排版时，还经常会遇到一些特殊的浮动影响。例如，父元素中的所有子元素均浮动时，如果是父元素没有定义高度，而子元素浮动脱离标准流，父元素就检测不到子元素的高度，默认高度 auto 取值为 0，父级元素就显示成了一条直线，下面的例 4-2 就演示了这种情况。

【例 4-2】盒子高度塌陷。

向 HTML 文档中写入如下代码：

```
<!DOCTYPE html>
<html>
    <head>
        <meta charset="utf-8">
        <title>float</title>
        <style type="text/css">
            .box{ border: 1px solid; background: #ccc;}
            .box01,.box02,.box03{height:50px;padding:10px;
            margin: 10px; }
            .box01{background: #f88;}
            .box02{background: #8f8;}
            .box03{background: #88f;}
            .box01,.box02,.box03{float: left;}
            .box04{height: 30px; background-color: #FF0000;}
        </style>
```

```
        </head>
        <body>
              <div class="box">
                   <div class="box01">box01</div>
                   <div class="box02">box02</div>
                   <div class="box03">box03</div>
              </div>
        </body>
</html>
```

运行结果如图 4-9 所示，父级盒子显示成一条直线。

图 4-9　高度塌陷

父级盒子的高度塌陷将会对文档流中后面盒子的位置产生生影响，导致文档流中后面的盒子定位不准确。

例如，在例 4-2 中，如果 box 后面还有另外的盒子 box04，补充添加代码如下：

```
.box04(height:30px; background-color:#FF0000;}
```

在 <body></body> 之间补充如下代码：

```
<body>
    <div class="box">
                 <div class="box01">box01</div>
                 <div class="box02">box02</div>
                 <div class="box03">box03</div>
    </div>
    <div class="box04">box04</div>
</body>
```

运行结果如图 4-10 所示，可以发现 box04 并没有按设计出现在三个水平盒子的下边界以下，而是被浮动盒子覆盖了。

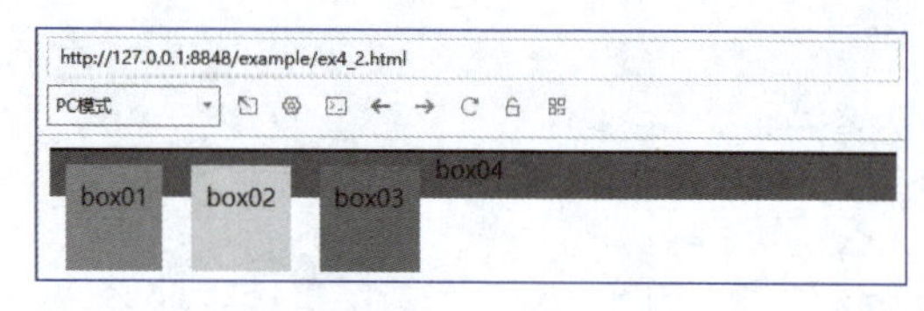

图 4-10　高度塌陷导致后续盒子上移

所以在页面布局时要随时关注并解决高度塌陷的问题，初学者通常会为浮动元素后面的每个元素加上 clear 属性，这种方法是不可取的。这里总结几种常用的清除浮动的方法。

1. 使用空标签清除浮动

在浮动元素之后添加空标签，并对该标记应用“clear:both”样式，可以清除元素浮动产生的影响，这个空标签可以为 <div>、<p>、<hr/> 等任何标签。以例 4-2 为基础，在浮动元素 box01、 box02、box03 之后添加空标签，然后应用 clear 属性。

【例 4-3】使用空标签清除浮动。

向 HTML 文档中写入如下代码：

```
<!DOCTYPE html>
<html>
      <head>
            <meta charset="utf-8">
            <title>清除浮动</title>
            <style type="text/css">
                 .box{
                      border: 1px solid;
                      background: #ccc;
                      }
                 .box01,.box02,.box03{
                      height:50px;
                      padding: 10px;
                      margin: 10px;
                 }
                 .box01{background: #f88;}
                 .box02{background: #8f8;}
                 .box03{background: #88f;}
                 .box01,.box02,.box03{float: left;}
                 .clear{clear: both;}
            </style>
      </head>
      <body>
            <div class="box">
                 <div class="box01">box01</div>
                 <div class="box02">box02</div>
                 <div class="box03">box03</div>
                 <div class="clear"></div>
            </div>
      </body>
</html>
```

运行结果如图 4-11 所示，子元素浮动对父元素的影响已经不存在，但是由于上述方法增加了毫无意义的结构元素（空标签），因此在实际工作中不建议使用，我们还可以利用伪对象来达到同样的效果。

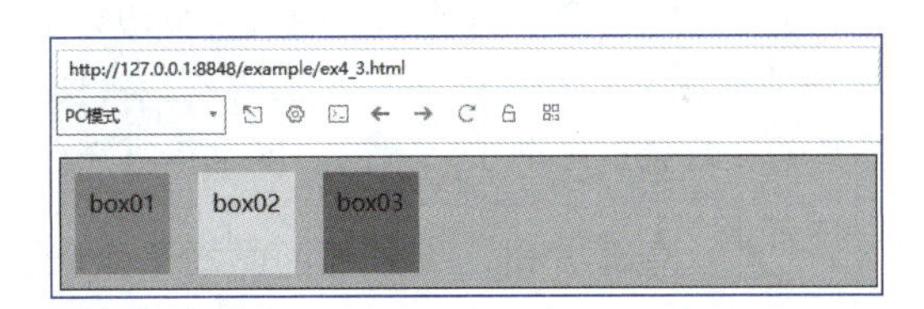

图 4-11　使用空标签清除浮动

2. 使用after伪对象清除浮动

伪对象也称伪元素，“伪”是指虚拟的元素，伪对象并不存在于 DOM 文档中，但它和对象表示的意思又十分相似。伪对象选择器是专门用来选择这些特殊“元素”的选择器，它们无法通过标签名选择器、ID 选择器或者类选择器来进行精确控制。

在 CSS 中伪对象选择器有五个，以单个冒号 (:) 或双冒号 (::) 作前缀，见表 4-1。

表 4-1 伪对象选择器

选择器	举例	例子描述
::after	p::after	在每个 <p> 元素之后插入内容
::before	p::before	在每个 <p> 元素之前插入内容
::first-letter	p::first-letter	选择每个 <p> 元素的首字母
::first-line	p::first-line	选择每个 <p> 元素的首行
::selection	p::selection	选择用户选择的元素部分

其中 after 伪对象的用法如下：

```
指定选择器 ::after{ 样式规则 } /* 用法 1*/
指定选择器 :after{ 样式规则 } /* 用法 2*/
```

其功能是在被选元素的内容后面插入内容，与 content 属性一起使用，定义对象后面的内容，示例如下：

```
    p:after{
      content:" 伪对象内容 ";
      color:red;
}
```

after 伪对象被用于清除浮动只适用于 IE8 及以上版本的 IE 浏览器和其他非 IE 浏览器。仍然以例 4-2 为基础，对父元素应用 after 伪对象样式。

【例 4-4】使用 after 伪对象清除浮动。

添加 CSS 样式如下：

```
.box:after{   /* 对父元素应用 after 伪对象样式 */
    display:block;     /* 只有块级元素才能清除浮动 */
    content:"";   /* 没有内容，但是必须设置 */
    clear: both;
        }
```

运行结果如图 4-12 所示，子元素浮动对父元素的影响已经不存在。

对父元素应用 after 伪对象样式时，需要使用 display:block; 将其转换成块级元素，因为只有块级元素才能清除浮动，并且要和 content 属性结合使用，即使没有内容也必须设置 content 的值。

当然，除了使用 clear 属性清除浮动之外，在实际开发中还经常使用新建 BFC 的方式，父元素在新建一个 BFC 时，计算其高度时会把浮动子元素的高度也算进来。

3. 使用BFC 解决高度塌陷问题

在例 4-2 的基础上，对父元素应用 overflow:hidden; 样式触发 BFC，来清除子元素浮动对父元素的影响。

【例 4-5】使用 overflow 属性触发 BFC 清除浮动。

添加 CSS 样式如下：

```
.box{
```

```
border: 1px solid;
background:fccc;
overflow:hidden:
}
```

运行结果如图 4-13 所示，子元素浮动对父元素的影响已经不存在。

图 4-12 使用 after 伪对象清除浮动

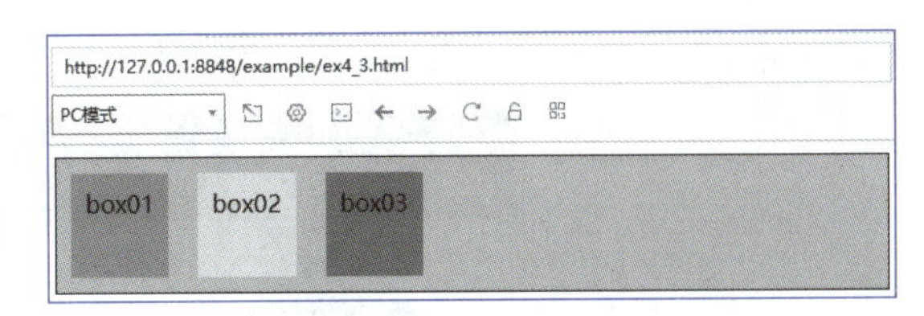

图 4-13 使用 BFC 清除浮动

【项目实践】

1. 三栏式水平布局排版

网页的主体部分通常会按照左、中、右的结构进行排版。有的网页的主体部分水平充满显示窗口，如图 4-14 所示。

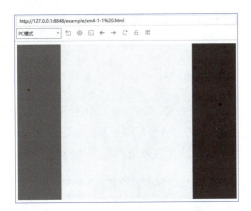

图 4-14 充满屏幕的三栏式网页布局

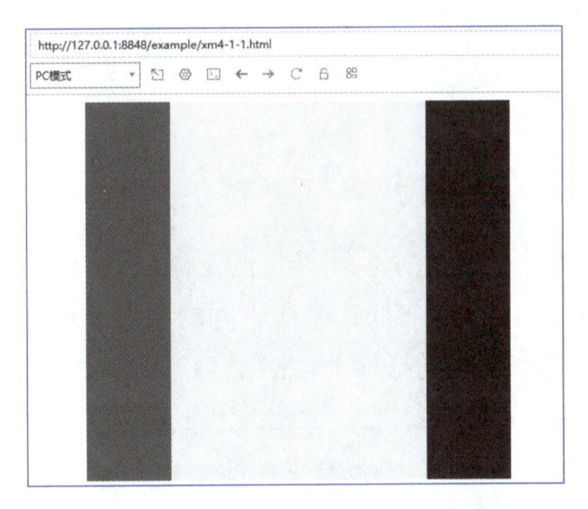

图 4-15 两侧留白的三栏式网页布局

提示：将三个水平模块放在同一个父级盒子中，由父级盒子控制它们在页面中的宽度和位置。为了方便调整主体部分宽度，可以为三个子级盒子的宽度设置相对值。

样式代码如下：

```
<div class="cont">
  <div class="left"></div>
  <div class="mid"></div>
  <div class="right"></div>
</div>
```

样式代码如下：

```
<style type="text/css">
    .cont{ width: 808;margin: 0 auto; overflow: hidden;}
    cont>*{height:400px;      float: left;}
    .left{width: 208;background: #f00;}.mid{width: 608;background: #ff0;}
```

```
    .right{width: 208;background: #00f; }
</style>
```

2. 清除浮动盒子的塌陷

完成图 4-16 的页面布局，练习使用三种方式解决内容部分父级盒子的高度塌陷问题。

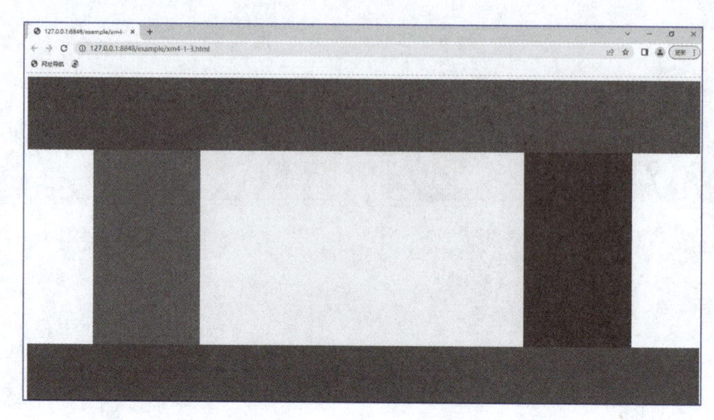

图 4-16　三栏式页面布局

任务二　DIV+CSS 布局网上商城首页

【任务提出】

本任务是给果蔬公司开发网上商城的首页布局，首先需要将网站首页划分为若干“版块”，然后运用 DIV+CSS 布局，采用不同的页面布局方式，将盒子摆放到合适的位置。

乔明在董嘉的指导下，根据客户需求设计出网上商城网站首页效果图和布局图如图 4-17 所示。

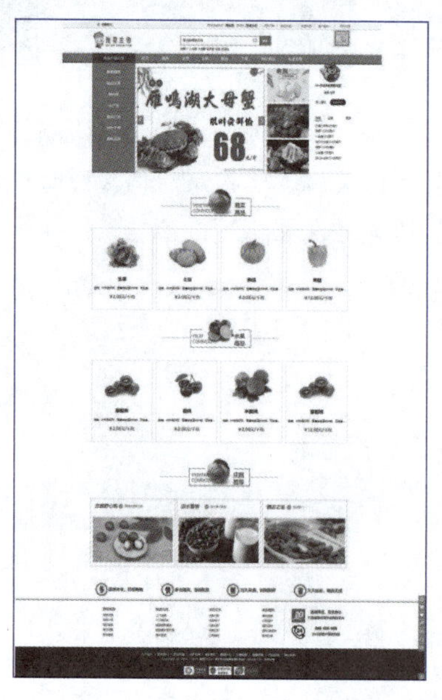

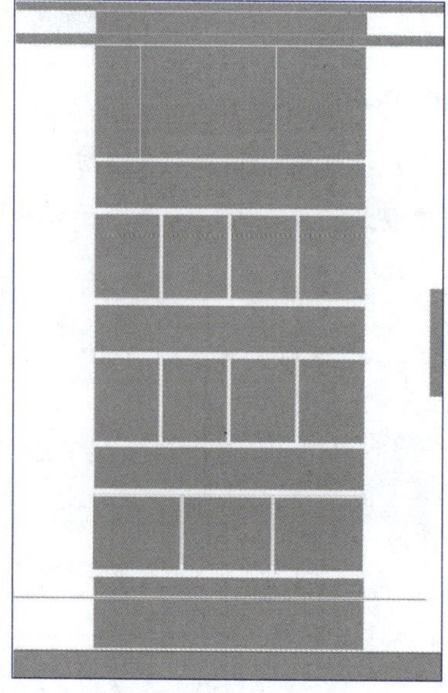

图 4-17　网上商城网站首页效果图和布局图

【学习目标】

知识目标

- 理解版心概念。
- 掌握通栏多列式网页布局的设计方法。

技能目标

- 熟练应用 HTML5+CSS3 进行网站首页布局。
- 解决高度塌陷等常见问题。

素质目标

- 提升审美能力，培养创新能力。

【相关知识】

网页的布局灵活多变，在有限的空间内既要做到形式美观以吸引更多流量，又要布局合理以展示更多的信息。一般来说，网页由头部区域、菜单导航区域、内容区域、底部区域几大功能区组成，它们不同形式的组合构成了不同的网页布局形式。

一、布局的准备工作

在网页布局之前，先要了解“版心”的概念。“版心”最早用在图书出版行业，版面上除去周围白边，剩下的以文字和图片为主要组成部分的就是版心。在网页开发中，版心是指网页中主体内容所在的区域，一般在浏览器窗口中水平居中显示，常见的宽度值为 960 px、980 px、1000 px、1200 px 等，左右两边留白，用于放置广告或者快捷菜单等。图 4-18 所示的网页标出了版心区域。

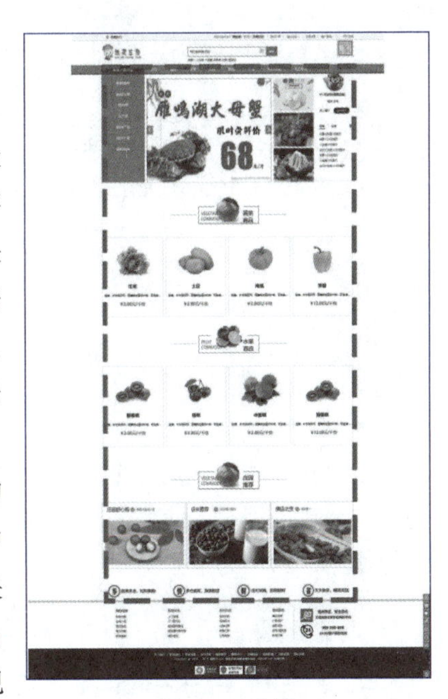

图 4-18　版心

布局的第一步是根据美工设计的网页效果图确定页面的版心，了解版心在屏幕中占据的宽度；第二步是分析页面中的行模块，也就是每一个 BFC 区域，还要确定好每个行模块中的列模块；第三步是在 HTML 文档中写出各个页面元素；第四步是通过 DIV+CSS 布局方法调整页面中每个元素的外观效果。

二、通栏多列式布局效果及实现

越来越多的网站页面采用通栏多列式布局，例如，智慧树网站首页，如图 4-19 所示。该布局模式可以根据需要灵活增加行模块，非常适合长页面的制作。

通栏多列式布局的页面可参照图 4-20 所示的样式划分模块。该类结构在长页面扩展时非常方便。

【例 4-6】制作通栏多列式布局。

图 4-19　智慧树效果

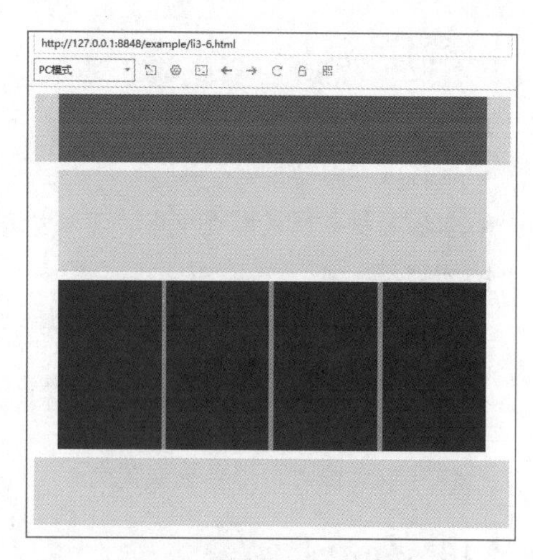

图 4-20　样式划分模块效果

（1）将页面元素按照父子关系写入 HTML 代码，示例如下：

```
<body>
    <div class="top">
        <div class="top-inner main"></div>
    </div>
    <div class="banner main"></div>
    <div class="ad main">
        <div class="one"></div>
        <div class="two"></div>
        <div class="three"></div>
        <div class="four"></div>
    </div>
    <!-- 其他版块 -->
    <div class="footer"></div>
</body>
```

（2）在样式表中为主要模块设置样式。由于大多数模块主体处于版心位置，四周留白，因此为了避免重复编码，使用 main 类定义版心，通过和其他类复合使用，达到灵活控制版心宽度和位置的作用，示例如下：

```
<style>
   .main{width:90px;margin: 0 auto; }/* 版心 */
   .top{background-color:cyan;height:80px;}
   .top-inner{background-color:grey;height:80px;}
   .banner{background-color:cyan;
   height:120px;margin:10px auto;overflow:hidden; }
   .ad{height: 200px;background-color: darkseagreen;}
   .footer{background-color:cyan;height:80px;
   margin:10pxauto;overflow:hidden;}
</style>
```

上面代码中的 <div class="banner main"></div> 对 div 元素进行了类的复合应用，同时应用了 banner 和 main 两个样式规则，因为相同样式中后定义的要覆盖先定义的，所以 margin 取值为 10px auto。此时页面效果如图 4-21 所示。

（3）为通栏多列式布局部分的多个块级元素设置样式。在通栏多列式布局中实现水平排列多个块级元素的方式多样，可以使用浮动布局，示例如下：

```
.ad div {
  float: left;
  width:24.2%;
  height:200px;
  margin-right:1%;
  background-color:blue;}
.ad,.four {
  float: right;
  margin-right:0;}
```

由于父级盒子使用相对宽度值，所以平分四个水平栏目的宽度仍然要使用相对值，另外还要将水平方向的 margin 和 border 等考虑在内，不能超出父级盒子的总宽度，所以在计算时很难做到精确平分。页面效果如图 4-22 所示。

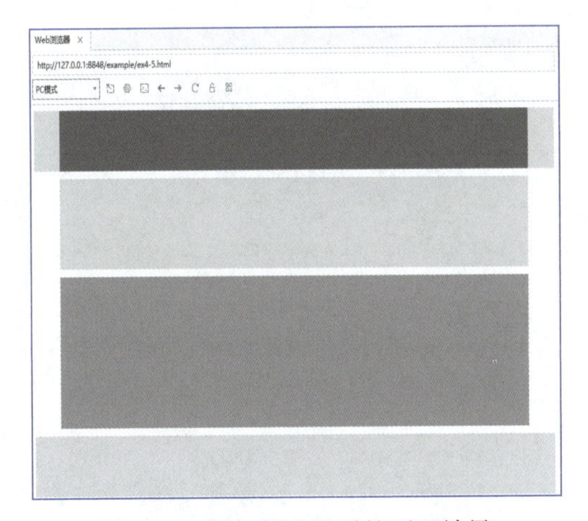

图 4-21　添加版心以后的页面效果

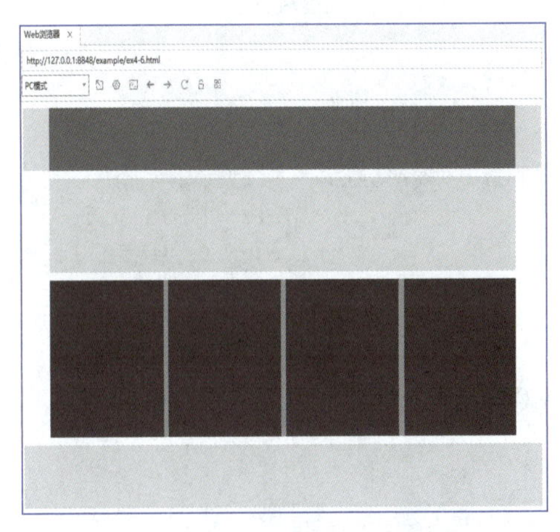

图 4-22　水平排列的多个模块

有时为了更加精确，也为了满足在不同宽度设备上显示的要求，我们会使用弹性盒布局和网格布局模式，特别是一些移动优先的 Web 开发框架，如 Bootstrap，其大量应用了这两种布局模式，在下面的任务中会详细介绍。

提示：网页设计不但是一项技术性工作，还是一项艺术性工作，要求设计者具有较高的艺术修养和审美情趣。页面布局是决定网站美观与否的一个重要方面，通过合理的、有创意的布局，可以给用户美的享受，而布局的好坏在很大程度上取决于开发者的艺术修养水平和创新能力。

【项目实践】

运用前面所学的知识完成网上商城首页页面布局，如图 4-23 所示。由于本任务的页面元素比较多，样式表也比较长，为了便于操作，建议使用外部样式表和 HTML 文档进行链接。具体步骤如下：

（1）新建 index.html 文件，将页面元素按照文档流的先后关系和页面元素之间的父子关系写入 <body> 和 </body> 之间。

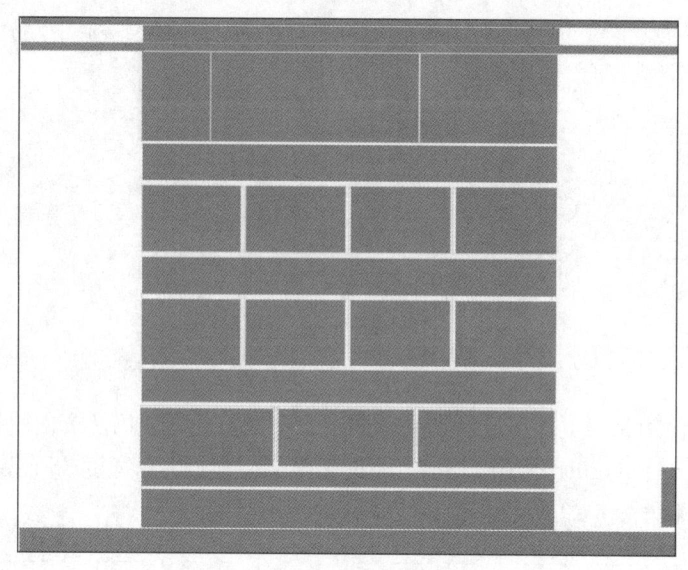

图 4-23　网上商城首页多列布局

参考代码如下：

```
<body bgcolor="#fff" id="db">
        <div class="hidden-search clearAfter">
            <div class="fd-logo fl"><img src="img/logo.jpg" style="width:
30%;"/></div>
            <div class="fd-search fl clearAfter">
                <input type="text" name="" id="" value="" placeholder="每日
新鲜蔬菜水果"/>
                <div class="xs">
                    <input type="file"  value="" />
                    <div class="xj">
                        <img src="img/tm-bxj.png" class="bxj"/>
                        <img src="img/tm-hxj.png" class="hxj"/>
                    </div>
                </div>
                <div class="fd-hk fl">搜索</div>
            </div>
        </div>
</body>
```

（2）预览网页，得到的页面中只有文字，还需要在 CSS 文件中同步设置各个元素的大小、颜色及位置。

新建 index.css 文件，在 HTML 文档的 <head> 和 </head> 标签之间添加 <link>。

```
<link rel="stylesheet" type="text/css" href="index.css"/>
```

这样，CSS 文件中关于样式的设置就会同步发生在 HTML 页面中了。

index.css 文件中的样式设置可参照【例 4-6】，各个容器的大小和颜色可根据需要自主设置。尤其需要注意的是，页面主体并没有填满整个显示窗口，大多数模块两边留白，所以在实践时建议定义版心类 main{width:90%;margin:auto;} 与其他类复合使用，这样可以灵活控制版心的宽度和位置，并方便更改，同时也大大减少了代码量。

任务三　网格布局网上蔬果商城首页

【任务提出】

乔明通过标准流、浮动及其他 CSS 属性完成了网上商城首页的页面布局，但是他发现现有的知识在构建复杂的 Web 页面时还有很多不足，如盒子的水平居中、浮动元素的控制、列宽的分配等。本任务将学习另外一种强大的布局模式——网格布局。引入了二维网格布局系统，其最大的优势是可以将页面分为多个网格，任意组合成不同的形式，进而做出各种各样的布局，对多列区域的布局特别有效。

【学习目标】

知识目标

- 理解网格布局。
- 掌握网格容器的设置及其属性。
- 掌握子元素的属性。

技能目标

- 学会使用网格布局方法灵活进行页面布局。

素质目标

- 提高自主探究能力。

【相关知识】

网格布局在网站中很常见，使用网格布局能让页面内容的展示更有秩序、更合理，用户也能获舒适的阅读体验。为保证页面整齐有序，网格布局中有一套系统的规范来规定页面边距、模块与模块间的距离、模块内图片之间的边距、文案的边距与行距等，而这些内容单纯使用 CSS 属性去设置要烦琐很多，并且不易于在不同大小的终端显示。所以，开发人员在拿到典型网格布局设计稿时，要优先考虑使用网格布局。

一、认识CSS Grid网格布局

通过前面的实践，发现单纯使用标准流和浮动也能完成复杂页面的布局，但是控制起来不便，所以 W3C 又先后推出了一维布局系统 flexbox（弹性盒布局）和二维布局系统 CSS Grid（网格布局），现已经得到了大多数浏览器的原生支持。

网格布局是一个二维的基于网格的布局系统，是由纵横相交的两组网格线形成的框架性结构。网页设计者可以利用这些由行（row）和列（column）组成的框架结构来布局设计元素。

例如，图 4-24 所示的在现代网站中经常出现的商品展示部分使用的就是标准的网格布局。

可以假想一个容器，里面有若干子元素，子元素按照网格的形式排列，网格线就是构成格的线条。那么，一个 2 行 5 列的布局就会有 3 条行网格线，6 条列网格线，网格线编号遵循从到右、从上到下的规则，由 1 号开始，n 行有 n+1 根行网格线，m 列有 m+1 根列网格线。相邻两条平行的网格线之间所形成的区域用来摆放子元素，子元素之间可以有间距，如图 4-25 所示。

图 4-24 使用网格布局的网页

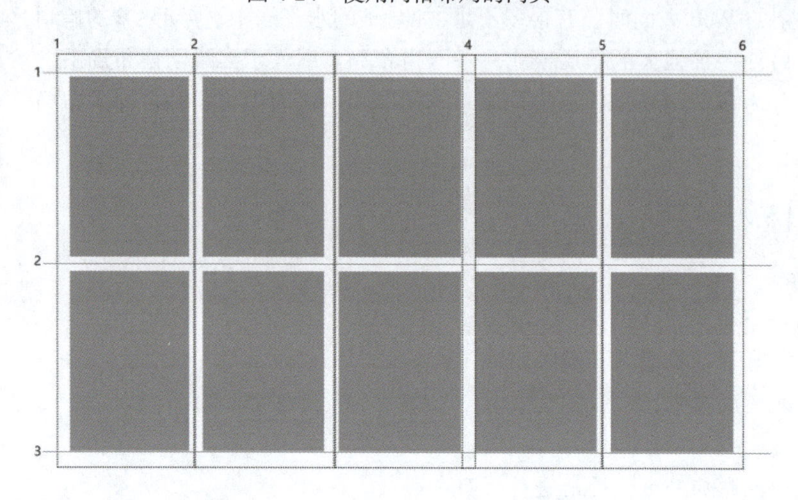

图 4-25 网格布局的各个元素

在布局过程中，需要处理的页面元素有两种 : 网格容器和子元素。前者主要用来设置基础的布局框架，相当于建筑中的设计蓝图；后者用来进行个性化的布局调整。

二、网格布局中对父元素的操作

用来设置网格布局的属性有很多，其中作用于父元素的属性就有十七种，主要用于网格容器的声明和网格整体结构的布局设置。

1. 设置网格容器

设置网格容器的第一步是创建网格容器。在元素上声明 display:grid 可以触发渲染引擎的网格布局算法，创建一个网格容器，这个元素的所有直系子元素都会自动成为网格元素。

【例 4-7】实现网格布局。

在 body 中写入如下代码：

```
<div class="container">
    <div class="item">1</div>
    <div class="item">2</div>
    <div class="item">3</div>
    <div class="item">4</div>
    <div class-"item">5</div>
    <div class-"item">6</div>
    <div class="item">7</div>
    <div class="item">8</div>
    <div class="item">9</div>
</div>
```

设置 CSS 样式如下：

```
.container{display: grid;}
.item{
    height:100px;
    background-color: rgba(0,0,255,0.4);
    border: 1px solid #000000;
    box-sizing:border-box;
    line-height:100px;
    font-size:30px;
    text-align: center;
    color: white;}
```

运行结果如图 4-26 所示。把 container 创建成网格容器，创建网格容器后，所有直接子元素都是网格元素了，但是在浏览器中，元素看起来和之前并没有什么差异，这是因为系统默认给这些元素创建了一个单列网格。

2. 划分网格线

网格线是构成网格结构的分界线，它们既可以是垂直的（列网格线），也可以是水平的（行网格线），这些线条构成了布局的基础模板，任意两条线之间的空间就是一个网格轨道。在画线过程中，需要根据行和列两个维度分别进行设置，由行网格线和列网格线分隔出来的区域用来摆放子元素。下面创建一个 3×3 的网格框架，示例如下：

```
container{
    display: grid;
    grid-template-columns: 300px 300px 300px;
    grid-template-rows:120px 120px 120px;}
```

运行完整代码后的页面效果如图 4-27 所示。

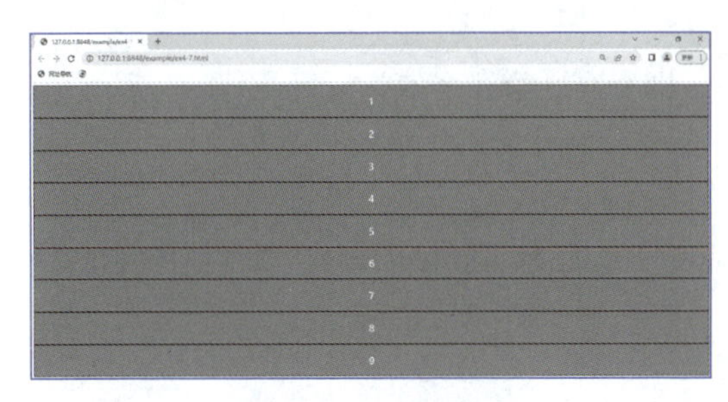

图 4-26　单列网格

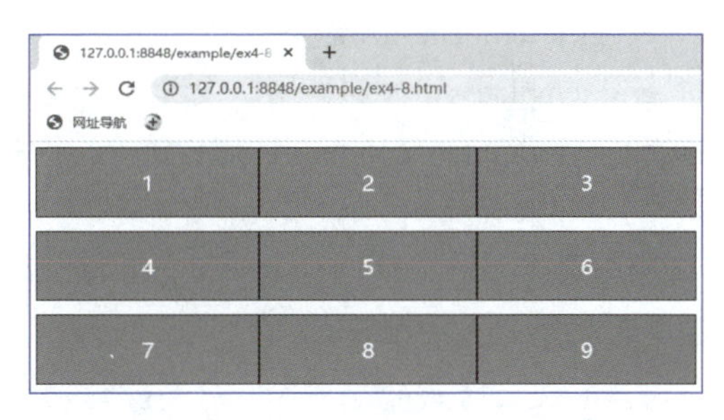

图 4-27　划分网格线后的页面效果

上述代码中用到了两个样式属性 :grid-template-columns、grid-template-rows。关于网格容器的常见样式属性解释如下：

1）grid-template-columns

grid-template-columns 属性用于定义列轨道的大小，即列的宽度。取值的方式可以是百分比或者具体值，给几个值就会设置几列，若设置的值之和超出父容器的宽度，就会出现滚动条。

除了可以使用绝对值和百分比值之外，该属性还支持各种单位的组合形式，示例如下：

```
grid-template-columns: 100px 20% 1em;
```

如果是等分，则可以使用 repeat 函数简化相同的值，示例如下：

```
grid-template-columns: repeat(3,20%);
```

该段代码表示3个列的列宽都是20%。

网格布局中还引入了一种新单位fr，它源自单词fraction，fr用于等分剩余空间，它会自动计算除了网格间距之外其余的部分。推荐使用fr，示例如下：

```
grid-template-columns:100px 1fr 2fr repeat(2,20%);
```

5列布局，其中的1fr表示宽度为总宽度减去左边的100px和右侧两列的20%之后剩余部分的1/3，第3列的宽度是第2列的两倍。

修改以上CSS代码如下：

```
.container{
    display: grid;
    grid-template-columns:repeat(3,1fr);
    grid-template-rows:120px 120px 120px;}
```

运行结果如图4-28所示。

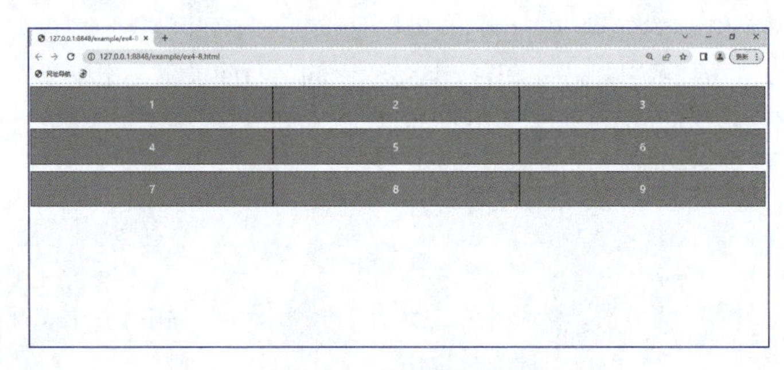

图4-28 平分容器宽度

2）grid-template-rows

grid-template-rows属性用于设置行轨道的大小，即行高，给几个值就设置几行。其属性值的格式和grid-template-columns的属性值完全一样。

3）grid-template

有时会将grid-template-rows和grid-template-columns缩写为grid-template，属性值的写法为行数/列数的形式，示例如下：

```
grid-template: 1fr 50px/1fr 4fr;
```

该行代码表示两行两列的布局，第一行的高度为该容器的总高度减去第二行的50px之后剩下的高度，总宽度分成5等份，第一列的宽度占1份，第二列的宽度占4份。

4）grid-auto-rows属性和minmax()函数

还可以使用grid-auto-rows属性配合minmax()函数对行的高度进行更好的设置。假设有一个最小行高的要求，例如，如果内容少，则行高为40px；如果内容多，则行高要跟随相应的内容变化，那么minmax可以写为minmax(40px，auto)。auto表示行高会根据内容自动调整，且最小为40px。前提是没有对子元素单独设置固定的高度。

3. 添加网格间距

网格间距的设置在实际开发中是可选的，主要根据网页设计的需求而定。两个网格单元之间的网格横向间距或网格纵向间距可分别使用 grid-column-gap 和 grid-row-gap 属性来创建，或者直接使用两个属性合并的缩写形式 grid-gap 来创建。

下面这段代码将给每行和每列均设置 10px 的间距。

```
.container{
    display: grid;
    grid-template-columns:repeat(3,1fr); grid-row-gap:10px;
    grid-column-gap:10px;}
```

如果采用缩写形式，则上述代码可以简化成如下形式：

```
.container {
    display: grid;
    grid-template-columns:repeat(3,1fr);
    grid-gap:10px 10px;}
```

添加网格间距的样式以后，网格布局框架就搭建得差不多了，如图 4-29 所示。每个子元素都会默认占据一个网格区域。

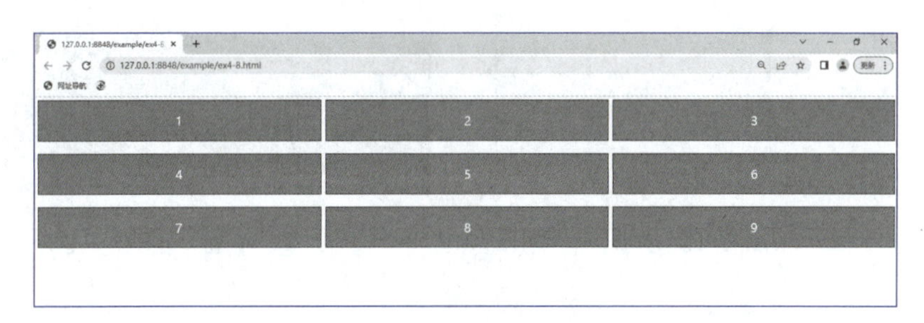

图 4-29　具有网格间距的效果

4. 设置子元素对齐

对齐是布局过程中一个不可缺少的步骤，网格布局包含多个网格子元素，每个子元素相对网格区域的对齐分为行和列两个维度，两者分别通过网格容器的 align-items 和 justify-items 两个属性进行设置。为了更好地演示对齐效果，将【例 4-7】加以改进，去掉子元素的固定大小设置及网格间距，并增加网格行高，CSS 样式代码如下：

```
.container{
    display: grid;
    grid-template-columns:repeat(3,1fr);
    grid-template-rows:180px 180px 180px;
    align-items:start|end|center|stretch; /* 可取其中任一值 */
    justify-items:start|end|center|stretch;} /* 可取其中任一值 */
.item{
    background-color:rgba(0,0,255,0.4);
    border: 1px solid #000000;
    font-size: 30px;
    line-height:100px;
    text-align: center;
    color: white;}
```

以上样式代码中属性 justify-items 和 align-items 分别控制横轴和纵轴两个方向，属性值控制其对齐位置。stretch 是默认值，表示伸展的意思，所以在默认情况下，网格中的子元素会尽可能地填充满网格区域。start、center 和 end 三个属性值分别对应了前、中、后三个位置。图 4-30 所示为 justify-items 属性沿着横轴对齐时取不同值的效果，图 4-31 为 align-items 属性沿着纵轴对齐时取不同值的效果。

由图 4-30 和图 4-31 可以看出，在行和列方向上都设置了对齐以后，每个网格区域中的子元素相对于各自的区域行为是一致的，都能均匀排布。

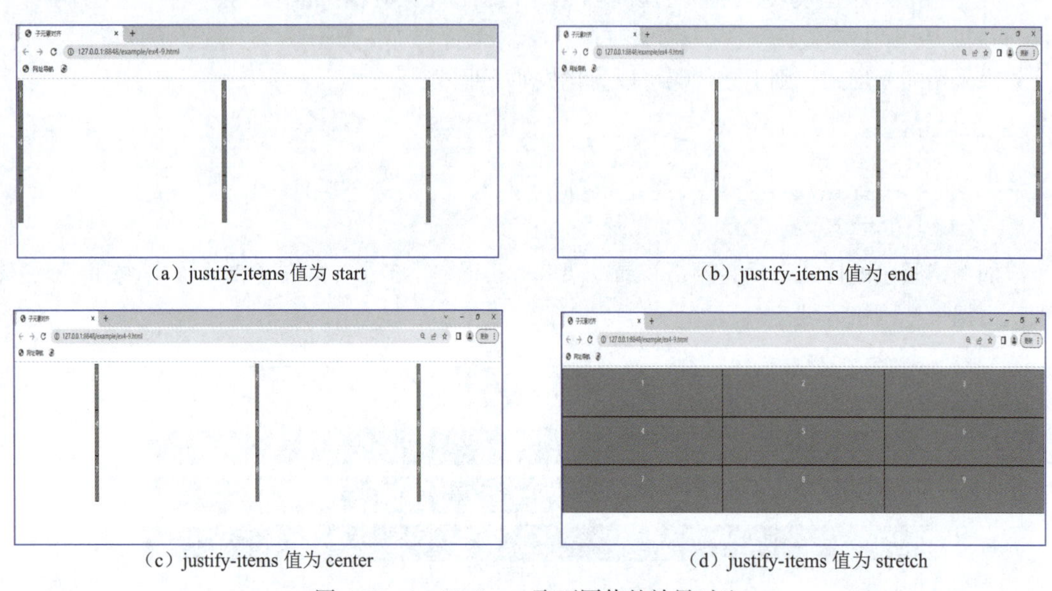

（a）justify-items 值为 start （b）justify-items 值为 end

（c）justify-items 值为 center （d）justify-items 值为 stretch

图 4-30 justify-items 取不同值的效果对比

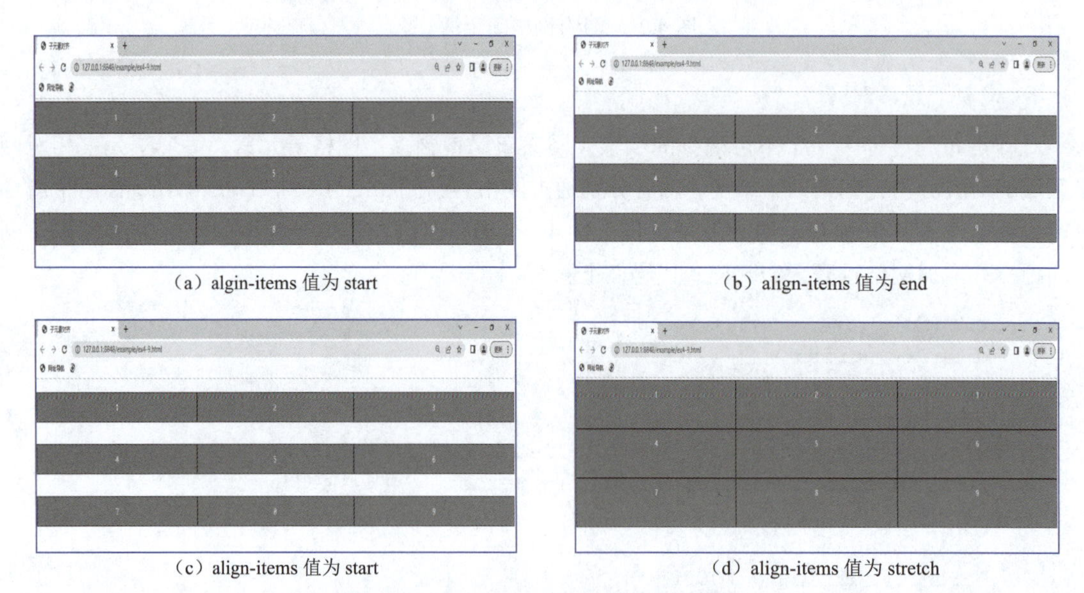

（a）align-items 值为 start （b）align-items 值为 end

（c）align-items 值为 start （d）align-items 值为 stretch

图 4-31 align-items 取不同值的效果对比

三、网格布局中对子元素的操作

在网格容器上搭建好了基础的框架后，对于大部分子元素来说已经满足布局要求了，部分子元素也可以根据需求进行微调。

1. 子元素的对齐操作

对父元素设置了 align-items 和 justify-items 属性，就相当于为网格的所有子项目都统一设置了对齐属性，如需单独调整，还可以为单独的某个网格元素设置个性化的 align-self 和 justify-self 属性。

和父容器中设置的对齐方式类似，针对个别子元素的对齐处理，仍然按照行列两组属性分别进行处理，具体用法如下：

```
/* 列轴对齐 */
.item:nth-child(1)
    {align-self:end;}
/* 行轴对齐 */
.item:nth-child(2){
    justify-self: end;}
```

:nth-child(n) 为伪类选择器，匹配父元素中的第几个子元素，本任务先模仿使用，在后面的任务中会详细介绍。

以上代码中的 item:nth-child(2) 指定每个 item 元素匹配的父元素中的第 2 个子元素。

样式应用以后页面效果如图 4-32 所示，第 1 个子元素和第 2 个子元素分别在列轴和行轴上对齐到末尾。

2. 子元素跨行跨列

有的子元素需要占据多个网格单元，要确定具体占位，可以利用之前在父元素中指定的网格线编号来定位，直接设置起始行、结束行和起始列、结束列来给子元素划定它所要摆放的区域。这里主要用到以下四个属性。

- grid-column-start: 规定从哪列开始显示项目。
- grid-column-end: 规定在哪条列线上停止显示项目。
- grid-row-start: 规定从哪行开始显示项目。
- grid-row-end: 规定在哪条行线上停止显示项目，或者横跨多少行。

具体用法如下：

```
.item:first-child{
    grid-row-start:1;/* 从第 1 条行线开始显示 */
    grid-row-end:3;/* 到第 3 条行线结束 */
    grid-column-start;1;/* 从第 1 条列线开始显示 */
    grid-column-end:4;/* 到第 4 条行线结束 */
    background:red;}
```

页面效果如图 4-33 所示。第一个子元素的位置从第 1 条行线开始，直到第 3 条行线结束，横跨 2 行，从第 1 条列线开始，到第 4 条列线结束，横跨 3 列。由于第一个子元素占据的网格单元过多，因此后面的子元素依次后移。

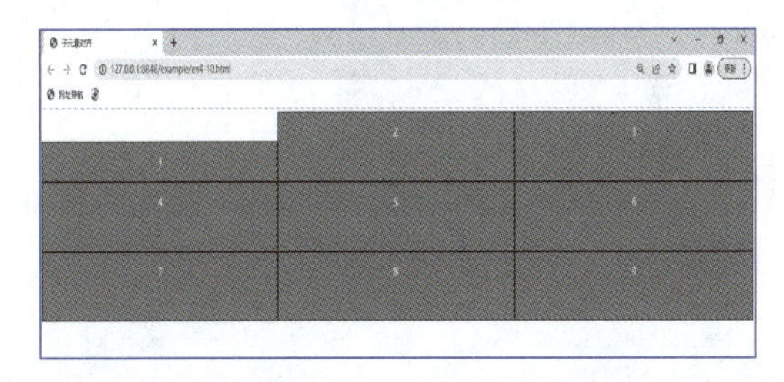

图 4-32 对子元素应用 align-self 和 justify-self 以后的页面效果

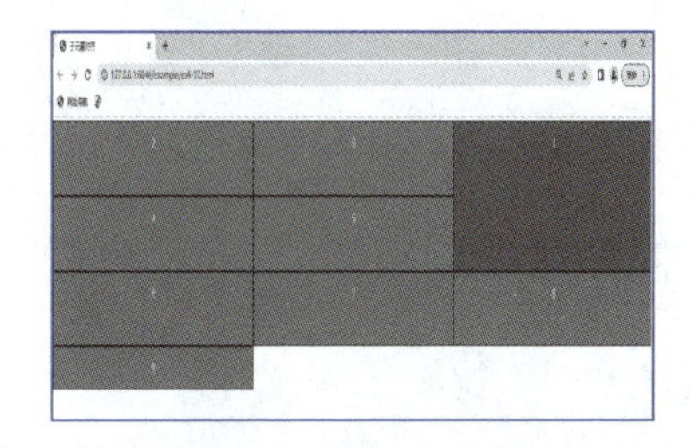

图 4-33 子元素跨行跨列

也可以使用缩写形式，示例如下：

```
.item:nth-child(2){
    grid-row:2/3;
    grid-column:2/4;
    background: yellow;}
```

提示：网格布局是CSS3中的布局新技术。结合CSS的媒体查询属性，网格布局还可以适用于不同终端设备的响应式网站设计。随着新一代信息技术的发展，以及各类移动终端的产生，Web前端技术也随之更新换代，要始终保持对未知事物的探索精神以已经习得的技术为基础，自主探究新知识、新技能。

【项目实践】

使用网格布局完成图4-34所示的页面布局。

图4-34所示是一个典型的多栏式布局，开发人员可以根据设计效果图划分为上下两个网格容器，如图4-35所示。

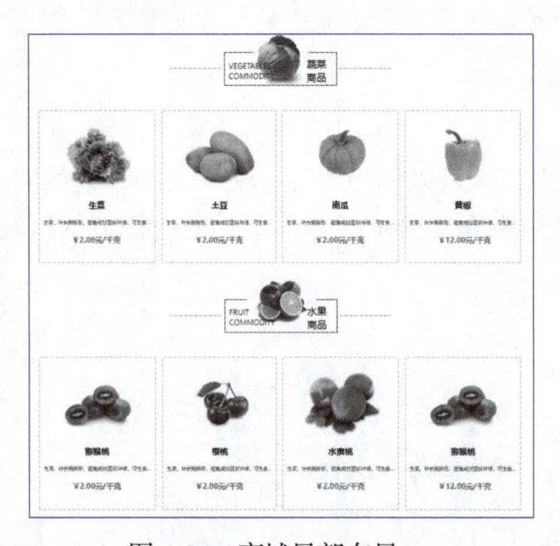

图4-34　商城局部布局

图4-35　模块划分

CSS代码参考如下：

```
<style type="text/css">
    .body{font-family:" 微软雅黑 ";font-size:16px;}
    .main{ width:908px;margin:0 auto;}
    .content1{display:grid;grid-template-columns:300px repeat(3,1fr);
              grid-auto-rows:minmax(120px auto);
              grid-gap:10px 10px;}
    .content1.con{background:#ffo;}
    .con:nth-child(5){background:#00f; grid-column:1/5;}
    .content2{display:grid; grid-template-columns:repeat(5,1fr);
              grid-auto-rows:minmax(300px,auto);grid-gap:20px;}
    .pic{background: #0f0; }
    .pic:first-child{grid-row:1/3;}
</style>
```

【小　　结】

本项目学习了如何实现复杂的网页布局。浮动是一种常见的方法，在两栏式布局中经常使用，但是浮动易导致高度塌陷的问题，为解决高度塌陷、margin 叠加等问题，经常会用到 BFC 来隔离上下文。对于复杂的布局，更倾向于使用网格布局，它将网页划分成一个个网格，任意组合不同的网格可以实现各种各样的布局。网格布局的应用使以前只能通过复杂的 CSS 框架实现的效果变得简单了，这是开发网站的一个利器。该方法可以举一反三，适用于互联网上的任何网页，只有准备好正确的“蓝图”，后续才可以根据需要向各个容器中填充具体的内容。

【课后习题】

一、判断题

1. 在 DIV+CSS 布局技术中，CSS 负责样式效果的呈现。（　　）
2. 在 CSS 中，可以通过 position 属性为元素设置浮动。（　　）
3. 当对元素应用“overflow:visible;”样式时，元素的溢出内容会被修剪。（　　）
4. z-index 属性取值不能是负整数。（　　）
5. 单列布局是网页布局的基础。（　　）

二、选择题

1. 关于 clear 属性的描述，下列说法正确的是（　　）。
   A. left 是 clear 的属性值
   B. clear 属性可用于清除浮动
   C. clear 属性能够清除子元素浮动对父元素的影响
   D. clear 属性只能清除标签左右两侧浮动的影响
2. 下列样式代码中，可以实现相对定位的是（　　）。
   A. position: static;　B. position: fixed;　C. position: absolute;　D. position: relative;
3. 下列样式代码中，可精确定义元素位置的是（　　）。
   A. special{ position: absolute;}
   B. special{ position: absolute; top:20px; left:16px;}
   C. special{ position: relative; top:20px; left:16px;}
   D. special{ position: relative;}
4. 关于三列布局的描述，下列说法正确的是（　　）。
   A. 实现三列布局一般是将内容模块分为左、中、右三个小盒子，然后对三个小盒子分别设置浮动
   B. 实现三列布局一般是将内容模块分为左、中、右三个小盒子，然后对三个小盒子分别设置边框
   C. 实现三列布局一般是将内容模块分为左、中、右三个小盒子，然后对三个小盒子分别设置定位
   D. 实现三列布局一般是将内容模块分为左、中、右三个小盒子，然后对三个小盒子分别设置背景
5. 在网页中，常用的命名方式有（　　）。
   A. 单峰式命名　B. 驼峰式命名　C. 双峰式命名　D. 帕斯卡命名

三、简答题

1. 请简要描述清除特殊浮动的方法。
2. 请简要描述什么是两列布局，并举例说明。

项目五　网站首页添加导航

【情境导入】

为了更好地实现网站功能，导航页面是引导客户访问的主要路径，通过分析，乔明觉得从超链接入手，逐步由一级导航过渡到二级导航菜单的设计。

任务一　页面中超链接的使用

【任务提出】

乔明需要在网上商城项目中实现各类网页的跳转功能，这就需要使用超链接标签。本任务中重点学习网页中各种超链接的实现方法，学习 <a> 标签及其属性在网页中的基本应用。

【学习目标】

知识目标

- 掌握 <a> 标签及其属性的用法。
- 掌握不同类型超链接的属性设置方法。

技能目标

- 能够熟练为网页添加内部链接和外部链接。
- 能够设置锚点链接。

素养目标

- 培养创新创业能力和团队意识。

【相关知识】

网站有不同类型的超链接，包括同一网站域名下页面的相互链接、不同网站之间的链接、页面内部不同位置的链接、可下载的链接等，这些链接需要使用 <a> 标签及其属性共同实现。

一、认识超链接

Web 的最初目的就是提供一种简单的方式来访问、阅读和浏览文本文档。网络上所有可用的网页都拥有一个独一无二的 URL 地址，要访问某个页面，只需在浏览器地址栏中输入该页面的地址即可。但是，用户很难每次都通过输入一个长 URL 来访问某个文档，超链接可以将任意文档与

URL 地址相关联，只要激活链接就可以跳转到目标文档。所以，在互联网中，超链接是各个网页之间的桥梁，一个网站内部的页面必须通过超链接连接起来。进入网站时，用户先看到的是首页，如果想从首页跳转到其子页面或者其他网站，就需要在首页相应的位置单击超链接。

超链接可分为以下三种。

（1）内部链接：同一网站域名下页面的相互链接，没有内部链接，就没有网站，如图 5-1 所示。

（2）外部链接：链接到其他网站的链接，如某个网址，或者某个其他类型的文件，没有外部链接，就没有 Web，如图 5-2 所示。

图 5-1　内部链接

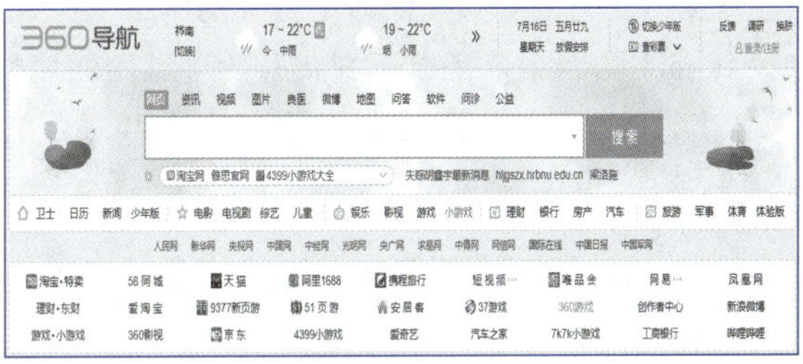

图 5-2　外部链接

（3）锚点链接：链接到同一页面的不同部分，大多数链接将两个网页相连，而锚点将一个网页中的两个段落相连。当单击指向锚点的链接时，浏览器会跳转到当前文档的另一部分，而不是加载新文档，如图 5-3 所示。

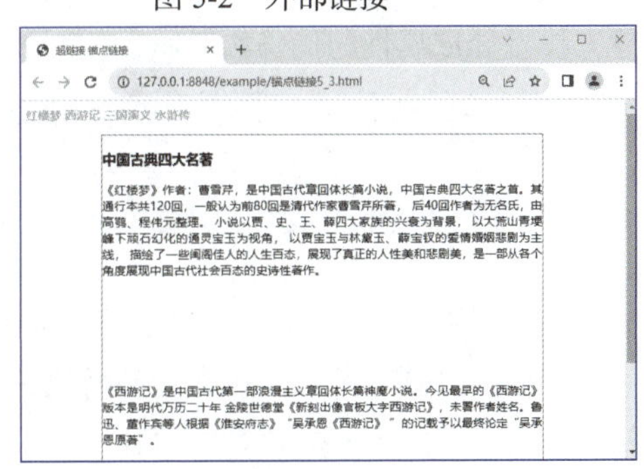

图 5-3　锚点链接

在图 5-3 中，单击锚点链接，将跳转到当前网页的指定位置，文档的 URL 地址并没有发生改变，只是在原来的 URL 地址后面添加了一部分内容，称之为锚标签。

二、创建超链接

创建超链接的方法非常简单，只需用 <a></a > 标签环绕被链接的对象即可。其基本语法格式如下：

```
<a href="跳转目标" target="目标窗口的弹出方式" title="介绍信息"></a>
```

上述超链接标签 <a> 是双标签、行内标签，href、target 和 title 是其常用属性。

1. href属性

href 用于指定链接目标的 URL 地址，该属性是必不可少的，当为 <a> 标签应用 href 属性时它就具有了超链接的功能。

href 属性的值是网页或资源的地址。例如，href="https://www.sict.edu.cn/index.html" 是互联网上一个网页的完整 URL 地址，属于外部链接。外部链接通常要使用完整的链接地址，必须包含所使用的协议 (HTTP、HTTPS 等)，否则将是一个无效链接。

链接地址也可以是相对路径，例如，href="web1/page1.html" 将目标地址设置为当前网站内部的某个页面。对于内部链接，通常使用相对路径。

2. target属性

target 属性用于指定链接页面的打开方式，默认情况下为刷新当前网页所在的窗口，加载新的页面，也可以指定其他窗口。

target 属性值及用法如下：

（1）_self: 默认状态，在当前页面所在窗口打开链接的网页。

（2）_blank: 在当前浏览器中打开一个新窗口来加载链接的网页。

（3）_parent: 在父窗口打开链接的网页，在框架集中使用。

（4）_top: 清除当前窗口中打开的所有框架，并在整个窗口打开链接的网页。

target 的四个值都以下划线开始。常用的属性值是 _self 和 _blank。现在网站开发几乎不使用框架集，所以 _parent、_top 基本不再使用。

3. title属性

title 属性用于为超链接设置一些介绍信息。当鼠标指针移到设置了 title 属性的超链接上时，会显示 title 属性值的内容。设置 title 不仅可以提升用户体验，还易于被搜索引擎抓取，从而提升网页的访问率和转化率。

设置 title 属性的代码如下：

```
<a href="http://www.sina.com.cn/" target="_blank" title=" 新浪主页 "> 新浪 </a>
```

三、超链接的具体应用

1. 图片链接

网站上的图片经常可以作为超链接，单击图片链接时，会跳转到另一个详情页面。这其实是将图像元素作为了 <a> 标签的内容。

```
<a href="http://www.swkj.net"><img src="image.png"/></a>
```

单击图片会进入该商品的详情页，如图 5-4 所示。

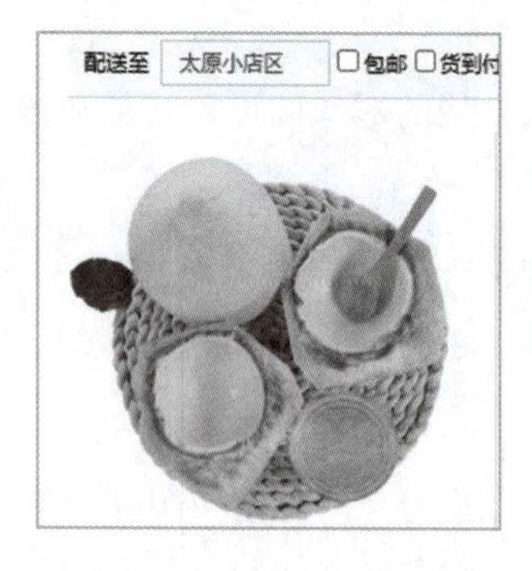

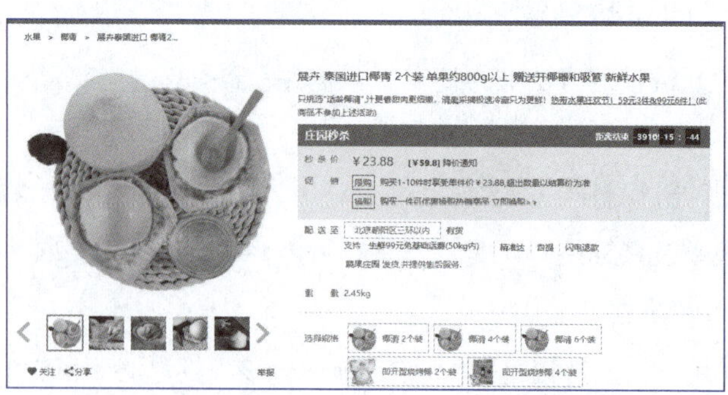

图 5-4　图片链接

2. 邮件链接

在很多网站都会有一个可单击的邮箱地址，单击后，会打开邮箱发送邮件，邮件链接的写法如下：

```
<a href="email 地址 "> 发送邮件 </a>
```

这其实是将 <a> 标签中的 href 属性值设置为邮件发送的相关内容。发送邮件时使用的是 mailto 链接，该链接有以下几个参数：

name@email.com: 这是第一个参数，也是必选参数，用于设置接收方的邮件地址。

cc=name@email.com: 抄送地址 (可选)。

bcc=name@email.com: 密送地址 (可选)。

subject=subject text: 邮件主题 (可选)。

body=bodytext: 邮件内容 (可选)。

?: 第一个参数与第二个参数的分隔符 (可选)。

&: 除第一个和第二个参数之间的分隔符之外的其他参数之间的分隔符 (可选)。

示例如下：

```
<a href="mailto:zhangsan@qq.com">zhangsan@qq.com</a >
<a href="mailto:zhangsan@qq.com?cc=name1@qq.com">zhangsan@qq.com</a >
<a href="mailto:zhangsan@qq.com?bcc=name2@qq.com">zhangsan@qq.com</a >
<a href="mailto:zhangsan@qq.com?cc=name1@qq.com&bcc=name2@qq.com">zhangsan@
qq.com</a >
```

总体来说，mailto 的第一个参数是必需的，其他参数都是可选的，而且使用起来也比较麻烦读者简单了解即可。在实际开发过程中，邮件链接更多地被各种即时通信方式所替代。

3. 下载链接

还有一些链接在单击后可以下载文件、图片、音频、视频等，这一类链接统称为下载链接。其实现方法是将 href 属性的值设为被下载资源的路径，然后添加 download 属性，示例如下：

```
<a href="./img/1.jpg" download"=picture.jpg"> 下载 </a>
<a href="./img/1.jpg" download> 下载 </a>
```

download 属性是 HTML5 中 <a> 标签新增的属性。在上面的代码中，第一个下载链接的 download 属性值为 "picture.jpg"，这表示图片下载后命名为 "picture.jpg"，文件扩展名也可以省略不写。第二个下载链接的 download 属性没有属性值，这表明下载后图片的文件名为资源文件的文件名，即 "1.jpg"。

在以前的 HTML 版本中，<a> 标签加上 href 属性其实就可以实现下载，但是对于 JPG、PDF 等浏览器可以直接打开的文件则直接在浏览器中打开预览，加上 download 属性后，浏览器会强制进行文件下载，下载的文件名就是 download 所命名的文件名。

4. 空链接

不确定链接地址时，可以将 href 的属性值写成 #，此时单击链接会回到当前网页的顶部，通常用于网站测试阶段，示例如下：

```
<a href ="#"> 回到本网页的顶部 </a>
```

5. 锚点链接

锚点链接可以链接到本页面的特定位置，也可以链接到另一个页面的特定位置。由于锚点链接目标不是一个完整的页面，所以不能直接将某个页面的 URL 地址设为锚点链接目标，必须为目标位置预先定义锚标签。

如何创建锚标签呢？分为以下两个步骤。

第一步，用<a>标签的id属性为目标位置创建锚标签。

```
<a id="marker">目标位置</a >
```

第二步，为跳转到该位置，在超链接的href属性中使用该标签，注意标签前面要加“#”。

```
<a href="#marker">热点文字</a>
```

单击锚点链接后，浏览器地址栏显示的是页面URL#marker。

若要链接到其他文档的指定位置，则定义锚点之后需要使用如下代码：

```
<a href="文档URL#marker"热点文字<a>
```

【例5-1】应用锚点链接。

在下面的长页面中定义三个锚标签，分别为first、sec、third，要求单击链接热点文字后，跳转到页面中相应的锚标签位置，并查看地址栏。

部分代码如下：

```
<body>
<a href="#first">内部链接</a>   
<a href="#sec">外部链接</a>   
<a href="#third">锚点链接</a>
    <p><a id="first">内部链接</a></p>
    <p>（1）内部链接：同一网站域名下页面的相互链接。没有内部链接，就没有网站。
    ……（具体内容省略）
    </p>
    <p><a id="sec">外部链接</a></p>
    <p>（2）外部链接……（具体内容省略）</p>
    <p><a id="third">（3）锚点链接</a>……（具体内容省略）</p>
</body>
```

【项目实践】

完成如下超链接，分别实现外部链接、锚点链接、下载链接、邮件链接等链接形式，单击“返回主菜单”可以返回首页，效果如图5-5所示。

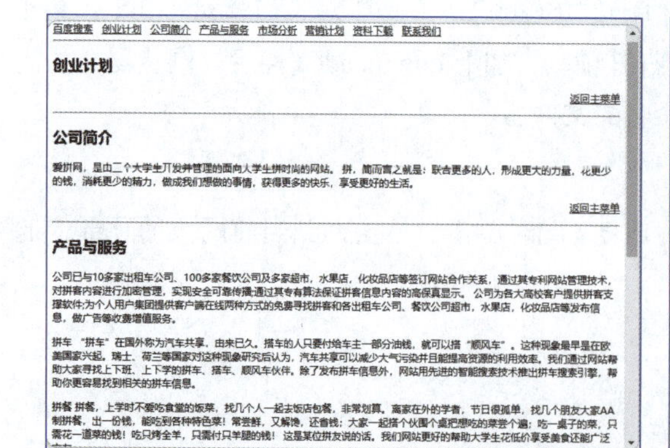

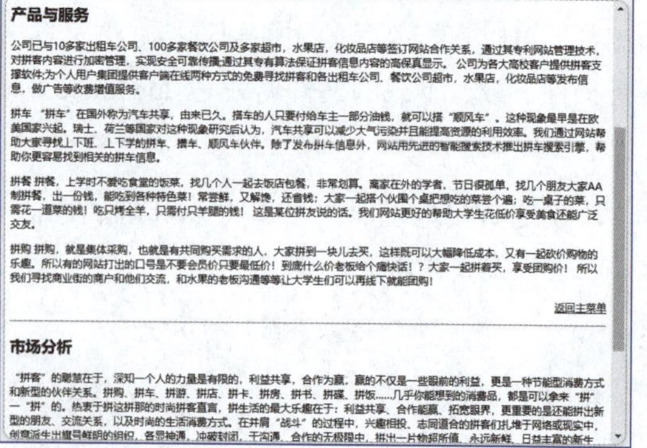

图5-5 超链接效果

本项目源代码参考如下：

```
<body>
```

```
<div>
    <a id="top"></a>
    <a href="http://www.baidu.com">百度搜索</a>  
    <a href="#plan">创业计划</a>  
    <a href="#desc">公司简介</a>  
    <a href="#service">产品与服务</a>  
    <a href="#market">市场分析</a>  
    <a href="#markplan">营销计划</a>  
    <a href="">资料下载</a>  
    <a href="mailto:123**@163.com">联系我们</a>
</div>
<hr>
<div class="content">
    <a id="plan"></a><h2>创业计划</h2>
    <!--（省略部分文字）-->
    <p style="text-align:right;"><a href="#top">返回主菜单</a></p>
    <hr>
    <a id="desc"></a><h2>公司简介</h2>
    <p>爱拼网，是由三个大学生开发并管理的面向大学生拼时尚的网站。
    拼，简而言之就是：联合更多的人，形成更大的力量，花更少的钱，消耗更少的精力，做成我们想做的事情，获得更多的快乐，享受更好的生活。</p>
    <!--（省略部分文字）-->
    <p style="text-align:right;"><a href="#top">返回主菜单</a></p>
    <hr>
    <a id="service"></a><h2>产品与服务</h2>
    <p>公司已与10多家出租车公司、100多家餐饮公司、多家超市、水果店、化妆品店等签订网站合作关系，通过其专利网站管理技术，对拼客内容进行加密管理，实现安全可靠传播；通过其专有算法保证拼客信息内容的高保真显示。
    公司为各大高校客户提供拼客支撑软件；为个人用户集团提供客户端在线两种方式的免费寻找拼客和各出租车公司、餐饮公司超市、水果店、化妆品店等发布信息，做广告等收费增值服务。</p>
    <p>拼车
“拼车”在国外称为汽车共享，由来已久。搭车的人只要付给车主一部分油钱，就可以搭“顺风车”。这种现象最早是在欧美国家兴起。瑞士、荷兰等国家对这种现象研究后认为，汽车共享可以减少大气污染并且能提高资源的利用效率。我们通过网站帮助大家寻找上下班、上下学的拼车、搭车、顺风车伙伴。除了发布拼车信息外，网站用先进的智能搜索技术推出拼车搜索引擎，帮助你更容易找到相关的拼车信息。</p>
    <p>拼餐
     拼餐，上学时不爱吃食堂的饭菜，找几个人一起去饭店包餐，非常划算。离家在外的学者，节日很孤单，找几个朋友大家AA制拼餐，出一份钱，能吃到各种特色菜！常尝鲜，又解馋，还省钱；大家一起搭个伙围个桌把想吃的菜尝个遍;吃一桌子的菜，只需花一道菜的钱！吃只烤全羊，只需付只羊腿的钱！这是某位拼友说的话。我们网站更好的帮助大学生花低价享受美食还能广泛交友。</p>
    <p>拼购
    拼购，就是集体采购，也就是有共同购买需求的人，大家拼到一块儿去买，这样既可以大幅降低成本，又有一起砍价购物的乐趣。所以有的网站打出的口号是不要会员价只要最低价！到底什么价老板给个痛快话！？大家一起拼着买，享受团购价！  所以我们寻找商业街的商户和他们交流，和水果的老板沟通等等让大学生们可以在线下就能团购！</p>
    <!--（省略部分文字）-->
    <p style="text-align:right;"><a href="#top">返回主菜单</a></p>
    <hr>
    <a id="market"></a><h2>市场分析</h2>
```

```
        <p>“拼客”的聪慧在于，深知一个人的力量是有限的，利益共享，合作为赢，赢的不仅是一些眼前的利益，更是一种节能型消费方式和新型的伙伴关系。拼购、拼车、拼游、拼店、拼卡、拼房、拼书、拼碟、拼饭……几乎你能想到的消费品，都是可以拿来“拼”一“拼”的。热衷于拼这拼那的时尚拼客直言，拼生活的最大乐趣在于：利益共享、合作能赢、拓宽眼界，更重要的是还能拼出新型的朋友、交流关系，以及时尚的生活消费方式。在并肩“战斗”的过程中，兴趣相投、志同道合的拼客们扎堆于网络或现实中，创意派生出旗号鲜明的组织，各显神通，冲破封闭，于沟通、合作的无极限中，拼出一片物超所值、永远新鲜、日益丰富的新生活。</p>
        <!--（省略部分文字）-->
        <p style="text-align:right;"><a href="#top">返回主菜单</a></p>
        <hr>
        <a id="markplan"></a><h2>营销计划</h2>
        <p>计划募集1万人民币。主要用于研发、市场营销及运营流动资金。</p>
        <!--（省略部分文字）-->
        <p style="text-align:right;"><a href="#top">返回主菜单</a></p>
    </div>
</body>
```

任务二　一级导航菜单的设计开发

【任务提出】

乔明学习了超链接的基本用法以后，要开始设置导航栏了。前端工程师董嘉说过，网页中的导航栏对于用户体验来说是至关重要的，尤其是顶部导航栏和左侧导航栏因为大多数用户都有从左到右、从上到下浏览的习惯。当我们进入一个新的网站通常最先看到的就是顶部导航或者左侧导航。所以导航栏及其内部超链接的样式一级导航菜单的设计是网站开发者需要重点关注的地方。本任务以网上商城首页的顶部导航和左侧导航为例，完成页面导航设计。

【学习目标】

知识目标

- 掌握伪类的用法。
- 掌握伪类在超链接中的应用。
- 掌握超链接标签的display属性。

技能目标

- 能够熟练设置超链接不同状态的样式。
- 能够根据需要灵活设置行内超链接或者块级超链接。
- 能够熟练制作水平导航菜单和垂直导航菜单。

素养目标

- 培养创新创业能力和团队意识。
- 提高审美情趣。

【相关知识】

页面导航主要分为水平导航和垂直导航两大类，导航既要功能实用，又要效果美观，特别是导航菜单往往需要制作触发以后的动态效果。

一、网站导航的样式及设计方法

进入一个网站后，会看到一行或者一列放有不同栏目的导航，它是网站必不可少的元素。从用户的角度来看，通过导航可以寻找想要的产品或信息；从搜索引擎的角度来看，首要抓取的内容也是导航。

1. 水平导航菜单

导航菜单有多种样式分类，其中水平导航菜单是最常见的样式，导航的一级菜单按照水平的排版方式全部排出来，二级菜单隐藏在内，起到聚合网站功能的作用，并且引导用户不在网页中迷失，也会让网页信息层级关系更明显。图 5-6 所示为典型的顶部水平导航。

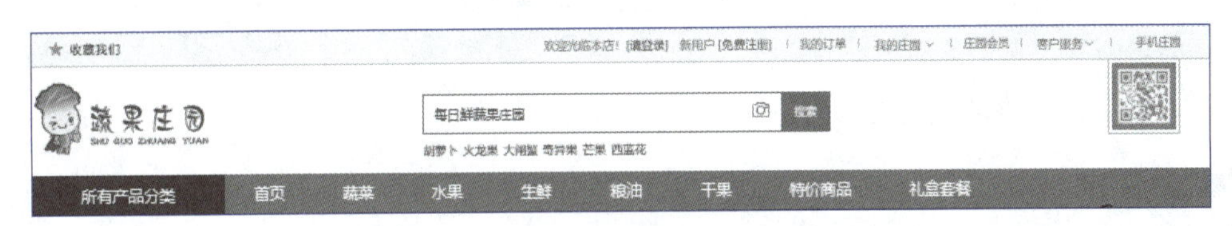

图 5-6　顶部水平导航菜单示例

绝大多数网站使用这样的水平导航菜单，在鼠标指针移入时会展开二级菜单。在设计时，通常要考虑 logo 与其他组件的位置关系，大多采用左侧放 logo，中间放导航，右侧放搜索框的形式，如果导航比较多，则也可采用左侧放 logo，右侧放搜索，下方放导航的形式。

还有一些网站主导航选择将 logo 居中，将导航菜单放置在 logo 的左右两侧。此类设计中通常 logo 为近似圆形，或者为对称结构，两侧的导航数目也对称，这样放置后才会美观平衡。此类排版在美食行业、幼儿行业、医疗行业、建筑行业等网站比较多见，如图 5-7 所示。

图 5-7　logo 居中的导航条示意图

2. 垂直导航菜单

垂直导航菜单一般在侧边，左侧居多，子菜单内嵌在主导航内部，纵向分布，鼠标指针移入会展开。此类导航设计常用于子导航内容较多的电商平台、行业网站等内容量较大的网页设计中，如图 5-8 所示的左侧垂直导航菜单。

此类导航一级菜单设计起来比较简单，以纯文字或图标 + 文字为主；二级子导航的设计稍微有些复杂，如子导航是内部展开还是侧边展开，是否添加滑动效果等。在后续的任务中，会继续学习二级导航的制作方法，本任务主要实现一级菜单的设计制作。

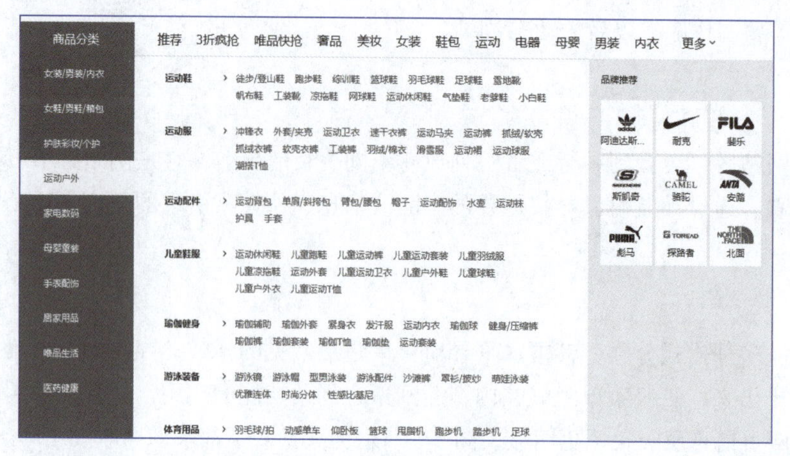

图 5-8　左侧垂直导航菜单

二、伪类控制超链接外观

默认的超链接外观比较呆板，不符合多样化的审美要求，可以使用伪类选择器美化超链接。

1. 伪类的定义

无论哪种导航菜单，超链接都是必不可少的，超链接是网页中通过鼠标指针交互实现的跳转操作。为了提高用户体验，同时使导航更加醒目活泼，经常需要为超链接的不同状态指定不同的样式效果，使超链接在单击前、鼠标指针悬停时和单击后的样式不同，这就需要为同一个 <a> 标签的不同状态分别定义样式。很显然，使用前面学过的类选择器无法实现这个效果，但可以使用 CSS 中定义的伪类选择器实现。

顾名思义，伪类并不是真正意义上的类，它的名称是由系统定义的，不能由用户随意指定。伪类名通常由标签名、类名或 id 名加“:”构成。常见的伪类见表 5-1。

表 5-1　常见的伪类

属　性	描　述
:active	向被激活的元素添加样式
:hover	当鼠标指针悬浮在元素上方时，向元素添加样式
:link	向未被访问的链接添加样式
:visited	向已被访问的链接添加样式
:first-child	向元素的第一个子元素添加样式
:last-child	向元素的最后一个子元素添加样式
:focus	向拥有键盘输入焦点的元素添加样式

下面举例说明伪类的用法，例如，用 :first-child 伪类来选择元素的第一个子元素。

【例 5-2】应用 :first-child 伪类选择器。向 HTML 文档中写入如下代码：

```
<!DOCTYPE html>
<html>
```

```
    <head>
      <meta charset="utf-8">
      <title>伪类</title>
      <style type "text/css">
          p:first-child {color: red;}
      </style>
    </head>
    <body>
        <p>段落 1</p>
        <p>段落 2</p>
    </body>
</html>
```

p:first-child 伪类选择器用于匹配作为任何元素的第一个子元素的 p 元素。最终页面中的“段落 1”显示为红色，“段落 2”则为黑色。

其余类似的伪类选择器还有 box:first-child 和 box:last-child，两者分别用来给某元素的第一个或者最后一个子元素添加样式，经常用于给表格或者列表的某一部分添加样式。

2. 伪类在超链接中的应用

在 CSS 中，经常使用 :active、:hover、:link、:visited 这四种伪类指定不同的链接状态，具体如下：

a:link{CSS 样式规则 ;}，指定未访问时超链接的状态。

a:visited{CSS 样式规则 ;}，指定访问后超链接的状态。

a:hover{CSS 样式规则 ;}，指定鼠标指针经过、悬停时超链接的状态。

a:active{CSS 样式规则 ;}，指定激活超链接时的状态。

其中，:link 和 :visited 只能应用于超链接，而 :hover 和 :active 对所有标签都适用。四种伪类可以不同时使用，但同时使用时要按照以上顺序使用，示例如下：

```
.menu:link{color:#000;}
.menu:visited{color:#f00;}
.menu:hover{color:#ff0;}
.menu:active{color:#0f0;}
```

这段代码的作用是某个应用了 menu 类的页面元素在正常状态时显示为黑色，当鼠标指针移动到元素上时变为黄色，在按下鼠标键的短暂时间显示为绿色，访问过后显示为红色。

【例 5-3】定义顶部导航菜单的 CSS 样式。

向 HTML 文档中写入如下代码：

```
<!DOCTYPE html>
<html>
<head>
    <meta charset="utf-8">
    <title>网上商城</title>
    <style type="text/css">
        *{padding: 0; margin: 0;}
        nav{height: 30px; background: #000; line-height: 30px; }
        /*<nav>是 HTML5 新定义的语义化标签，用来定义导航*/
        nav a:link,nav a:visited{/*未访问和访问后*/
        color:#eee;
        text-decoration:none; /*清除超链接默认的下划线*/
```

```
            margin-right:20px; }
            nav a:hover{ /*鼠标悬停*/
            color:#ff0;
            text-decoration:underline; }   /*鼠标悬停时出现下划线*/
            nav a:active{ color:#F00;}     /*鼠标单击不动*/
        </style>
    </head>
    <body>
        <nav>
         <a href="#">商城首页</a><a href="#">新品发布</a><a href="#">社区</a><a
href="#">下载APP</a>
        </nav>
    </body>
    </html>
```

本例设置超链接文本在未访问和访问后为灰色，都没有下划线，鼠标指针悬停时变为黄色，出现下划线。页面效果如图5-9所示。

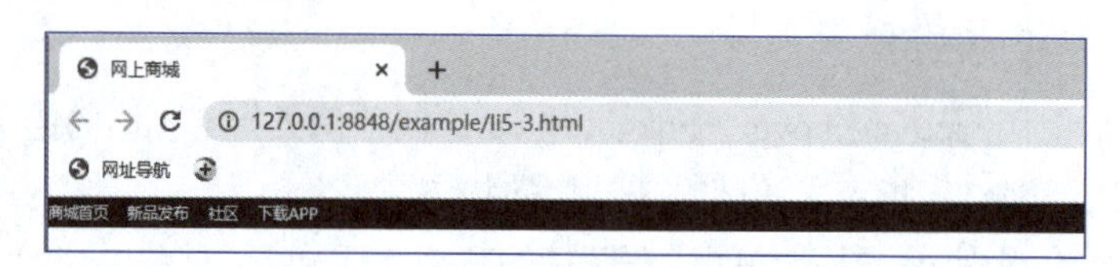

图5-9 使用伪类后的超链接

通常设置导航菜单时，只需要设置鼠标指针悬停时的动态效果即可，各个状态共同的样式属性可以统一写到<a>标签中，伪类只需设置该状态不同于未单击时的样式，所以样式可以改写为如下形式：

```
    <style type="text/css">
    *{padding:0;margin:0;}
    nav{height:30px; background:#000; line-height:30px; }
        nav a{
        color:#eee;
        text-decoration:none;
        margin-right:20px;}
        nav a:hover{
        color:#ffo;
        text-decoration:underline;}
    </style>
```

a:active激活超链接时的状态非常短暂，这里就不单独设置了。

在实际开发中，:hover伪类除了应用于超链接，还可以应用于一些可单击的列表、表格行、卡片等，只要鼠标指针放上去，背景颜色就会发生变化。:active经常用于单击按钮、图片的场景，以及一些可单击元素或者组件的按下操作的样式改变的场景。

三、按钮式导航菜单的制作

从【例5-3】的运行结果可以看出，鼠标指针悬停或者单击时超链接的热点区域都仅限于文字部分，这是因为<a>标签是行内标签，所以热点区域的大小由行内文字或者图片决定。有时，设计者为了美观，会将导航菜单制作成统一宽度、鼠标触发呈按钮式响应的按钮或导航菜单效果。图 5-10 所示的百度新闻页面主菜单就是典型的按钮式导航菜单效果。

图 5-10　百度新闻页面的按钮式水平导航菜单

与【例 5-3】相比，按钮式超链接的主要差异在于热点区域不同，热点不仅仅限于文字，还包括块状区域。可以将行内元素 <a> 转换为块级元素，并设置合适的大小，得到随鼠标响应的“按钮”。

行内元素转换为块级元素的方法如下：

```
a(display:inline-block;)
```

【例 5-4】制作按钮式水平导航菜单。

向 HTML 文档中写入如下代码：

```
<!DOCTYPE html>
<html>
    <head>
        <meta charset="utf-8">
        <title></title>
        <style type="text/css">
          *{padding:0;margin:0;font-size:14px;}
          nav{height:30px; background:#000;}
          .main{width:88%; margin: 0 auto; height:100%;}
          nav a{display:inline-block; font-family:" 黑体 "; color:#fff;
          text-decoration:none; width:60px; height:100%;
          text-align:center; line-height:30px;}
          nav a:hover{background:#a00;}
        </style>
    </head>
    <body>
          <nav>
            <div class="main"><!-- 版心 -->
              <a href="#"> 首页 </a><a href="#"> 国内 </a><a href="#"> 国际 </a><a
href="#"> 财经 </a><a href="#"> 娱乐 </a><a href="#"> 体育 </a><a href="#"> 互联网 </a>
            </div>
        </nav>
    </body>
</html>
```

本例使用版心规定了主菜单在页面中的位置，同时将 <a> 标签转换为 inline-block 元素，每个菜单项都具有 60px 的宽度，单行文本在盒子中垂直居中，看起来整齐美观。本例还通过伪类 :hover 规定了鼠标指针悬停时响应区背景色变为红色。页面效果如图 5-11 所示。

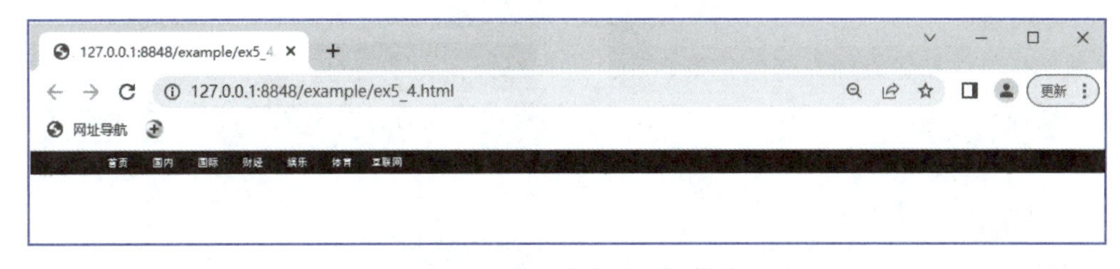

图 5-11　按钮式水平导航菜单

如果网页设计成垂直导航菜单，那又该如何制作呢？其实只要将 <a> 标签改成纵向排列就可以了。

【例 5-5】制作按钮式垂直导航菜单。

在【例 5-4】的基础上，在 CSS 中调整菜单栏容器的大小和位置，将行内元素 <a> 转换为块级元素。

```
<style type="text/css">
     *{padding:0; margin:0;font-size:14px;}
     nav{width:150px; background:#555;}
     nav a{
          display:block;
          font-family:"黑体"; color:#fff;
          text-decoration:none;
          height:100%;
          text-align:center;
          line-height:30px;}
     nav a:hover{
          background: #a00;}
</style>
```

页面效果如图 5-12 所示。

其他的细节，如分割线、图标等，可以继续添加并完善。

利用相同的思路，还可以对导航菜单做出其他各种各样的动态效果，如鼠标指针移入时文字放大、动态阴影、跳跃式文字等，读者可以发挥想象力，尝试做出更多的效果。

图 5-12 按钮式垂直导航菜单

【项目实践】

1. 完成水平和垂直按钮式导航菜单

请完成图 5-13 所示的水平和垂直按钮式导航菜单。

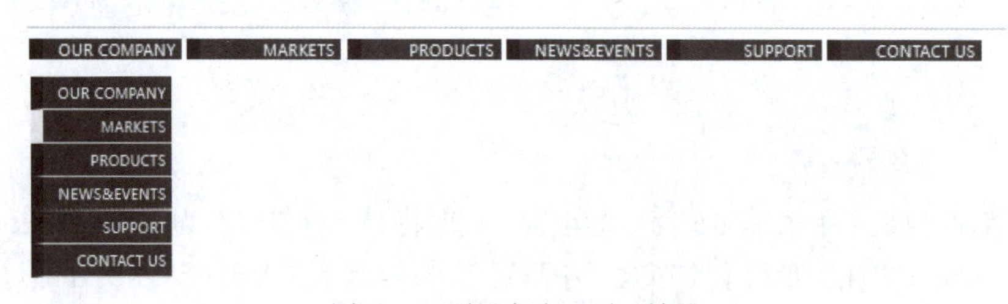

图 5-13 项目实践 1 页面效果

制作要求如下：

在每个菜单项左侧添加深蓝色色条 (#008) 进行修饰，文字右对齐，与右边界留有一定间距。导航菜单没有下划线，未触发时文字为白色，鼠标指针移入时，菜单文字与左侧色条同时变成黄色 (#FFO)。制作思路如下：

（1）向页面写入超链接元素。

```
<body>
```

```
<nav>
        <a href="#">OUR COMPANY</a>
        <a href="#">MARKETS</a>
        <a href="#">PRODUCTS</a>
        <a href="#">NEWS&EVENTS</a>
        <a href="#">SUPPORT</a>
        <a href="#">CONTACT US</a>
</nav>
</body>
```

（2）在 CSS 中添加样式，制作水平导航菜单。

```
<style type="text/css">
nav a{
    display:inline-block;
    width:120px;
    text-align:right;
    padding-right:6px;
    background:#00f;
    color:#fff;
    font-size:14px;
    font-family:"微软雅黑";
    border-left:12px solid #000088;
    text-decoration:none;}
    nav a:hover{color:#ff0;
    border-left-color:#ff0;}
</style>
```

（3）在 CSS 中添加样式，制作垂直导航菜单。

```
<style type="text/css">
nav a{
    display:block;
    width:120px;
    height:30px;
    text-align:right;
    padding-right:6px;
    background:#00f;
    color:#fff;
    font-size:14px;
    font-family:"微软雅黑";
    border-left:12px solid #000088;
    text-decoration:none;
    line-height:31px;
    border-bottom:1px solid #eee;
    }
    nav a:hover{color:#ff0;
    border-left-color:#ff0;}
</style>
```

使用 display 属性可以很方便地改变菜单的横向和纵向排列方式。

任务三　二级弹出式菜单的定位

【任务提出】

乔明完成一级导航菜单以后，想在网站首页顶端导航及左侧导航中继续添加二级弹出式菜单，如图 5-14 所示，实现鼠标指针在主导航上悬停，二级菜单弹出，鼠标指针移走，二级菜单隐游效果。可是二级菜单的位置往往由一级菜单决定，二级菜单弹出后会覆盖网页中原有的内容，而之前学过的普通流中的元素位置受前后元素位置的影响，是不能随便移动的。浮动元素可以向左或向右移动，但是最多只能移到它的外边缘碰到包含框或另一个浮动框的边框，也不能满足要求。那么如何定位二级菜单呢？本任务我们和乔明一起学习制作二级弹出式菜单的方法。

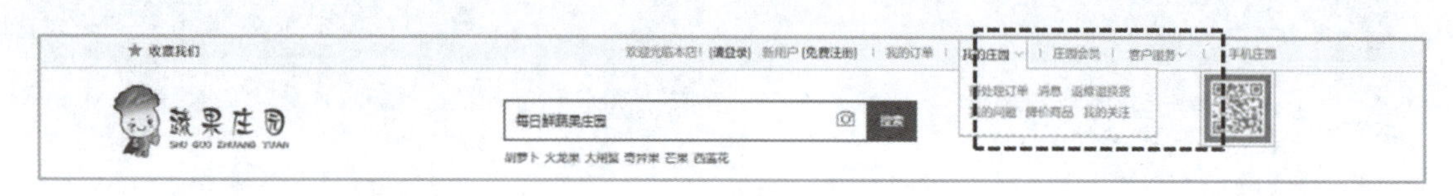

图 5-14　二级弹出式菜单

【学习目标】

知识目标

- 理解元素的定位。
- 掌握固定定位、绝对定位、相对定位的用法。
- 掌握不同类型超链接的属性设置方法。

技能目标

- 能够根据页面元素的位置决定使用哪种定位方式。
- 能够熟练应用固定定位、绝对定位和相对定位。

素养目标

- 培养精益求精的工匠精神。

【相关知识】

二级菜单是脱离文档流的，其位置依附于一级菜单，层级上要覆盖普通流中的元素，这样就需要对弹出式菜单的定位做特殊设置。

一、元素的定位

CSS 有三种基本的定位机制：普通流、浮动和绝对定位。若非专门指定，所有元素都在普通流中定位，也就是说，普通流中元素的位置由元素在 HTML 中的位置决定。页面中的块级元素从上到下依次排列，块之间的垂直距离由块级元素的垂直外边距 margin 决定。行内元素在一行中水平排列，可以使用水平内边距、边框和外边距调整它们的水平间距。普通流中的元素位置受前后元素位置影响，是不能随便移动的。浮动元素不在文档的普通流中，可以向左或向右移动，但是只能移到它的外边缘碰到包含框或另一个浮动框的边框。

定位允许元素块相对于其正常应该出现的位置，或者相对于父元素、另一个元素甚至浏览器窗口本身的位置进行偏移。相对定位元素的位置相对于它在普通流中正常应该出现的位置进行移动，被看作普通流定位模型的一部分。绝对定位的元素会脱离普通流，它可以覆盖页面上的其他元素同时它也可以通过设置 z-index 属性来控制元素块的叠放次序。

二、定位属性

元素的定位属性主要包括定位方法、边偏移和层叠等级。

1. 定位方法

在 CSS 中，position 属性用于定义元素的定位模式，其基本语法格式如下：

```
选择器 {position: 属性值 ;}
```

在上面的语法中，position 属性的常用值有四个，分别表示不同的定位模式，具体如下：

（1）static: 自动定位 (默认定位方式)。

（2）relative: 相对定位，相对于元素原文档流的位置进行定位。

（3）absolute: 绝对定位，相对于元素上一个已经定位的父元素进行定位。

（4）fixed: 固定定位，相对于浏览器窗口进行定位。

除了默认的 static 定位方式，其他三种定位最主要的区别是参照物不同，在实际应用中要先分析出某个元素的位置是以谁为参照物的，再决定用哪种定位方式。

2. 边偏移

找准参照物后，通过边偏移属性 top、bottom、left 或 right，来精确定义定位元素相对于参照物的位置，其取值为不同单位的数值或百分比值，具体解释如下：

top: 顶端偏移量，定义元素相对于其父元素上边线的距离。

bottom: 底部偏移量，定义元素相对于其父元素下边线的距离。

left: 左侧偏移量，定义元素相对于其父元素左边线的距离。

right: 右侧偏移量，定义元素相对于其父元素右边线的距离。边偏移量的值可以为负数，取值为负数时表示向反方向偏移。

3. 层叠等级

当对多个元素同时设置定位时，各个元素都自成一层，定位元素就有可能会发生重叠，如图 5-15 所示。

在 CSS 中，要想调整重叠定位元素的堆叠顺序，可以对定位元素应用 z-index 层叠等级属性，其取值可为正整数、负整数和 0。z-index 的默认属性值是 0，取值越大，定位元素在层叠元素中的位置越偏上。

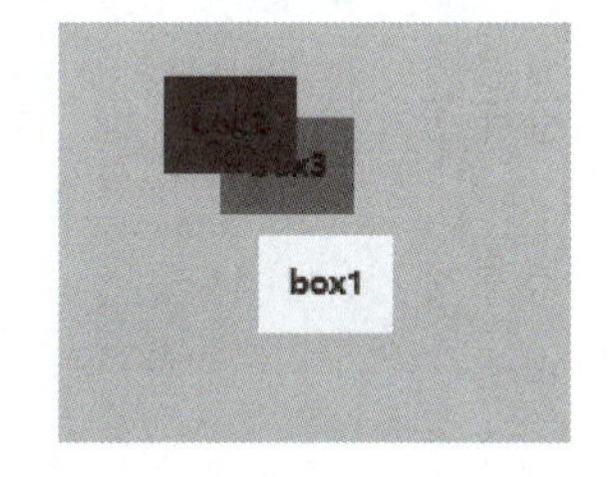

图 5-15　不同层级的盒子重叠

三、定位具体用法

定位有四种取值，分别是静态定位、相对定位、绝对定位和固定定位。

1. 静态定位

静态定位就是各个元素在 HTML 文档流中保持默认的位置。静态定位是元素的默认定位方式，当 position 属性的取值为 static 时，可以将元素定位于静态位置。

任何元素在默认状态下都会以静态定位来确定自己的位置，所以当没有定义 position 属性时，并不说明该元素没有自己的位置，它会遵循默认值显示为静态位置。在静态定位状态下，无法通过边偏移属性 (top、bottom、left 或 right) 来改变元素的位置。

【例 5-6】制作静态定位的盒子。

向 HTML 文档中写入三个默认定位的盒子的如下代码：

```
<!DOCTYPE html>
<html>
    <head>
        <style type="text/css">
            #box{
                width:300px;
                height:300px;
                background:#aaa;}
            .box01,.box02,.box03{
                width:80px;
                height:40px;
                border: 1px solid;
                background:#ff0;}
        </style>
    </head>
    <body>
        <div id="box">
            <div class="box01">box01</div>
            <div class="box02">box02</div>
            <div class="box03">box03</div>
        </div>
    </body>
</html>
```

页面效果如图 5-16 所示，三个盒子按普通流上下依次排列。

2. 相对定位

相对定位是将元素参照它自身在标准文档流中的位置进行定位，当 position 属性的取值为 relative 时，可以将元素定位于相对位置。设置相对定位后，可以通过边偏移属性改变元素的位置但是它在文档流中的位置仍然保留。

【例 5-7】制作相对定位的盒子。对 box02 添加相对定位，并通过边偏移属性 left、top 来改变其位置。

```
.box02{
    position:relative;
    left:150px;
    top:100px;}
```

运行完整代码后，得到图 5-17 所示的页面效果。对 box02 设置相对定位后，它相对于其自身的默认位置进行偏移，但是在文档流中原本的位置仍然保留。

注意，确定偏移位置时只能引用相邻的两条边，取值可以为绝对值或相对于父元素大小的百分比值，若没有设置，则默认 left 和 top 取值都为 0。

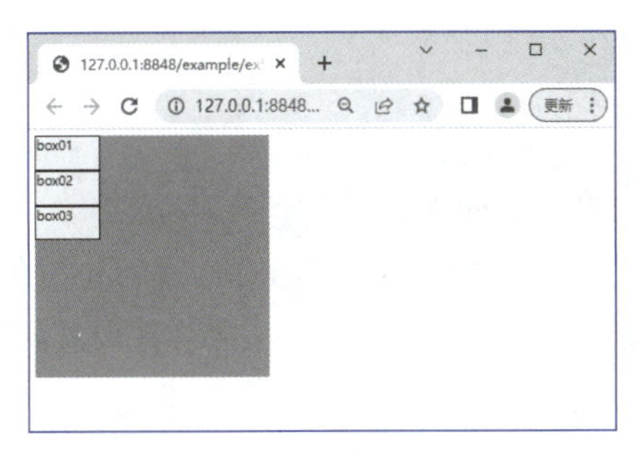

图 5-16　静态定位

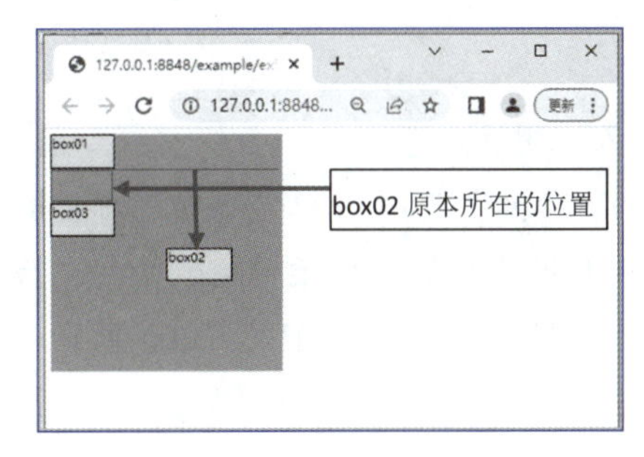

图 5-17　相对定位

3. 绝对定位

绝对定位是将元素参照最近的已经定位(绝对、固定或相对定位)的父元素进行定位。若所有父元素都没有定位，则参照 body 根元素(浏览器窗口)进行定位。当 position 属性的取值为 absolute 时，可以将元素的定位模式设置为绝对定位。

【例 5-8】制作绝对定位的盒子。对 box02 使用绝对定位，并进行边偏移。

```
.box02{
    position: absolute;
    left:150px;
    top:100px;}
```

运行完整代码后，页面效果如图 5-18 所示。

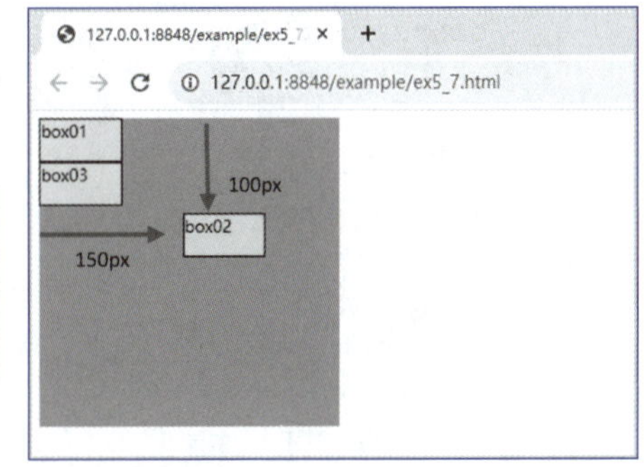

图 5-18　绝对定位

在图 5-18 中，元素 box02 被设置为绝对定位，由于其父级盒子没有定位，所以 box02 参照浏览器窗口进行定位。并且，box02 脱离了标准文档流的控制，不再占据标准文档流中的空间，box03 占据了 box02 之前的位置。

绝对定位的元素不论本身是什么类型，哪怕是行内元素，定位后都将成为一个新的块级盒子，如果未设置其大小，则默认为自适应所包含内容的区域。绝对定位经常用于二级弹出式菜单。例如，当用户将鼠标指针放置在某个热点上时，在紧贴着该热点的左方、下方、右方、上方会弹出一个菜单或者一个内容层，用户可以将鼠标指针移至该菜单或者内容层上对其进行相关操作，也可以将鼠标指针移开热点，隐藏菜单或者内容层，这就是典型的绝对定位关于二级弹出式菜单的应用。

【例 5-9】制作简单的二级导航菜单。

向 HTML 文档中写入如下代码:

```
<nav>
    <div class="menu">
        <a href="#">一级菜单</a>
        <div class="sec">二级菜单内容</div>
    </div>
    <div class="menu">
        <a href="#">一级菜单</a>
        <div class="sec">二级菜单内容</div>
    </div>
    <div class="menu">
        <a href="#">一级菜单</a>
```

```
        <div class="sec">二级菜单内容</div>
    </div>
</nav>
```

页面中的容器 menu 为一个菜单项，里面包含了一级菜单 a 元素和二级菜单 sec 元素。

在 CSS 中设置二级菜单 sec 为绝对定位，相对于已经定位的父级元素 menu 进行位置偏移，为了不影响 menu 在页面中的占位，最好将父级元素 menu 设置为相对定位，主要样式设置如下：

```
.menu{
    position:relative;
    width:120px;
    height:40px;
    float:left;
    border:1px solid;
    }
.menu>a{
    display:inline-block;
    height:40px;
    }
.sec{
    width:120px;
    height:80px;
    background:#ff0;
    position:absolute;
    top:40px;
    display:none;
    }
.menu:hover .sec{display: block;}
```

运行完整代码后，将鼠标指针移至一级菜单上时会弹出二级菜单，一个比较简单的二级弹出式菜单就完成了，如图 5-19 所示。后续需要进一步添加样式美化菜单。绝对定位元素还有一个重要的应用就是设置元素在父级盒子中居中显示。

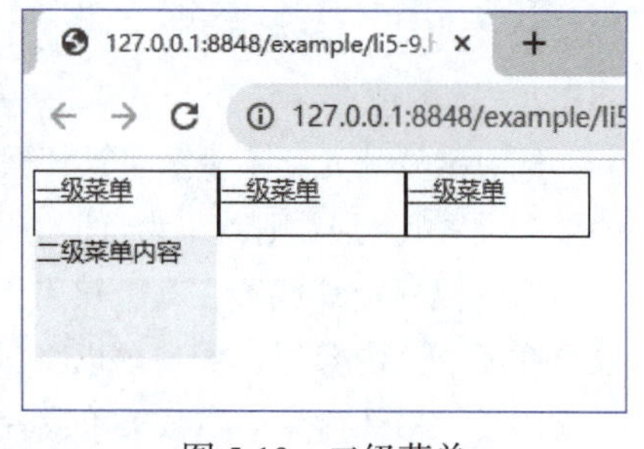

图 5-19　二级菜单

绝对定位的偏移量除了可以是绝对长度，还可以是相对于已经定位的父级盒子的百分比值，设置绝对定位元素的相对偏移量为 50%，可以实现元素居中显示的效果，具体方法如下：

（1）设置水平居中的绝对定位，left 为 50%;margin-left 为宽度值的一半的负数形式。

（2）设置垂直居中的绝对定位，top 为 50%;margin-top 为高度值的一半的负数形式。

【例 5-10】使用绝对定位实现元素垂直、水平居中显示。

在容器盒子中写入一个 div 元素，并设置样式。向 HTML 文档写入如下代码：

```
<!DOCTYPE html>
<html>
    <head>
        <meta charset="utf-8">
        <title>现元素垂直、水平居中显示</title>
        <style type="text/css">
            .b_box{
```

```
            width:300px;
            height:300px;
            border:1px solid;
            margin:0 auto;
            position:relative;
        }
        .s_box{
            width:200px;
            height:200px;
            background:red;
            position:absolute;
            left:50%;
            top:50%;
            margin-left:-100px;
            margin-top:-100px;
        }
    </style>
  </head>
  <body>
    <div class="b_box">
        <div class="s_box"></div>
    </div>
  </body>
</html>
```

页面效果如图 5-20 所示，中间的小盒子通过绝对定位处于父级盒子中间。

图 5-20　绝对定位实现水平垂直居中

4. 固定定位

固定定位是绝对定位的一种特殊形式，它以浏览器窗口作为参照物来定位网页元素。当 position 属性的取值为 fixed 时，可将元素的定位模式设置为固定定位。

当对元素设置固定定位后，它将脱离标准文档流的控制，并始终参照浏览器窗口来定义自己的显示位置，其与参照物的距离仍然通过边偏移属性 top、bottom、left 或 right 精确定义，取值可以为不同单位的数值或百分比值。

不管浏览器滚动条如何滚动，也不管浏览器窗口的大小如何变化，固定定位的元素始终都会显示在浏览器窗口的固定位置，通常可以用于网页上不跟随页面滚动的广告栏、在线服务等区域。

【项目实践】

完成图 5-21 所示的二级下拉菜单。

（1）在页面中写入该盒子内容，部分参考代码如下：

```
<dl class="clearAfter" style="border-bottom: 1px dashed #CCCCCC;">
                <dt> 客户 </dt>
                <dd><a href=""> 帮助中心 </a></dd>
                <dd><a href=""> 售后服务 </a></dd>
                <dd><a href=""> 在线客服 </a></dd>
                <dd><a href=""> 意见建议 </a></dd>
</dl>
```

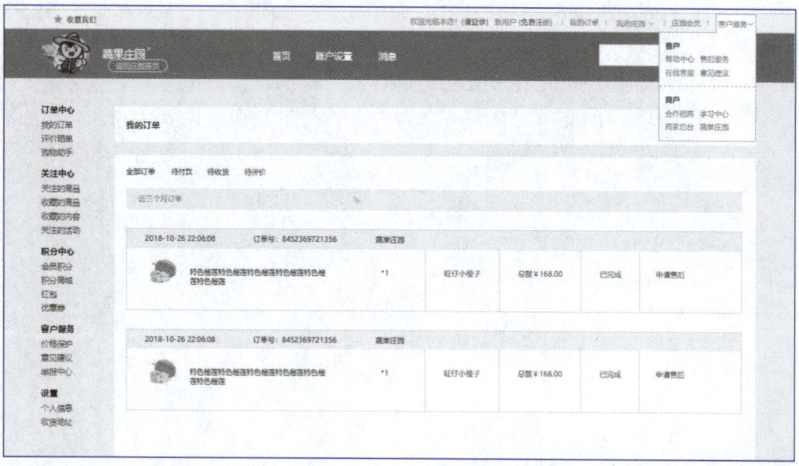

图 5-21　下拉菜单

（2）部分 CSS 写入样式，代码如下：

```
.clearAfter:after{
        content: "";
        display: block;
        clear: both;
    }
```

【小　　结】

本项目学习了网页中超链接 <a> 标签的用法及其属性，并且学习了伪类在超链接的应用以及 <a> 标签的 display 属性对导航菜单排列方式的影响。在此基础上能够熟练制作出网页上常见的水平导航菜单和垂直导航菜单，并与前面学过的各类样式属性结合得到不同的动态导航效果。除此之外，还学习了基于定位布局的二级弹出式菜单的制作方法。

【课后习题】

一、选择题

1. 以下哪个不是标签 <a> 的常用属性？（　　）

A. target　　B. href　　C. margin　　D. id

2. A 文件夹与 B 文件夹是同级文件夹，其中 A 中有 a.html 文件，B 中有 b.html 文件，现在希望在 a.html 文件中创建超链接，链接到 b.html，那么应该在 a.html 页面代码中如何描述链接内容？（　　）

A. b.html　　B. 1.1.1./B/b.html　　C. ./B/b.html　　D. ./b.html

3. 如何在新窗口中打开链接？（　　）

A. <a href="#" new>　　B. <a href="#" target="_blank">

C. <a href="#" target="_self">　　D. <a href="#" target="_blank"></a>

4. <a href="#sict"> 信息学院 </a> 的作用是（　　）。

A. 链接到信息学院网页上　　B. 链接到本文件中的 sict 处

C. 超链接暂时不被运行　　D. 链接到 #sict 网页上

5. 下列的 HTML 代码中，哪个可以产生超链接？(　　)

A. <a url="https://www.ptpress.com.cn/"> 人民邮电出版社 </a >

B. <a>https://www.ptpress.com.cn/</a >

C. <a href="https://www.ptpress.com.cn/"> 人民邮电出版社 </a >

D. <a>www.ptpress.com.cn/</a >

6. 下列哪一项表示超链接已访问过的伪类？(　　)

A. a:hover　　B. a:link　　C. a:visited　　D. a:span

7. 当链接指向下列哪一种文件时，不打开该文件，而是提供给浏览器下载？(　　)

A. ZIP　　B. HTML　　C. ASP　　D. CGI

8. 下面关于定义超链接的说法中，错误的是(　　)。

A. 可以给文字定义超链接

B. 可以给图形定义超链接

C. 只能使用默认的超链接颜色，不可更改

D. 链接、已访问过的链接、当前访问的链接可设为不同的颜色

9. 样式代码 a{color:#f00;text-decoration:underline;} 的作用是(　　)。

A. 设置页面中所有超链接的所有状态下的文本为红色且带下划线

B. 设置页面中所有超链接的鼠标指针悬停时的文本为红色且带下划线

C. 设置页面中所有超链接访问过时文本为红色且带下划线

D. 设置页面中所有超链接初始状态文本为红色且带下划线

二、判断题

1. 绝对定位是以这个元素的已定位的父元素为参照物偏移的。(　　)

2. 绝对定位是以这个元素的父元素为参照物偏移的。(　　)

3. 相对定位的元素会脱离文档流，不再占据位置。(　　)

4. 绝对定位的元素会脱离文档流，不再占据位置。(　　)

5. 相对定位以这个元素本来应该在的位置为参照点。(　　)

6. 相对定位和绝对定位都是以父元素为参照物的。(　　)

三、思考题

1. 我们在一些网站中经常会遇到单击下载的链接，如何操作才能确保链接的目标文件是下载而不是在浏览器中直接打开？

2. 打开一个学校网站的首页，观察并说明在哪些地方用到了超链接。

3. 如何才能快速将水平导航菜单转换成垂直导航菜单？

4. 作导航菜单时，响应区域仅仅是菜单文字，如果希望制作按钮式的导航菜单，需要怎么设置样式？

项目六　网页中插入视频和音频

【情境导入】

乔明的网上商城网站已经初具规模，乔明想在网站首页加一些视频广告，向网页中插入视频、音频会不会很复杂呢？带着疑惑，乔明又一次找到了前端工程师董嘉。董嘉工程师说，在 HTML5 出现之前，Web 页面访问音频、视频主要是通过 Flash ActiveX 插件，用户无一例外都需要安装浏览器插件并且第三方插件还会给网站带来一些性能和稳定性方面的问题，但是 HTML5 的出现彻底解决了这一问题，新增的 <audio> 和 <video> 标签使浏览器不需要插件即可播放视频和音频。

任务一　向网页中插入视频

【任务提出】

根据乔明的效果图，网上商城网站首页的下方有视频广告模块，用于播放最新的产品广告，本任务学习如何使用 HTML5 新增的 <video> 标签来播放视频，并对其播放窗口进行简单的控制。

【学习目标】

知识目标

- 了解 video 元素支持的音频格式。
- 掌握在网页中引入视频的标准方法及其属性。

技能目标

- 能够熟练地插入视频，并设置属性。

素养目标

- 培养学生勇于探索未知的精神。

【相关知识】

HTML5 在网页中添加视频简单了许多，但是也不是所有的视频格式都能得到支持，还需要根据 HTML5 提供的标准将它们转换成 Web 支持的格式。

在 HTML5 出现之前，Web 视频并没有一个通用的标准，有些网站使用 Flash 插入视频，但是要求用户有 Flash 播放器；也有些网站使用 Java 播放器，但是要在 Java 虚拟机中解码视频和音频需要用户拥有一台配置较高的机器。

HTML5 规定了一种通过 <video> 标签来包含视频的标准方法，而 video 元素目前仅支持三种格式的视频文件。

1. video元素支持的视频格式

视频格式包含视频编码、音频编码和容器格式。HTML5 支持的视频格式主要包括 Ogg、MPEG4、WebM 等，具体介绍如下：

（1）Ogg 是带有 Theora 视频编码和 Vorbis 音频编码的文件格式。Ogg 是一种文件封装容器，可以纳入各式各样自由和开放源代码的编解码器，包含音效、视频、文字与元数据的处理。其中，Theora 是开源的、免费的视频压缩编码技术，质量可以与主流的数字视频压缩编解码标准 H.264 相媲美。Vorbis 是 Ogg 的音频编码，类似于 MP3 等音乐格式，完全免费、开放和没有专利限制。

（2）MPEG4 是带有 H.264 视频编码和 AAC 音频编码的 MPEG 文件格式。在同等条件下，MPEG4 格式的视频质量较好，它的专利被 MPEG-LA 公司掌握，任何支持播放 MPEG4 视频的设备，都必须拥有 MPEG-LA 公司颁发的许可证。MPEG4 有三种编码 :mpg4(xdiv)、mpg4(xvid)、avc(H.264)。H.264 是公认的 MP4 标准编码，如果在网页开发中有浏览器不能识别的 MPEG 文件，则可以尝试用视频格式转换器转换文件的格式。AAC 是一种由 MPEG-4 标准定义的有损音频压缩格式，提供了目前最高的编码效率。

（3）WebM 是带有 VP8 视频编码和 Vorbis 音频编码的文件格式。WebM 由 Google 提出，是一个开放、免费的媒体文件格式，其中 Google 将其拥有的 VP8 视频编码技术开源，Ogg Vorbis 则本来就是开放格式。WebM 项目旨在为对每个人都开放的网络开发高质量的、开放的视频格式，其重点是解决视频服务这一核心的网络用户体验问题。

2. 语法格式

在 HTML5 中，Web 开发者可以用一种标准的方式指定视频的外观，其基本语法格式如下：

```
<video src="视频文件" controls="controls"> </video>
```

这段代码使用 <video> 标签来定义视频播放器，不仅设置了要播放的视频文件，还设置了视频的控制栏，其中包括播放、暂停、进度和音量控制、全屏等功能，更重要的是，还可以自定义这些功能和控制栏的样式。

1）基本属性

src 和 controls 是 <video> 标签的基本属性，src 属性用于设置视频文件的路径，controls 属性用于为视频提供播放控件，并且 <video> 和 </video> 标签之间还可以插入文字，用于在浏览器不能支持视频时显示，示例如下：

```
<video src="video/video1.mp4" controls>
浏览器不支持该视频，请下载最新版本的浏览器
</video>
```

需要注意的是，不同操作系统对 Ogg、MPEG4、WebM 等视频格式的支持是有差异的。例如，苹果操作系统的 Safari 浏览器只支持 MP4 类型，而 Ogg 格式的视频则适用于 Firefox.Opera 及 Chrome 浏览器。IE8 不支持 video 元素，从 IE9 开始提供了对使用 MPEG4 的 video 元素的支持。

如果我们不确定自己的浏览器支持什么格式的视频，则可以使用 source 标签给浏览器提供多种格式的视频文件选择。video 元素允许嵌套多个 source 标签，source 标签可以链接不同格式的视频文件，浏览器将使用第一个可识别的格式，示例如下：

```
<video width="500" height="250" controls="controls">
    <source src="movie.ogg" type="video/ogg">
    <source src="movie.mp4" type="video/mp4">
    您的浏览器不支持此种视频格式
</video>
```

2）其他常用属性

<video> 标签还有一些属性也经常会用到，具体描述见表 6-1。

表 6-1　video 常用属性

属　性	值	描　述
width	像素或百分比值	设置视频播放窗口的宽度
height	像素或百分比值	设置视频播放窗口的高度
autoplay	autoplay	当页面载入完成后自动播放视频
loop	loop	视频结束时重新开始播放
preload	preload	如果出现该属性，则视频在页面加载时就同步加载，并预备播放；如果使用“autoplay”，则忽略该属性

（1）width、height 属性用于设置视频播放窗口的宽高。在 HTML5 中，经常会通过为 video 元素添加宽高的方式给视频预留一定的空间，这样浏览器在加载页面时会预先确定视频的尺寸，为其保留合适的空间，使页面的布局不产生变化。为了让视频在 Web 端自适应，可以只设置 video 标签的宽度值，高度会自动设为 auto，示例如下：

```
video {
    /* width:100px;*/
    max-width:100px;
    height: auto;
}
```

如果将 width 属性设置为 100%，则视频播放器会自动调整宽度为父级容器的 100%，甚至视频可以比原始尺寸大，而高度随宽度等比例变化。还可以使用 max-width:100% 定义视频元素的宽度为 100%，不能超过其原始大小。但有时由于视频的长宽比例和容器不一致，无论如何都留出一块空白，用户体验很不好，此时可以使用 object-fit 样式属性使 video 自动填满父级容器，具体用法是给 <video> 标签加上如下样式的代码：

```
video{ width:100px; height:100%; object-fit: fill; }
```

（2）autoplay 属性用于设置视频是否自动播放，是一个布尔属性，设置该属性，表示自动播放省略该属性表示不自动播放，示例如下：

```
<video width="500" height="350" src="vediol.mp4" autoplay="autoplay" >
</video>
```

注意，表示自动播放时该属性要么没有值，要么其值等于属性名。在标签中不使用该属性表示不自动播放。

（3）loop 属性用于指定视频是否循环播放，其同样也是一个布尔属性。

```
<video width="500" height="350" src="vediol.mp4" autoplay loop></video>
```

（4）preload 属性用于定义视频是否预加载，有三个属性值可选择 :none、metadata、auto。如果不使用此属性，则默认为 auto。

```
<video src="vediol.mp4" autoplay preload="none"></video>
```

none: 不进行预加载，选择此属性值多数情况是开发者认为用户不希望播放此视频，或者为了减少 HTTP 请求。

metadata: 部分预加载，选用此属性值可预先为用户提供一些元数据 (包括尺寸、第一帧、曲目列表、持续时间等)。

auto: 全部预加载，为用户预先加载视频。

【例 6-1】向网页中插入视频。

向 HTML 文档中写入如下代码：

```
<!DOCTYPE html>
<html>
    <head>
    <meta charset="utf-8">
    <title> 网页中的视频 </title>
    <style type="text/css">
        .vbox{width: 500px;   margin: 0 auto;}
        video{width: 100%;}
    </style>
    </head>
    <body>
        <div class="vbox">
          <video src="video/videol.mp4" controls="autoplay">
              浏览器不支持该视频，请下载最新版本的浏览器 </video>
        </div>
    </body>
</html>
```

在以上代码中，将视频放入容器盒子 vbox 中，视频在网页中水平居中显示，宽度受容器盒子的大小限制，高度自适应。页面效果如图 6-1 所示。

图 6-1　网页水平居中的视频

【例 6-2】视频自动充满容器。假设容器宽 500 px，高 300 px，与视频的宽高比 (1 920 : 1 080) 不一致。

```
<style type="text/css">
        .vbox{
            width:500px;
            height:300px;
            margin:0 auto;
            border:2px solid;
              }
        video{
            width:100%;
            height:100%;
            /* object-fit:cover; */
            }
</style>
```

页面效果如图 6-2 所示。

此时，即使 video 的宽高均为 100%，也无法填满容器，如图 6-2 所示，容器上方存在空白。

但是当我们对 <video> 添加 object-fit 样式属性后，视频会拉伸以填满容器，页面效果如图 6-3 所示。

```
video{width:100%;
    height:100%;
    object-fit:cover;
    }
```

图 6-2　无法填满容器的视频

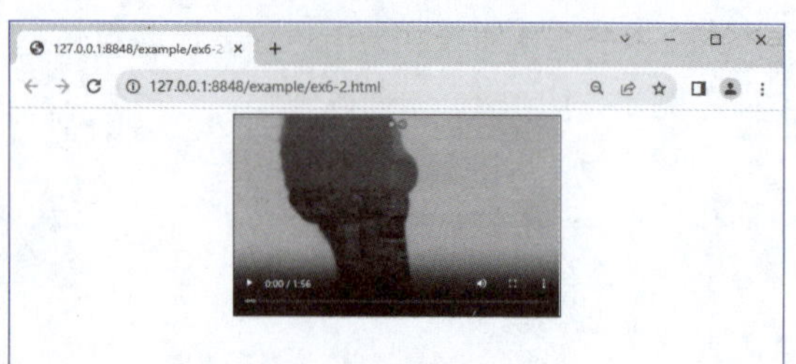

图 6-3　填满容器的视频

任务二　向网页中插入音频

【任务提出】

根据乔明的效果图，网上商城网站首页需要插入背景音乐，用以提升用户体验感，本任务学习如何使用 HTML5 新增的 <audio> 标签来播放音频，并对其播放窗口进行简单的控制。

【学习目标】

知识目标

- 了解 audio 元素支持的音频格式。
- 掌握在网页中引入音频的标准方法及其属性。

技能目标

- 能够熟练地插入音频，并设置属性。

素养目标

- 提升学生音乐鉴赏能力。

【相关知识】

同样，HTML5 出现之前在网页中播放音频也没有固定的标准，大多数音频是通过插件（如 Flash）来播放的，但是并非所有浏览器都有同样的插件，尤其是主流浏览器已经陆续宣布停止支持 Flash 插件，网站正在转向开放的 Web 技术。HTML5 规定了一种通过 <audio> 标签来插入音频的标准方法。

1. audio元素支持的音频格式

音频格式是指要在计算机内播放或是处理的音频文件的格式。在 HTML5 中嵌入的音频格式主要包括 Ogg Vorbis、MP3、WAV 等，具体介绍如下：

（1）Ogg Vorbis 是一种音频压缩格式，类似于 MP3 等音乐格式，扩展名是“.ogg”，这种文件的设计格式非常先进，文件格式可以不断地进行大小和音质的改良，而不影响旧有的编码器或播放器。

（2）MP3 是一种音频压缩技术，其全称是动态影像专家压缩标准音频层面 3（moving picture experts group audio layerIII,MP3）。它被设计来大幅度地降低音频数据量。

（3）WAV 是录音时用的标准的 Windows 文件格式，文件的扩展名为“.wav”，数据本身的格式为 PCM 或压缩型，属于无损音乐格式的一种。

三种格式中 WAV 格式的音质最好，但是文件体积较大。MP3 的压缩率较高，普及率高，音质相比 WAV 要差。Ogg 与 MP3 在相同速率编码的情况下，Ogg 文件体积更小。

2. 语法格式

HTML5 同样规定了一种标准的方式来播放音频，其基本语法格式如下：

```
<audio src=" 音频文件路径 " controls>
    您的浏览器不支持 audio 标签
</audio>
```

其中，src 属性用于描述音频文件的地址，controls 属性规定浏览器为音频提供播放控件。除了 src 和 controls 两个基本属性之外，audio 还有一些常用的其他属性，见表 6-2。

表 6-2　audio 常用属性

属　性	值	描　述
autoplay	autoplay	当页面载入完成后自动播放音频
loop	loop	音频结束时重新开始播放
preload	preload	如果出现该属性，则音频在页面加载时同步加载，并预备播放；如果使用“autoplay”，则忽略该属性

【例 6-3】在网页中播放音频。

向 HTML 文档中写入如下代码：

```
<!DOCTYPE html>
  <html>
      <head>
          <meta charset="utf-8">
          <title> 网页中的音频 </title>
      </head>
  <body>
      <audio src="audio/music.mp3" controls>
          当前浏览器不支持 audio
      </audio>
    </body>
  </html>
```

在 <audio> 标签中使用 controls 属性为音频提供播放控件，预览页面效果，如图 6-4 所示。

不管是 <audio> 还是 <video>，浏览器都提供了默认的控制栏，用来实现播放、暂停、进度和音量控制、全屏等功能，HTML5 还为 audio 对象和 video 对象提供了用于文档对象模型 (document object model，DOM) 操作的方法、事件和属性，可以使用 JS 代码来自定义这些功能和控制栏的样式。本书不再深入讲解。

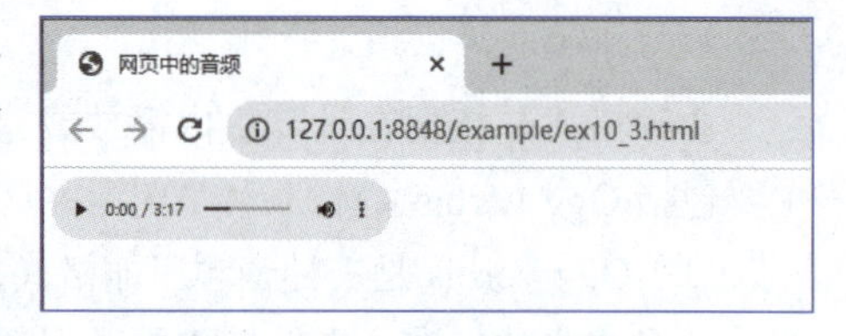

图 6-4 网页中的音频播放控件

3. source 元素

并不是所有的浏览器都能兼容上文提到的几种音频格式。目前，所有的主流 PC 端和移动端浏览器的最新版已经全部支持 MP3 格式，Ogg 格式的音频可以在 Firefox、Opera 和 Chrome 浏览器中播放，如果要在 Internet Explorer 和 Safari 浏览器播放音频，则必须使用 MP3 文件。为了解决不同浏览器对音频文件的兼容性问题，在 HTML5 中，可以运用 source 元素为 audio 元素提供多个备用文件，其基本语法格式如下：

```
<audio controls="controls">
     <source src=" 音频文件地址 " type=" 媒体文件类型 / 格式 ">
     <source src=" 音频文件地址 " type=" 媒体文件类型 / 格式 ">
</audio>
```

示例如下：

```
<audio controls>
     <source src="music.ogg" type="audio/ogg">
     <source src="music.mp3" type="audio/mpeg">
     您的浏览器不支持 audio 元素。
</audio>
```

上面代码中的 source 元素可以链接不同格式的音频文件，浏览器将使用第一个可识别的格式。

【项目实践】

完成网上商城首页中的视频广告部分

如图 6-5 所示的使用默认的视频控制栏。

向 HTML 文档中写入如下代码：

图 6-5 网上商城首页视频广告效果

```
<!DOCTYPE html>
<html>
<head>
<meta charset="utf-8">
<title> 首页中插入视频 </title>
<style type="text/css">
.vbox{width:500px;margin:0 auto;}
video{width:100%;}
</style>
</head>
<body>
<div class="vbox">
<video src="video/video.mp4" controls="autoplay">
</video>
</div>
```

```
</body>
</html>
```

【小　　结】

本项目学习了在网页中添加视频和音频的方法，相比 HTML5 之前的版本简单了许多。但是由于 DOM 操作的方法和事件本书并没有涉及，因此目前对视频和音频的控制全部使用默认的播放器，感兴趣的读者可以进一步查阅相关资料。

【课后习题】

一、选择题

1. HTML5 不支持的视频格式是（　　）。

   A. Ogg　　B. MP4　　C. FLV　　D. WebM

2. 以下关于 video 说法正确的是（　　）。

   A. 当前，video 元素支持三种视频格式，其中 WebM 是带有 Theora 视频编码和 Vorbis 音频编码的文件格式

   B. source 元素可以添加多个，具体播放哪个由浏览器决定

   C. video 内使用 img 展示视频封面

   D. loop 属性可以使媒介文件循环播放

3. 用于插入视频文件的 HTML5 标签是（　　）。

   A. <movie>　　B. <media>　　C. <video>　　D. <film>

4. 用于插入音频文件的 HTML5 标签是（　　）。

   A. <mp3>　　B. <audio>　　C. <sound>　　D. <voice>

5. 下面关于 HTML5 控件显示音频和视频媒体的说法，正确的是（　　）。

   A. HTML5 要求该标签指定使用哪个第三方加载或插件来播放媒体

   B. HTML5 视频标签与音频标签共享媒体属性和事件

   C. JavaScript 可与 HTML5 视频和音频标签结合使用来增强其行为

   D. HTML5 音频和视频可以使用任何文件格式

二、思考题

请简述 HTML5 中嵌入音频和视频的方式，并列举 HTML5 支持的音频和视频格式。

项目七　制作多级导航

【情境导入】

乔明的网上商城网站项目逐步推进，首页内容越来越丰富了。前端工程师告诉董嘉，如果页面信息比较多，仅仅使用前面学过的标签，代码的可读性会不强，HTML5 提供了列表标签。可以在大量数据分类呈现时使用，如新闻版块或者复杂的导航菜单等。

任务一　认识列表

【任务提出】

乔明仔细分析了淘宝、京东等网上商城的官网，发现它们和自己开发的网上商城网站首页一样，都包含大量的商品信息，如图 7-1 所示。如果全部使用 <a> 标签，可读性确实不强。为了便于用户阅读，经常需要将大量的网页信息以列表的形式分类呈现，列表是一种非常有效的数据排列方式。

图 7-1　蔬菜庄园商品列表

同样，百度新闻等页面也使用了列表，通过不同的列表样式来突出某些新闻的重要性和实效性。本任务我们和董嘉一起学习如何在网页中应用列表。

【学习目标】

知识目标

- 掌握无序列表、有序列表、定义列表的用法。
- 掌握列表样式的设置。

技能目标

- 能够使用列表展示数据。
- 能够使用列表进行图文混排。
- 能够使用列表制作导航菜单。

素养目标

- 注重爱国主义教育和传统文化教育。

【相关知识】

列表主要用于展示条目类型的数据，其核心目的是展示同类信息，方便用户快速浏览内容和筛选自己所需的内容，即快速浏览和快速区分。由列表及其样式属性衍生出来的展示信息的形式也千变万化。

一、列表的分类

HTML 提供了三种常用的列表，分别为无序列表、有序列表和定义列表。

1. 无序列表

无序列表是网页中最常用的列表，之所以称其为“无序列表”，是因为其各个列表项之间没有顺序级别之分，通常是并列的。

定义无序列表的基本语法格式如下：

```
<ul>
    <li> 列表项 1</li>
    <li> 列表项 2</li>
    <li> 列表项 3</li>
</ul>
```

在上面的语法中，<ul></ul> 标签用于定义无序列表，<li></li> 标签嵌套在 <ul></ul> 标签之间用于描述具体的列表项，每对 <ul></ul> 之间至少应包含一对 <li></li>。

<ul> 和 <li> 都拥有 type 属性，用于指定列表项目符号。在无序列表中，type 属性的常用值有三个，它们呈现的效果如下：

（1）disc(默认样式): 显示“●”。

（2）circle: 显示“O”。

（3）square: 显示“■”。

示例如下：

```
<h2> 五岳 </h2>
<ul type="circle">          <!-- 对 ul 应用 type="circle"-->
    <li> 中岳嵩山 </li>
    <li> 东岳泰山 </li>
    <li type="square"> 西岳华山 </li> <!-- 对 li 应用 type="square"-->
```

```
    <li>南岳衡山</li><li>北岳恒山</li>
</ul>
<h2>中国文化遗产</h2>
<ul><!-- 不定义 type 属性 -->
    <li>北京故宫</li>
    <li>山东泰山</li>
    <li>…</li>
</ul>
```

运行完整的案例代码，效果如图 7-2 所示。

在实际应用中，通常不使用无序列表的 type 属性，一般通过 CSS 样式属性替代。

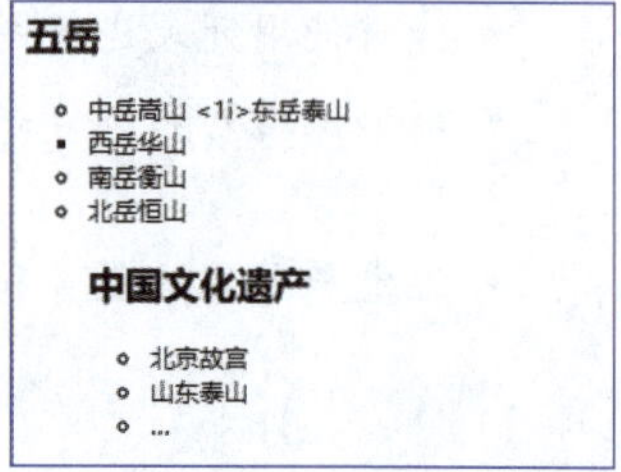

图 7-2　无序列表

2. 有序列表

有序列表即为有排列顺序的列表，其各个列表项按照一定的顺序排列。

定义有序列表的基本语法格式如下：

```
<ol>
    <li>列表项 1</li>
    <li>列表项 2</li>
    <li>列表项 3</li>
    ……
</ol>
```

在上面的语法中，<ol></ol> 标签用于定义有序列表，<li></li> 为具体的列表项，和无序列表类似，每对 <ol></ol> 之间也至少应包含一对 <li></li>。

有序列表 <ol> 和 <li> 的 type 属性取值如下：

（1）1(默认属性值): 项目符号显示为数字 1、2、3…

（2）a 或 A: 项目符号显示为英文字母 a、b、c…或 A、B、C…

（3）i 或 I: 项目符号显示为罗马数字 i、ii、iii…或 Ⅰ、Ⅱ、Ⅲ…

示例如下：

```
<h2>图书销量排行榜</h2>
<ol>
    <li type="1" value="1">边城</li><!-- 阿拉伯数字排序 -->
    <li type="a">基督山伯爵</li>            <!-- 英文字母排序 -->
    <li type="I">平凡的世界</li>            <!-- 罗马数字排序 -->
</ol>
```

运行完整的案例代码，效果如图 7-3 所示。

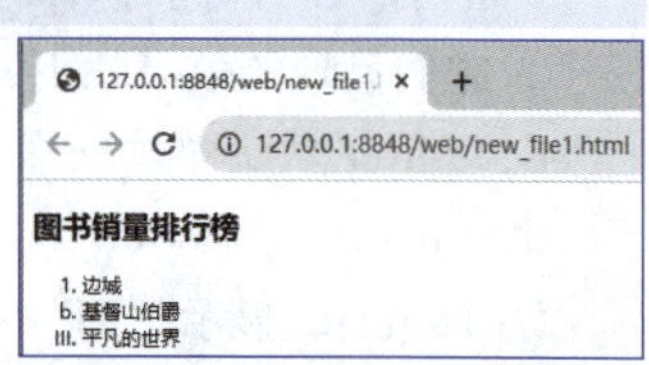

图 7-3　有序列表

3. 定义列表

定义列表常用于对术语或名词进行解释和描述，与无序和有序列表不同，定义列表的列表项前没有任何项目符号。

定义列表的基本语法格式如下：

```
<dl>
  <dt>名词 1</dt>
  <dd>名词 1 解释 1</dd>
  <dd>名词 1 解释 2</dd>
  ……
```

```
    <dt> 名词 2</dt>
    <dd> 名词 2 解释 1</dd>
    <dd> 名词 2 解释 2</dd>
    ……
</dl>
```

在上面的语法中，<dl></dl> 标签用于指定定义列表，<dt></dt> 和 <dd></dd> 并列嵌套于 <dl></dl> 中。其中，<dt></dt> 标签用于指定术语名词，<dd></dd> 标签用于对名词进行解释和描述。一对 <dt></dt> 可以对应多对 <dd></dd>，即可以对一个名词进行多项解释。

下面以一个案例说明定义列表的用法，具体代码如下：

```
<dl>
    <dt> 华为技术有限公司 </dt>        <!-- 定义术语名词 -->
    <dd> 全球领先的信息与通信技术 (ICT) 解决方案供应商 </dd><!-- 解释和描述名词 -->
    <dd>2020 胡润中国 10 强消费电子企业 </dd>
    <dd> 构建万物互联的智能世界 </dd>
</dl>
```

运行完整的案例代码，效果如图 7-4 所示。

从图 7-4 可以看出，相对于 <dt> 和 </dt> 标签之间的术语或名词，<dd> 和 </dd> 标签之间解释和描述性的内容会产生一定的缩进效果。

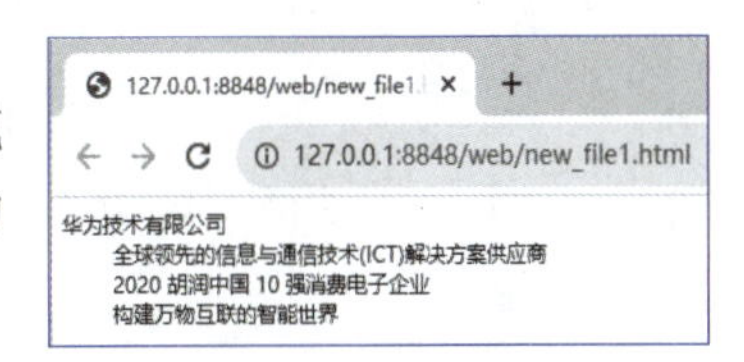

图 7-4　定义列表

二、CSS 控制列表样式

定义无序或有序列表时，可以通过标签的属性控制列表的项目符号，但是这种方式实现的效果并不理想，这时就需要用到 CSS 中的一系列列表样式属性，见表 7-1。

表 7-1　列表的样式属性

列表样式属性	取值和描述
list-style-type: 符号类型 ;	无序 : disc 圆点、circle 圆圈、square 方块、none 无标签
	有序 : decimal 数字 (默认) lower-alpha/upper-alpha 英文字母 lower-roman/upper-roman 罗马数字 lower-greek 希腊字母 lower-latin/upper-latin 拉丁字母
list-style-image:url(图像 URL);	用图像符号替换列表项符号 none 不使用图像 (默认)
list-style-position: 符号位置 ;	inside 符号位于文本内部缩进 outside 符号位于文本左侧外部
list-style: 类型 /url(图像 URL) 位置 ;	顺序任意

1. list-style-type 样式属性

在 CSS 中，list-style-type 用于控制无序和有序列表的项目符号，其取值和显示效果如下：

1）无序列表 (ul) 属性值

（1）disc: 显示“●”

（2）circle: 显示“O”。

（3）square: 显示“■”。

2）有序列表 (ol) 属性值

（1）decimal: 阿拉伯数字 1、2、3…

（2）upper-alpha: 大写英文字母 A、B、C…

（3）lower-alpha: 小写英文字母 a、b、c…

（4）upper-roman: 大写罗马数字 I、II…

（5）lower-roman: 小写罗马数字 i、ii、iii…

下面通过一个简单的案例来应用 list-style-type 属性。

【例 7-1】制作新闻列表。

向 HTML 文档中写入如下代码：

```
<!DOCTYPE html>
<html>
        <head>
              <meta charset="utf-8">
              <title>热点新闻</title>
              <style type="text/css">
                    ol{ list-style:upper-roman;}
              </style>
        </head>
        <body>
              <h3>热点新闻</h3>
              <ol>
                    <li>成都大运会具有“奥运会的办赛水平”</li>
                    <li>壮大战略性新兴产业 培育经济新动能</li>
                    <li>以青春、团结、友谊的名义携手向前</li>
              </ol>
        </body>
</html>
```

运行完整的案例代码，效果如图 7-5 所示。

从图 7-5 可以看到，有序列表的每一条数据都使用了大写罗马数字编号。list-style-type 还可以单独应用于某一个 li 标签，只改变当前条目的编号格式，示例如下：

```
<li style="list-style-type:square;">壮大战略性新兴产业 培育经济新动能</li>
```

运行结果如图 7-6 所示。

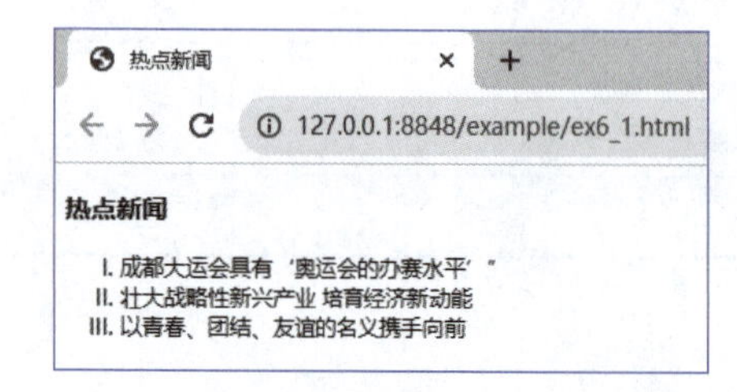

图 7-5 list-style-type 样式属性的效果

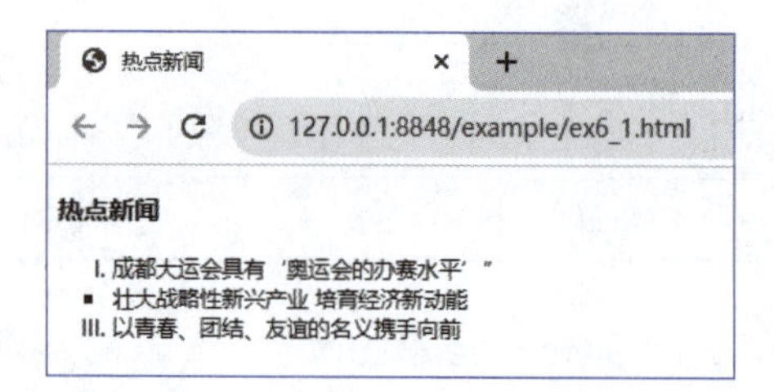

图 7-6 list-style-type 样式属性

这里需要注意的是，不能试图通过改变 li 的 color 样式属性来单独改变编号的颜色，每个列表项的文字和编号的颜色是同步更改的，示例如下：

```
<li style="list-style-type:square; color:red;"> 壮大战略性新兴产业 培育经济新动能 </li>
```

运行结果如图 7-7 所示。

可以看出，li 的编号和文字颜色同步发生了更改。那么，如何单独改变编号的颜色呢？

对于一些简单的图标，可以不使用 CSS 提供的预置编号，将图标作为普通字符插入每一个列表项的内容之前，部分代码如下：

```
<ol>
    <li> 成都大运会具有“奥运会的办赛水平”</li>
    <li><span>■</span> 壮大战略性新兴产业 培育经济新动能 </li>
    <li> 以青春、团结、友谊的名义携手向前 </li>
</ol>
```

以上代码中，“■”作为特殊字符，用户可以直接复制到 HTML 中，并可以对其单独设置颜色。网络上还可以把找到的很多开源的 Web 图标库直接使用，如 font-awesome 等，在本学习任务中不再扩展讲述。

2. list-style-image属性

list-style-image 属性可以为各个列表项设置预先准备好的项目图像，使列表的样式更加个性化，示例如下：

```
<style type="text/css">
    ol{list-style-image:url(img/arrow.gif);}
</style>
```

运行完整的案例代码，效果如图 7-8 所示。

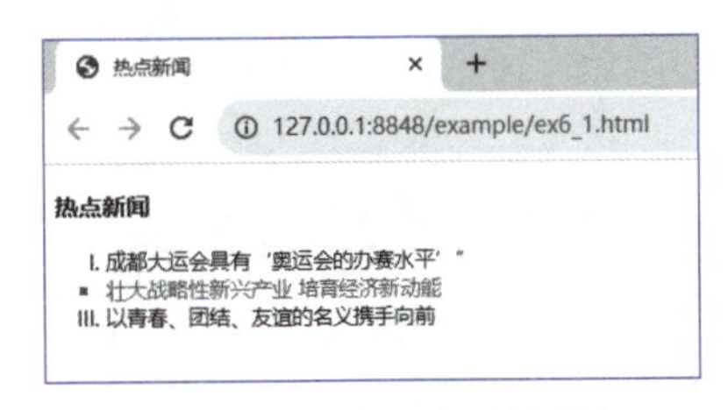

图 7-7 改变列表项的颜色

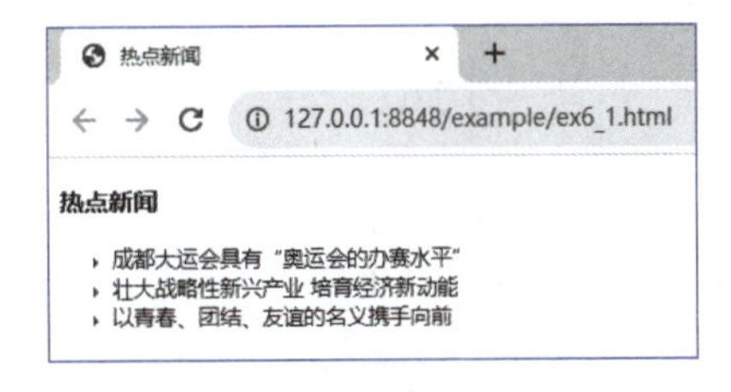

图 7-8 使用 list-style-image 属性

用作项目图像的尺寸不宜过大，最好提前在图像处理软件中设置好合适的尺寸。

3. list-style-position属性

list-style-position 属性用于控制列表项目符号的，其取值有 inside 和 outside 两种，解释如下：

（1）inside: 列表项目符号位于列表文本以内。

（2）outside: 列表项目符号位于列表文本以外（默认值）。

通过下面的案例，可以很清楚地看到二者的区别。

【例 7-2】对比 list-style-position 取不同值的效果。

向 HTML 文档中写入如下代码：

```
<!DOCTYPE html>
<html>
```

```
    <head>
        <meta charset="utf-8">
        <title></title>
        <style type="text/css">
            ol li{border: 1px dashed; }
            ul li{border: 1px solid; list-style-position: inside;}
        </style>
    </head>
    <body>
            <h3>以下列表 list-style-position 属性值为 outside（默认值）</h3>
        <ol>
            <li>学校第五届秋季运动会闭幕</li>
            <li>打造智慧校园</li>
            <li>在更高的起点上推进高水平专业建设</li>
        </ol>
            <h3>以下列表 list-style-position 属性值为 inside</h3>
        <ul>
            <li>学校第五届秋季运动会闭幕</li>
            <li>打造智慧校园</li>
            <li>在更高的起点上推进高水平专业建设</li>
        </ul>
    </body>
</html>
```

运行结果如图 7-9 所示。

从图 7-9 可以看出，在默认情况下，list-style-position 的取值为 outside 时，列表项标签放置在文本以外，不占用 li 的宽度；而 list-style-position 的取值为 inside 时，列表项标签放置在文本以内，占用 li 的宽度。可以在 list-style-position 的取值为 outside 时，通过改变 li 的 padding-left 取值调整列表项内容和标号之间的距离。

三、列表的应用

由于列表展示形式整齐直观，因此在网页中应用比重比较大，尤其是列表特殊的嵌套结构，常应用于网页导航设计中。

1. 用列表展示数据

网页中的列表经常用于以条目有序或无序地排列相关资料，也可用于展示用户从数据库中查询得到的结果，如图 7-10 所示的新闻列表等。这一类应用比较简单，只要使用列表项将数据罗列即可，并且大多数数据在展示的同时也为用户提供跳转功能。

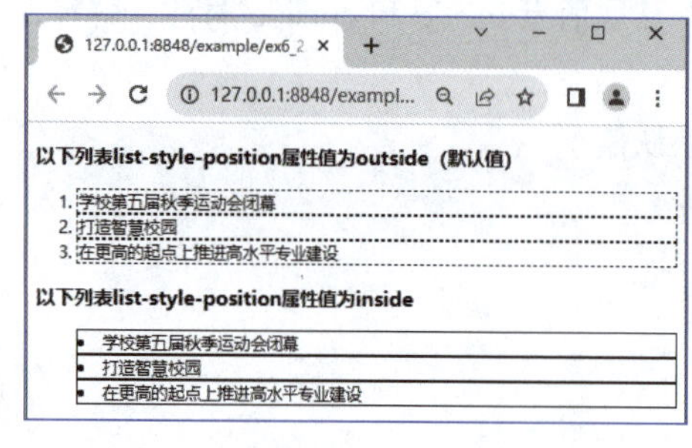

图 7-9 使用 list-style-position 属性

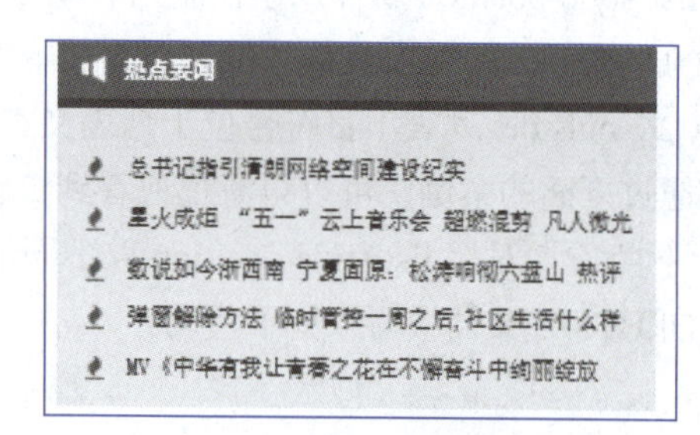

图 7-10 新闻列表

页面元素添加方法如下：

```
<body>
<div class=all>
<h2 class=head>热点要闻</h2>
 <ul class=content>
     <li><a href="#">总书记指引清朗网络空间建设纪实</a></li>
     <li><a href="#">星火成炬“五一”云上音乐会  超燃混剪  凡人微光</a></li>
     <li><a href="#">数说如今浙西南  宁夏固原：松涛响彻六盘山  热评</a></li>
     <li><a href="#">弹窗解除方法 临时管控一周之后，社区生活什么样</a></li>
     <li><a href="#">MV《中华有我让青春之花在不懈奋斗中绚丽绽放</a></li>
 </ul>
</div>
</body>
```

CSS样式以页面需求设计，以下给出样式设计作为参考：

```
<style type="text/css">
@charset "utf-8";
/* CSS Document */
/*全局控制*/
body{font-size:12px; font-family:"宋体"; color:#222;}
/*重置浏览器的默认样式*/
body,h2,ul,li{ padding:0; margin:0; list-style:none;}
.all{              /*控制最外层的大盒子*/
width:320px;
height:200px;
margin:20px auto;
}
.head{
    font-size:12px;
    color:#fff;
    height:30px;
    line-height:30px;
    border-bottom:5px solid #cc5200;          /*单独定义下边框进行覆盖*/
    background:#f60 url(images/title_bg.png) no-repeat 11px 7px;
    padding-left:34px;
}
.content{
padding:25px 0 0 15px;
background:#fff5ee;
}
.content li{
height:26px;
background:url(images/li_bg.png) no-repeat left top;
padding-left:22px;
}
.content li a:link,.content li a:visited{    /*未单击和单击后的样式*/
color:#666;
text-decoration:none;
}
.content li a:hover{                         /*鼠标移上时的样式*/
   color:#F60;
}
</style>
```

在列表中，由于每个列表项都使用<li></li>标签，因此在对其中某一项或者几项单独设置样式时，建议使用伪类选择器如:first-child、:nth-child(n)、:last-child等，这样可以大大减少代码量，HTML文档的可读性会更强。

2. 定义列表用于图文混排

定义列表可用于图文混排，在<dt>和</dt>标签之间插入图片，在<dd>和</dd>标签之间放入对图片进行解释说明的文字。图7-11所示为通过定义列表实现的图文混排效果。

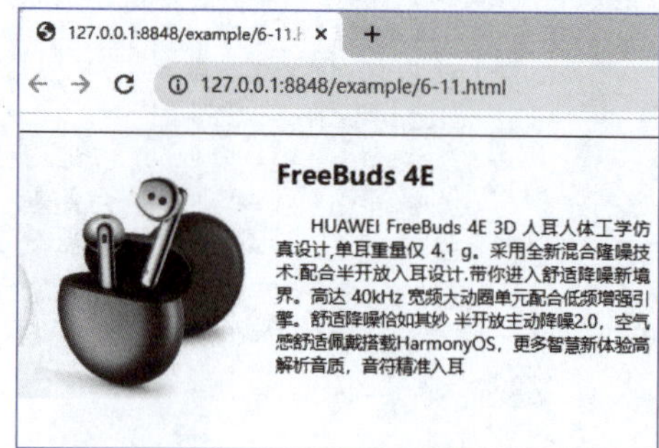

图7-11 定义列表应用

具体实现步骤如下：

（1）搭建HTML结构。

```
<body>
    <dl class=box>
        <dt><img src="img/FreeBuds.jpg" alt="" /></dt>
        <dd>
            <h2>FreeBuds 4E</h2>
            <p>HUAWEI FreeBuds 4E 3D 人耳人体工学仿真设计，单耳重量仅 4.1 g。采用全新混合隆噪技术．配合半开放入耳设计．带你进入舒适降噪新境界。高达 40kHz 宽频大动圈单元配合低频增强引擎。舒适降噪恰如其妙半开放主动降噪 2.0，空气感舒适佩戴搭载 HarmonyOS，更多智慧新体验高解析音质，音符精准入耳 </p>
        </dd>
    </dl>
</body>
```

（2）定义CSS样式。

```
<style>
 .box{width:600px;
     border:1px solid;
     padding-bottom:60px;}
 .box dt{width:40%;
     float:left;}
 .box dt img{width:100%;}
 .box dd p{text-align:justify;
     text-indent:2em;
     padding-right:10px;}
</style>
```

运行案例的完整代码，即可实现7-11所示的图文混排效果。

虽然在前面的任务中使用<img>和<p>也能够完成图文混排的效果，但是定义列表的<dl><dt></dt><dd></dd>…</dl>结构为我们省去了很多烦琐的步骤。

3. 使用列表制作导航菜单

导航菜单是列表最为广泛的一种应用形式。无序列表或者有序列表的列表项li可以当作菜单项li里面再嵌套超链接a标签实现跳转功能就可以了，其基本语法格式如下：

```
<ul>
    <li> 菜单一 </li>
    <li> 菜单二 </li>
```

```
    <li> 菜单三 </li>
    <li> 菜单四 </li>
    <li> 菜单五 </li>
</ul>
```

对列表设置样式。由于在各大浏览器中，ul 或者 ol 都有默认的 margin 和 padding 值，为了在不同浏览器中的显示效果一致，往往在 CSS 样式的开始就统一置 0，后续再根据需要进行添加，示例如下：

```
*{margin: 0; padding:0;}
```

菜单项是不需要列表项编号或者图标的，所以继续对 ul 进行样式设置，以取消无序列表左边的图标，示例如下：

```
ul{list-style-type:none;}
```

如果想制作块级导航菜单，设置每个菜单项的宽度、文字颜色、水平垂直居中及背景色，增强菜单的显示效果，示例如下：

```
<style>
        ul li{list-style-type:none;
        width:60px;
        background:aqua;
        }
        ul li:hover{background:#f60;}
        ul li:first-child:hover{background:blue;}
        ul li:nth-child(3):hover{background:yellow;}
        ul li:last-child:hover{background:pink;}
</style>
```

运行全部代码后，页面效果如图 7-12 所示。

为了更加美观，还可以为每个菜单项加上边框，也可以设置导航条的 li 左浮动或者 inline-block，将垂直导航栏变成水平导航栏，如图 7-13 所示，具体制作方法读者可以自己尝试。

图 7-12　使用列表制作的垂直导航栏

图 7-13　使用列表制作水平导航栏

向 HTML 文档中写入如下代码：

```
<!DOCTYPE html>
<html>
    <head>
        <meta charset="UTF-8">
        <title></title>
<style>
    ul li{list-style-type:none;
```

```
        width:60px;
        background:aqua;
        display:inline-block;}
        ul li:hover{background:#f60;}
        ul li:first-child:hover{background:blue;}
        ul li:nth-child(3):hover{background:yellow;}
        ul li:last-child:hover{background:pink;}
    </style>
        </head>
        <body>
    <ul>
        <li>菜单一</li>
        <li>菜单二</li>
        <li>菜单三</li>
        <li>菜单四</li>
        <li>菜单五</li>
    </ul>
        </body>
    </html>
```

【项目实践】

使用列表完成网上商城商品列表效果

如图 7-14 所示。分析观察效果图后写出如下参考代码。

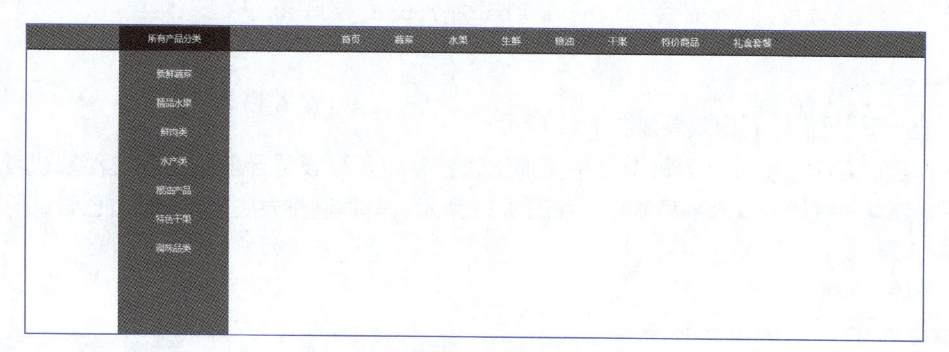

图 7-14 列表制作一级导航菜单

（1）在 HTML 文档中写入需要的页面元素。

```
<body>
    <div class="topNav">
      <div class="center clearAfter">
        <div class="nav fl">
            <div class="shang">所有产品分类</div>
                <div class="xia">
                <ul>
                <li><a href="">新鲜蔬菜</a></li>
                <li><a href="select.html" target="_blank">精品水果</a></li>
                <li><a href="">鲜肉类</a></li>
                <li><a href="">水产类</a></li>
                <li><a href="">粮油产品</a></li>
```

```
                <li><a href="">特色干果</a></li>
                <li><a href="">调味品类</a></li>
                </ul>
            </div>
        </div>
              <div class="hx-nav fr">
                <div class="top clearAfter">
                <ul>
                <li><a href="">首页</a></li>
                <li><a href="">蔬菜</a></li>
                <li><a href="select.html" target="_blank">水果</a></li>
                <li><a href="">生鲜</a></li>
                <li><a href="">粮油</a></li>
                <li><a href="">干果</a></li>
                <li><a href="">特价商品</a></li>
                <li><a href="">礼盒套餐</a></li>
                </ul>
                </div>
            </div>
        </div>
    </div>
  </body>
```

（2）根据需要添加 CSS 样式。

```
<style type="text/css">
        body,h1,h2,h3,h4,h5,h6,p,ul,ol,dl,dd{
            margin:0;
            padding:0;
            font-size:12px;}
    a{
        text-decoration:none;
        }
    ul,dt{
            list-style:none;
        }
    .fl{
        float:left;
    }
    .fr{
        float:right;
    }
    .center{
        width:1190px;
        margin:0 auto;
    }
    .nav{
        position:relative;
        width:200px;
        height:532px;
        background:url(img/tianchong.png);
    }
```

```
.nav .shang{
    width:100%;
    height:43px;
    line-height:43px;
    background-color:#195e11;
    text-align:center;
    font-size:16px;
    color:#fff;
    margin-bottom:15px;
}
.nav .xia ul li{
    width:100%;
    height:50px;
    line-height:50px;
    text-align:center;
    background:url(img/xd_img_18.png)no-repeat;
    background-position:bottom;
}
.nav .xia ul li a{
    font-size:16px;
    color:#FFF;
}
.nav .xia ul li a:hover{
    font-size:18px;
    font-weight:bold;
}
.hx-nav{
    height:31px;
    line-height:31px;
}
.clearAfter:after{
    content:"";
    display:block;
    clear:both;
}
.topNav{
    width:100%;
    height:40px;
    background-color:#3eaf0e;
    border-bottom:3px solid #195e11;;
}
.topNav .hx-nav .top{
    height:40px;
    line-height:40px;
    background-color:#3eaf0e;
    border-bottom:3px solid #195e11;
}
.topNav .hx-nav .top ul li{
    float:left;
    padding:0 30px;
}
```

```
    .topNav .hx-nav .top ul li:hover{
        background-color:#195e11;
    }
    .topNav .hx-nav .top ul li a{
        font-size:16px;
        color:#fff;
    }
    .nav{
        position:relative;
        width:200px;
        height:532px;
        background:url(img/tianchong.png);
    }
    .top{
        height:40px;
        line-height:40px;
        background-color:#3eaf0e;
        border-bottom:3px solid #195e11;
    }
    .hx-nav{
        height:31px;
        line-height:31px;
    }
    .hx-nav .top {
        margin-left:20px;
        letter-spacing:1px;
        color:#222;
        /*background:url(../img/icon-1.png) no-repeat 0px 9px;*/
        cursor:pointer;
    }
    .hx-nav .top .save:before{
        font-family:"iconFont";
        font-size:14px;
        width:14px;
        content:"\e504";
        display:inline-block;
        margin-right:8px;
        color:#FF9900;
    }
    .hx-nav .top .save:hover{
        color:#FF9900;
    }
    .hx-nav .top .dh ul li{
        position:relative;
    float:left;
    color:#999;
    }
</style>
```

在以上代码中，列表项包含了 a 标签，将运用链接伪类指定一级导航的不同状态，以提升用户体验。

主页中商品展示部分效果如图 7-15 所示。

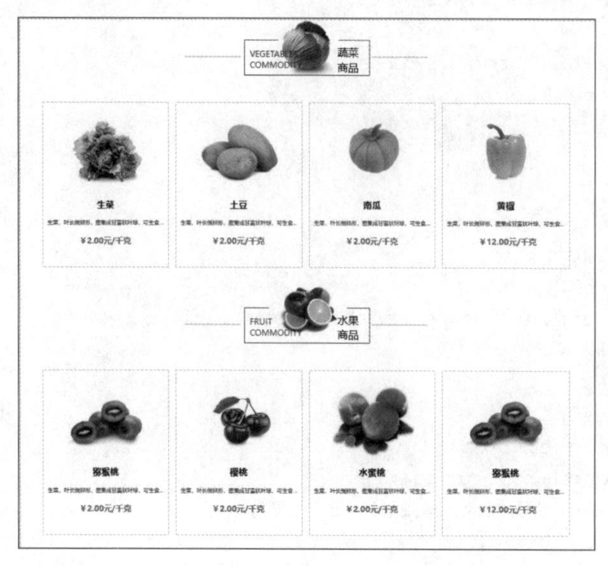

图 7-15　蔬菜庄园商品列表

具体实现步骤如下：

（1）搭建 HTML 结构。

```
<div class="sc-title">
        <div class="c-title-left">VEGETABLES<br/>COMMODITY </div>
        <div class="c-title-right">蔬菜商品</div>
</div>
<div class="r4">
     <ul class="clearAfter">
        <li style="margin-left:0;">
        <img src="img/scai-1.jpg"/>
        <h4>生菜</h4>
        <p class="hidden">生菜，叶长倒卵形，密集成甘蓝状叶球，可生食，脆嫩爽口，略甜</p>
        <span>￥2.00元/千克</span>
        <div class="lookMore">查看详情</div>
        </li>
        <li>
        <img src="img/scai-3.jpg"/>
        <h4>土豆</h4>
        <p class="hidden">生菜，叶长倒卵形，密集成甘蓝状叶球，可生食，脆嫩爽口，略甜</p>
        <span>￥2.00元/千克</span>
        <div class="lookMore">查看详情</div>
        </li>
        <li>
        <img src="img/scai-5.jpg" style="margin-bottom:39px;"/>
        <h4>南瓜</h4>
        <p class="hidden">生菜，叶长倒卵形，密集成甘蓝状叶球，可生食，脆嫩爽口，略甜</p>
        <span>￥2.00元/千克</span>
        <div class="lookMore">查看详情</div>
        </li>
```

```
        <li style="margin-right:0;">
        <img src="img/scai-4.jpg"/>
        <h4>黄椒</h4>
        <p class="hidden">生菜，叶长倒卵形，密集成甘蓝状叶球，可生食，脆嫩爽口，略甜</p>
        <span>￥12.00 元 / 千克</span>
        <div class="lookMore">查看详情</div>
        </li>
    </ul>
</div>
<div class="sc-title-fruit sc-title">
        <div class="c-title-left">FRUIT<br/>COMMODITY </div>
        <div class="c-title-right">水果商品</div>
</div>
<div class="r4">
    <ul class="clearAfter">
        <li style="margin-left:0;">
        <img src="img/sguo-3.jpg"/>
        <h4>猕猴桃</h4>
        <p class="hidden">生菜，叶长倒卵形，密集成甘蓝状叶球，可生食，脆嫩爽口，略甜</p>
        <span>￥2.00 元 / 千克</span>
        <div class="lookMore">查看详情</div>
        </li>
        <li>
        <img src="img/sguo-1.jpg"/>
        <h4>樱桃</h4>
        <p class="hidden">生菜，叶长倒卵形，密集成甘蓝状叶球，可生食，脆嫩爽口，略甜</p>
        <span>￥2.00 元 / 千克</span>
        <div class="lookMore">查看详情</div>
        </li>
        <li>
        <img src="img/sguo-2.jpg"/>
        <h4>水蜜桃</h4>
        <p class="hidden">生菜，叶长倒卵形，密集成甘蓝状叶球，可生食，脆嫩爽口，略甜</p>
        <span>￥2.00 元 / 千克</span>
        <div class="lookMore">查看详情</div>
        </li>
        <li style="margin-right:0;">
        <img src="img/sguo-3.jpg"/>
        <h4>猕猴桃</h4>
        <p class="hidden">生菜，叶长倒卵形，密集成甘蓝状叶球，可生食，脆嫩爽口，略甜</p>
        <span>￥12.00 元 / 千克</span>
        <div class="lookMore">查看详情</div>
        </li>
    </ul>
</div>
```

（2）定义CSS样式。

```
<style type="text/css">
        ul,dt{
            list-style:none;
        }
        a{
```

```
        text-decoration:none;
    }
    .hidden{
        white-space:nowrap;
        overflow:hidden;
        text-overflow:ellipsis;
    }
    .sc-title {
        width:546px;
        height:194px;
        margin:0 auto;
        background-image:url(img/category-title.png);
    }
    .sc-title-fruit{
        background-image:url(img/category-title-friut.jpg);
    }
    .sc-title .c-title-left {
        width:155px;
        height:45px;
        font-family:"SanFranciscoDisplay Heavy", "Myriad Pro Regular";
        float:left;
        margin-left:145px;
        margin-top:75px;
        font-size:18px;
        text-transform:uppercase;
        color:#000;
        opacity:0.7;
    }
    .sc-title .c-title-right{
        width:54px;
        height:64px;
        font-size:24px;
        margin-top:68px;
        margin-right:150px;
        float:right;
        line-height:32px;
    }
    .r4{
        margin-bottom:29px;
    }
    .r4 ul li{
        position:relative;
        float:left;
        width:282px;
        height:360px;
        border:2px solid #e1e1e1;
        margin-right:15px;
    }
    .r4 ul li .lookMore{
        position:absolute;
        left:50%;
        transform:translateX(-50%);
```

```
        bottom:28px;
        width:100px;
        height:36px;
        line-height:36px;
        border-radius:12px;
        background-color:#1DA91D;
        color:#fff;
        text-align:center;
        cursor:pointer;
        display:none;
    }
    .r4 ul li:hover{
        border:2px solid #1DA91D;
    }
    .r4 ul li:hover span{
        display:none;
    }
    .r4 ul li:hover .lookMore{
        display:block;
    }
    .r4 ul li img{
        width:65%;
        margin-left:53px;
        margin-top:16px;
        margin-bottom:10px;
    }
    .r4 ul li:hover img{
        transform:scale(1.1);
        transition:1s;
    }
    .r4 ul li h4{
        font-size:20px;
        text-align:center;
        margin-bottom:20px;
    }
    .r4 ul li p{
        padding:0 10px;
        margin-bottom:20px;
    }
    .r4 ul li span{
        font-size:18px;
        font-weight:bold;
        color:#1DA91D;
        margin-left:80px;
    }
    .clearAfter:after{
        content:"";
        display:block;
        clear:both;
    }
```

至此蔬菜庄园主页的商品列表完成。

任务二 使用列表制作多级导航

【任务提出】

在网上商城项目首页制作中，左侧多级导航是网站内容的重中之重，效果如图 7-16 所示。乔明已经能够使用绝对定位控制二级菜单出现的位置，但是更细节的部分，如处理多级菜单内部复杂的层级关系，还需要 ul+li 嵌套来来完成。通过列表 + 超链接 +CSS 组合应用，可以实现二级导航菜单，如果想添加子菜单，继续嵌套 ul/ol 标签及子标签就可以了。

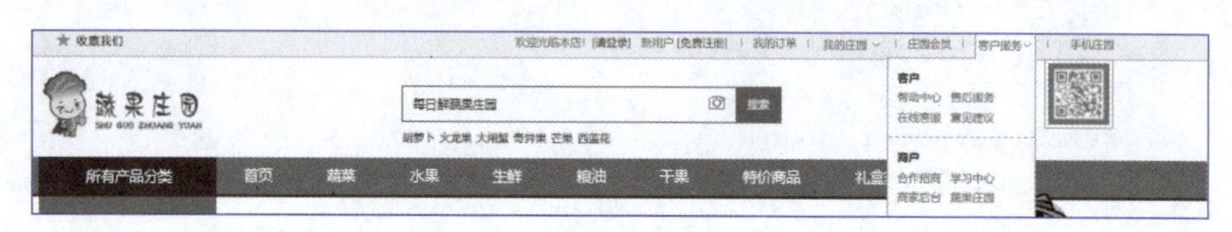

图 7-16 列表实现二级导航

【学习目标】

知识目标

- 掌握列表的嵌套及其样式。

技能目标

- 学会使用列表制作多级导航菜单。
- 学会使用列表制作多级导航菜单。

素养目标

- 提升审美修养。
- 培养精益求精的工匠精神。

【相关知识】

如果把网站看成一个生命体，那么导航系统就是它的骨骼。结构简单的网站导航系统也比较简单，而对于复杂的网站，如商城网站或大型门户网站，导航系统也会复杂得多，此时一个优秀的多级导航能够帮助用户更高效地找到目标内容。

一、列表的嵌套

在使用列表时，列表项也有可能包含若干子列表项。要想在列表项中定义子列表项，就需要将列表嵌套。图 7-17 所示为一个应用了列表嵌套的二级商品分类导航。

嵌套列表可以把展示内容分为多个层次，用户浏览起来主次分明、类别清晰。无序列表和有序列表不但可以自身嵌套，而且可以互相嵌套。

【例 7-3】应用嵌套列表。

在 body 中写入如下代码：

```
<body>
```

```
    <ul>
      <li> 手机
            <ol>
                  <li> 华为手机 </li>
                  <li> 小米手机 </li>
                  <li> 荣耀手机 </li>
                  <li> 魅族手机 </li>
            </ol>
      </li>
      <li > 手机配件
            <ul>
                  <li> 手机壳 </li>
                  <li> 耳机 </li>
                  <li> 充电宝 </li>
                  <li> 手机电池 </li>
            </ul>
      </li>
      <li> 影音娱乐 </li>
      <li> 通信服务 </li>
      <li> 数码配件 </li>
    </ul>
</body>
```

运行完整的案例代码，效果如图 7-18 所示。

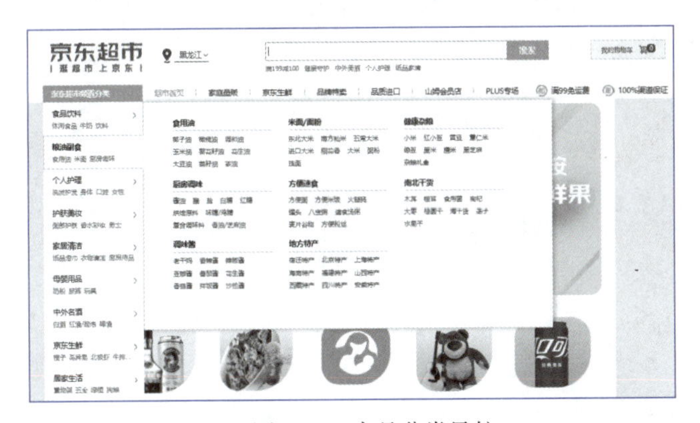

图 7-17　商品分类导航

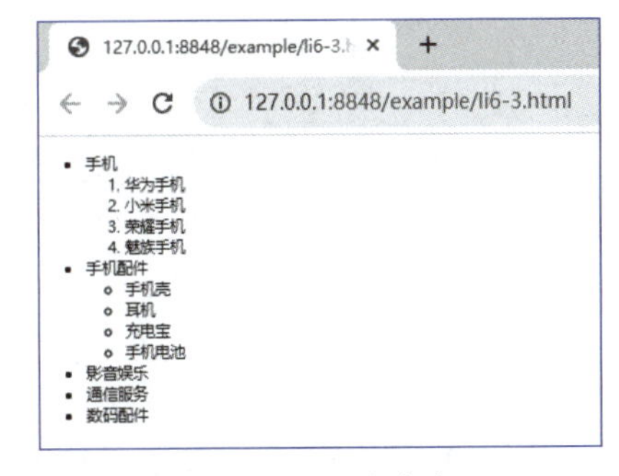

图 7-18　列表嵌套

可以看出，以上无序列表中嵌套了一个有序列表和一个无序列表，使用嵌套可以把展示内容分为多个层次，浏览起来更加清晰。

二、多级导航菜单的制作

在进行网站首页的设计时，经常会苦于内容太多、空间太小，特别是对于商城类网站，既要能够尽可能多地展示内容，又要清晰简洁、层次分明，便于引导用户访问，这就需要对原有的导航菜单进行扩充，使之能够容纳更多的信息，此时多级导航菜单应运而生了。下面重点学习二级导航菜单的制作方法。

1. 水平二级导航菜单的制作

二级导航菜单通常是鼠标指针触发主菜单时，在主菜单下方或者左右两侧显示二级菜单，鼠标指针移入二级菜单后单击可以打开相应的链接。二级菜单出现的位置紧随一级菜单。图 7-19 所示为常见的水平二级导航菜单。

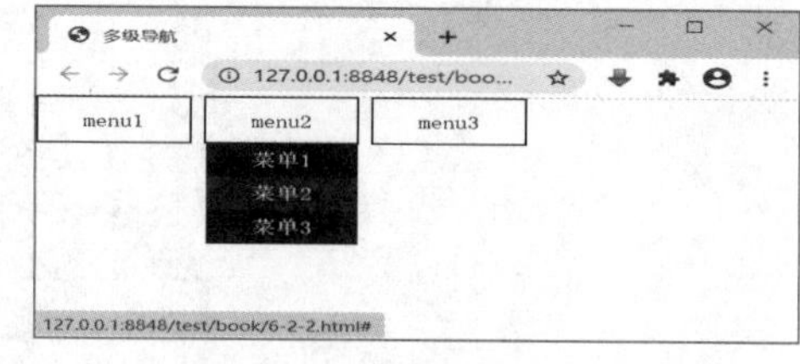

图 7-19　水平二级导航菜单

具体制作过程如下：

1）先在 body 中按照菜单项的层级添加列表元素

```
<ul class="dropdown">
  <li> 下拉菜单
      <ol class="dropdown-content">
         <li><a href="#"> 菜单 1</a></li>
         <li><a href="#"> 菜单 2</a></li>
         <li><a href="#"> 菜单 3</a></li>
      </ol>
  </li>
</ul>
```

2）CSS 样式部分

（1）进行初始化的设置，将文档中所有元素的 margin 和 padding 设为 0。

```
*{padding:0; margin:0;}
```

（2）去掉所有列表项前面的图标。

```
.dropdown,.dropdown-content{list-style-type: none;}
```

（3）分别对主菜单和子菜单项的样式进行设置。

```
.dropdown>li
    {
        width:100px;
        height:40px;
        border:2px solid;
        border-radius:8px;
        line-height:40px;
        text-align:center;
        color:#000;
        font-size:16px;
        cursor:pointer;/* 手型光标 */
    }
```

（4）鼠标移入 li 时改变子元素 a 的背景色。

```
.dropdown-content a
    {
        color:#fff;
        display:block;
        width:100px;
        text-align:center;
        line-height:30px;
        text-decoration:none;
        background:#008;
    }
.dropdown-content a:hover{  background-color:#00f;}
```

（5）由于子菜单的位置始终跟随主菜单，所以可以使用定位。将参照物主菜单设置成相对定位，下拉菜单容器设置成绝对定位，并且始终在主菜单项的下方。

```
.dropdown>li
```

```
    {   ……
        position:relative;
    }
.dropdown-content
    {
        position:absolute;
        left:5px;
        top:40px;
    }
```

（6）设置二级下拉菜单隐藏，在鼠标划过主菜单的时候，下拉菜单显示。由于两级菜单的标签均为 li，为了方便定位到它们，可以充分利用子元素选择器“>”。

```
.dropdown-content{ display:none;     } /*初始时下拉菜单隐藏*/
.dropdown>li:hover .dropdown-content{display:block;}
```

设置绝对定位以后，<ol> 脱离了普通流，在父级盒子中不占位，所以 MENU2、MENU3 和 MENU1 又重新处于同样的高度。子菜单的位置要参照父级菜单项进行偏移，刚好在父级菜单正下方可设置 top 为 100% 或者 40px，left 设为 0，左端对齐；如果其子菜单在父级菜单右侧，那么要设置 left 为 100%。

做到这里，发现主菜单项之间留有空隙，请读者思考一下，为什么会有空隙呢？如何去除这个空隙？

上面代码中的“>”强调父子元素的关系，“空格”强调包含的关系，只有鼠标指针滑过主菜单项时，其包含的下拉菜单容器才会显示。

根据需要复制多个主菜单项，继续添加 <ol>，即可得到图 7-19 所示的水平导航效果。

至此，水平二级导航菜单制作完毕，读者可以自行制作子菜单在右侧（或者左侧）的垂直二级导航菜单。

2. 竖直伸缩型二级菜单的制作

竖直伸缩型二级菜单的形式是当鼠标指针触发主菜单时，相应的子菜单竖直显示在其下方，占据其他主菜单项的位置。使用这一类导航的网站比较少，其特点是菜单项位置不稳定，但是节省空间。具体制作过程如下：

首先，写好 body 中的列表元素。

```
<ul>
    <li>menu1</li>
    <ol>
    <li><a href="#">menu1-1</a></li>
    <li><a href="#">menu1-2</a></li>
    <li><a href="#">menu1-3</a></li>
    </ol>
    <li>menu2</li>
    <li>menu3</li>
</ul>
```

然后，进行 CSS 样式设置。

（1）初始化设置，将 ul、ol 等元素的默认 padding、margin 都置 0。

```
*{padding: 0; margin: 0;}
```

（2）设置所有列表项前面的图标类型为 none。

```
ul,ol{ list-style-type:none;}
```

（3）设置第一级列表项的外观样式。

```
ul>li{
width:100px;
background:#000088;
border:1px solid lfao; color:#fff;
text-align:center;padding:8px 0; cursor:pointer;
}
```

仍然使用“>”子对象选择符，只影响 ul 的直接子元素，即一级菜单项。使用 cursor:pointer; 将鼠标指针变成手形，提升用户体验。

li 没有固定的高度，高度取默认值 auto，由其内部元素决定 li 的高度。

（4）设置二级菜单所有的 a 为块级元素，并对其文字格式进行设置，包括 text-decoration、font-size、color、text-align、line-height 等。

```
ol>li{
    width:100px;
    background:#FAO;
    height:30px;
    text-align:center;
    line-height:30px;
    border-bottom:1px solid;}
ol a{
    diaplay:block;
    color:#00f;
    text-decoration:none;}
```

（5）设置二级子菜单的位置。二级子菜单的出现要占据后面一级菜单的位置，要在文档流中占据一定的高度，因此二级菜单容器要设置相对定位 relative。为美观起见，增加一点 top 移量。

```
ol{
  position:relative; top:8px; left:0;
```

（6）正常情况下，二级菜单隐藏，当鼠标指针滑过主菜单时，二级菜单才显示。

```
ol{display:none;}
ul>li:hover ol{display:block;}
```

（7）设置鼠标指针滑动到二级菜单时子菜单项背景色的变换效果。

```
ul a:hover{background:#ff0;}
```

运行完整代码以后，页面效果如图 7-20 所示。

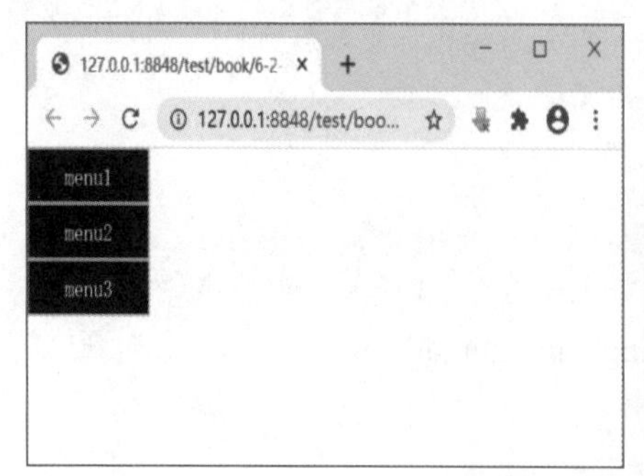

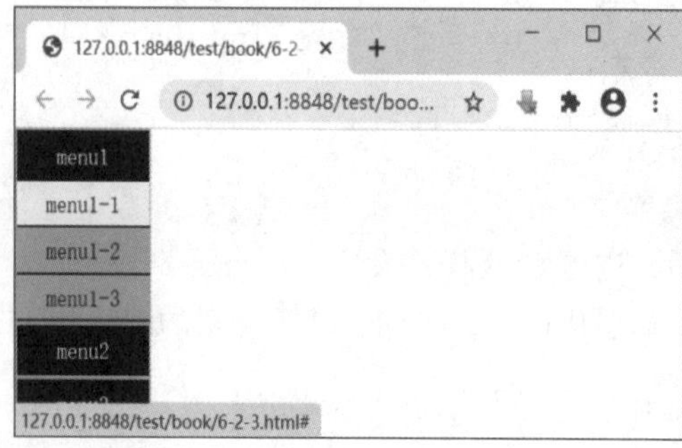

图 7-20　竖直伸缩型二级菜单页面效果

【项目实践】

运用列表制作二级菜单

网上商城左侧导航模块设计如图 7-20 所示，请使用嵌套列表完成。

（1）在 body 中的一级菜单下添加如下内容。

```
<body>
<div class="banner main">
  <div class="banner_l">
      <ul>
        <li><a href="#">所有产品分类</a><span>></span></li>
        <li><a href="#">新鲜蔬菜</a><span>></span></li>
        <li><a href="#">鲜肉类</a><span>></span></li>
        <li><a href="#">水产类</a><span>></span></li>
        <li><a href="#">新鲜水果</a><span>></span>
        <div class="submenu">
          <ol>
            <li><img src="img01/menu/g1.png" ><span>火龙果</span></li>
            <li><img src="img01/menu/g1.png" ><span>火龙果</span></li>
            <li><img src="img01/menu/g1.png" ><span>火龙果</span></li>
            <li><img src="img01/menu/g1.png" ><span>火龙果</span></li>
            <li><img src="img01/menu/g2.png" ><span>樱桃</span></li>
            <li><img src="img01/menu/g2.png" ><span>樱桃</span></li>
            <li><img src="img01/menu/g2.png" ><span>樱桃</span></li>
            <li><img src="img01/menu/g2.png" ><span>樱桃</span></li>
            <li><img src="img01/menu/g2.png" ><span>樱桃</span></li>
          </ol>
          </div>
          </li>
          <li><a href="#">粮油产品</a><span>></span></li>
          <li><a href="#">干果</a><span>></span></li>
          <li><a href="#">特价商品</a><span>></span></li>
          <li><a href="#">礼盒套餐</a><span>></span></li>
          <li><a href="#">限时特价</a><span>></span></li>
          </ul>
    </div>
</div>
</body>
```

（2）添加 CSS 样式，并对之前写过的部分样式属性值进行调整。

其中，.banner_l 在之前的任务中已经定位过，所以可以直接作为 ol 元素的参照物。继续对 ol 设置绝对定位，并调整偏移值。

```
.banner_l{
            width:25%;
            height:100%;
            background-color:rgba(100,100,100,0.6);
            position:absolute;
            left:0;
            top:0;
```

```
        }
.banner_l>ul{
        font-size:14px;
        list-style-type:none;
        }
.banner_l>ul>li{
        height:36px;
        line-height:36px;
        padding-left:20px;
        }
.banner_l>ul>li:first-child{
        margin-top:10px;
        }
.banner_l>ul>li:hover{
        background:#f60;
        }
.banner_l a{
        display:inline-block;
        width:80%;
        text-decoration:none;
        color:#FFF;
        }
.banner_l span{
        font-weight:bold;
        color:#fff;
        }
.banner_l ol span{
        color:#000000;
        }
.banner_r{  height:100%;      }
.banner_r img{  width:100%;  }
.banner_l ol{
        background:#fff;
        width:700px;
        list-style-type:none;
        font-size:12px;
        border:1px solid #333;
        position:absolute;
        left:100% ;
        top:0;
        bottom:0;
        display:none;
        }
.banner_l ul>li:hover ol{
        display:block;
        }
```

在上面的样式代码中，绝对定位的子盒子 top 和 bottom 同时取 0，表示与参照物等高。经过以上设置后，可得到图 7-21 所示的效果。

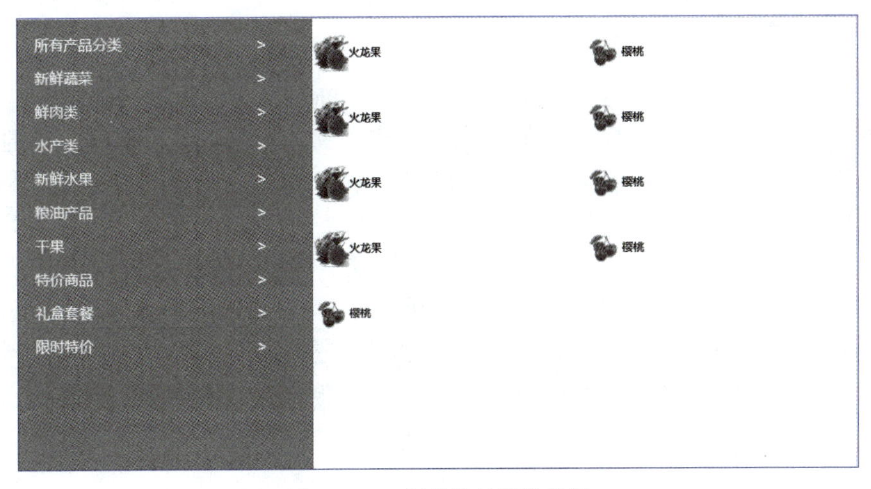

图 7-21 二级导航的简单效果

任务三 使用弹性盒布局

【任务提出】

乔明在使用定位盒子及嵌套列表完成网上商城网站首页的二级导航菜单以后，又遇到了新的问题：如果要添加足够多的二级菜单项，如何换行？如何根据菜单容器的宽度控制二级菜单项目的分布？做了多次尝试以后，决定向前端工程师董嘉请教。前端工程师告诉乔明，二级菜单项在容器中的排列也需要提前做好布局，布局做好了，再向里面填充各个项目内容就容易了。可是使用哪一种布局方法更合适呢？乔明准备再学习另外一种布局方式——弹性盒布局。

【学习目标】

知识目标

- 掌握弹性盒布局的概念。
- 掌握弹性容器的常用属性设置。

技能目标

- 学会使用弹性盒进行页面布局并进行样式设置。
- 能够根据需要选择合适的页面布局方式。

素养目标

- 提升自主分析问题和解决问题能力。

【相关知识】

二级菜单项是由左向右横向或者从上到下纵向排列的。在容器大小固定的情况下，要想容纳所有的二级菜单项目，就需要子元素能弹性缩放其尺寸，这样如果子元素的大小固定不变，那么弹性盒的尺寸就需要弹性伸缩了。

一、认识弹性盒布局

W3C 在 2009 年提出了一种新的网页布局方案——Flexbox（弹性盒）布局，其可以简便、完整、响应式地实现各种页面布局。目前，它已经得到了所有浏览器的支持，与之前的 DIV+CSS 布局模式相比，弹性盒布局模型提供了一种更加有效的方式来对一个容器中的子元素进行排列、对齐和分配空白空间等操作。

在弹性布局中，弹性容器的子元素可以按行或列排列，既可以增加尺寸以填满未使用的空间，也可以收缩尺寸以避免溢出父元素。通过以主轴和交叉轴为布局逻辑基础的子项位置布局模式，可以很方便地操控子元素的水平对齐和垂直对齐，此方式适合用于小规模布局，也经常用于移动端。但是，和前面用过的网格布局不同，弹性盒布局是一维布局，行列只能同时操作一个。

二、弹性盒的内容

弹性盒由弹性容器（flex container）和弹性子元素（flex item）组成。

设置父级盒子的 display 属性的值为 flex 或 inline-flex 可将其定义为弹性容器，弹性容器内可包含一个或多个弹性子元素。容器默认存在两条轴：水平的主轴和垂直的交叉轴。弹性子元素项目默认沿主轴排列，在弹性盒内显示为一行，从左到右排列，无论子元素的宽度是多少，都在一行内显示。

【例 7-4】制作默认弹性盒效果。

向 HTML 文档中写入如下代码：

```
<!DOCTYPE html>
<html>
      <head>
           <meta charset="utf-8">
           <title> 弹性盒子 </title>
           <style>
              .flex-container{
                   display:flex;
                   width:450px;
                   height:300px;
                   border:1px solid;
              }
              .flex-item{
                   width:200px;
                   height:125px;
                   margin:10px;
                   border:1px solid;
              }
           </style>
      </head>
      <body>
            <div class="flex-container">
                 <div class="flex-item"> 盒子 1</div>
                 <div class="flex-item"> 盒子 2</div>
                 <div class="flex-item"> 盒子 3</div>
            </div>
      </body>
```

```
</html>
```

运行结果如图 7-22 所示。

在以上代码中，弹性容器设置了固定的宽度和高度，其中宽度为 450px，内含三个弹性子元素，每个宽度为 200px，外加左右方向的 margin，三个弹性子元素的设置宽度总和远超过容器的宽度，在普通盒子中是没法放到一行的。但是在弹性盒中，子元素默认收缩尺寸以避免溢出父元素。

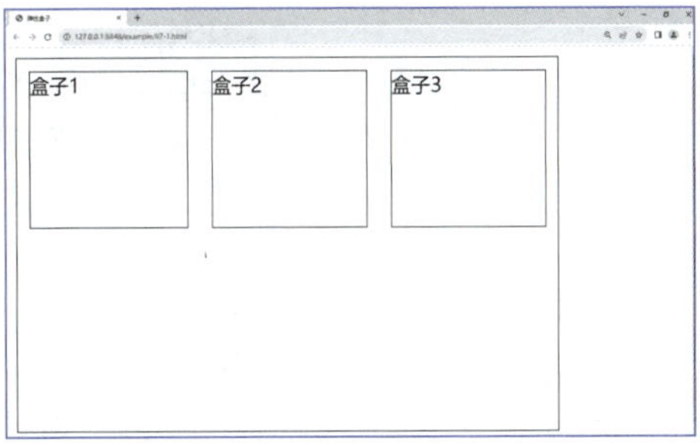

图 7-22　弹性收缩的子元素

三、弹性盒的 CSS 样式属性

弹性盒布局的 CSS 样式分两种：一种是应用在父容器上的 CSS 样式，用于设定父容器本身或者全部子元素的表现形式；另一种则是应用在子元素上的 CSS 样式，用于设置单个子元素的表现行为。

应用于父容器的 CSS 样式见表 7-2。

表 7-2　应用于弹性父容器的 CSS 样式属性

样式属性	描　述
flex-direction	指定弹性容器中子元素的排列方式
flex-wrap	设置弹性盒子的子元素超出父容器时是否换行
flex-flow	flex-direction 和 flex-wrap 的简写
justify-content	设置弹性盒子元素在侧轴（纵轴）方向上的对齐方式
align-items	修改 flex-wrap 属性的行为，类似于 align-items，但不是设置子元素对齐，而是设置行对齐
align-content	设置弹性盒子元素在主轴（横轴）方向上的对齐方式

1. flex-direction 属性

flex-direction 属性用于指定弹性容器中子元素的排列方向，可以取以下四个值。

（1）row: 默认值，设置弹性容器子元素在父容器中水平分布，从左向右排列。

（2）row-reverse: 作用与 row 相同，但是以相反的顺序排列。

（3）column: 设置弹性容器子元素在父容器中垂直分布，由上向下排列。

（4）column-reverse: 作用与 column 相同，但是以相反的顺序排列。

2. flex-wrap 属性

flex-wrap 属性设置弹性盒的子元素超出父容器时是否换行或列，可以取以下三个值。

（1）nowrap(默认): 规定元素不换行或不换列。

【例 7-5】增加子元素的数量。将例 7-4 中的子元素增加到五个。

向 HTML 文档中写入如下代码：

```
<!DOCTYPE html>
<html>
      <head>
            <meta charset="utf-8">
            <title> 弹性盒子 </title>
            <style>
```

```
            .flex-container{
             display:flex;
             width:450px;
             height:300px;
             border:1px solid;
               }
             .flex-item{
              width:200px;
              height:125px;
              margin:10px;
              border:1px solid;
             }
        </style>
    </head>
    <body>
        <div class="flex-container">
            <div class="flex-item">盒子 1</div>
            <div class="flex-item">盒子 2</div>
            <div class="flex-item">盒子 3</div>
            <div class="flex-item">盒子 4</div>
            <div class="flex-item">盒子 5</div>
        </div>
    </body>
</html>
```

运行结果如图 7-23 所示。

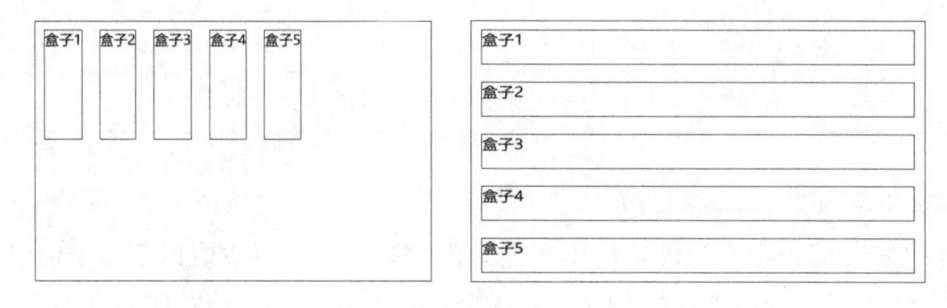

图 7-23　flex-wrap 属性取默认值 nowrap 效果

（2）wrap: 规定元素在必要时拆行或拆列，方向为从上到下或从左到右。

在父级弹性容器固定宽高的情况下，flex-wrap 取值为 wrap 时，子元素会强制拆行或拆列，多出的子元素会溢出。图 7-24 所示为弹性容器设置为 width:450 px; height:300 px;，主轴分别为 row 和 column 时的页面效果。

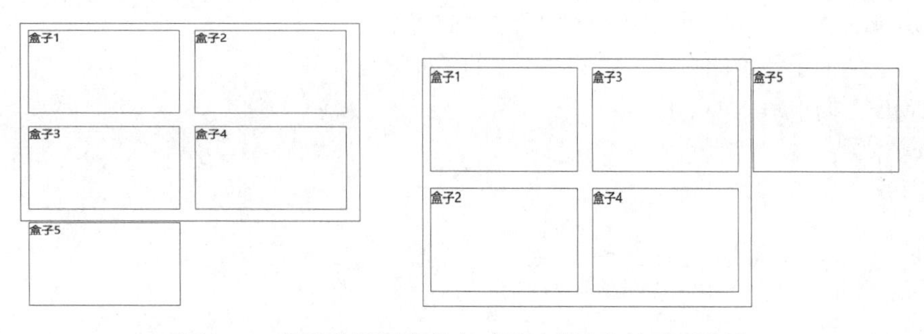

图 7-24　弹性容器固定宽高时子元素溢出的页面效果

在主轴为行的情况下，如果将弹性容器的高度设为默认值 auto，则可以根据子元素内容来扩展弹性盒子的高度。

【例 7-6】在弹性容器固定宽度情况，没有固定高度的情况下，如果子元素高度固定，则增加子元素可扩展弹性盒子高度，向 HTML 文档中写入如下代码：

```
<!DOCTYPE html>
<html>
    <head>
        <meta charset="utf-8">
        <title></title>
        <style>
            .flex-container{
                display:flex;
                flex-direction:row;
                flex-wrap:wrap;
                width:450px;
                border:2px solid;
            }
            .flex-item{
                width:200px;
                height:125px;
                margin:10px;
                border:2px solid;
            }
        </style>
    </head>
    <body>
        <div class="flex-container">
            <div class="flex-item">盒子 1</div>
            <div class="flex-item">盒子 2</div>
            <div class="flex-item">盒子 3</div>
            <div class="flex-item">盒子 4</div>
            <div class="flex-item">盒子 5</div>
        </div>
    </body>
</html>
```

运行结果如图 7-25 所示，可以看到，弹性容器的高度随着子元素数量的增加自动扩展。

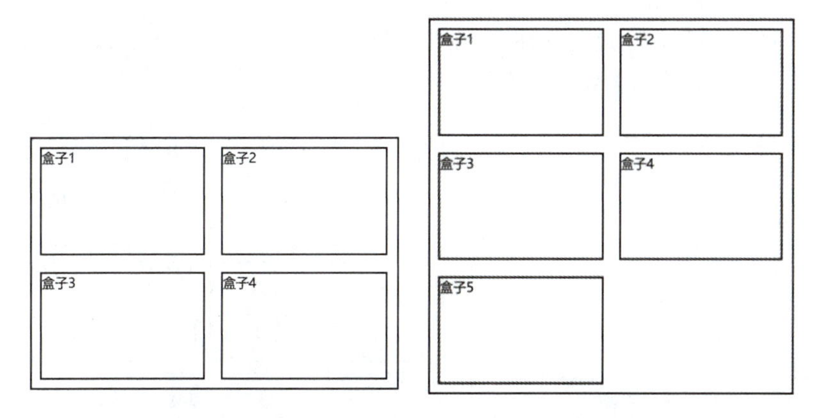

图 7-25　主轴为行时高度自动扩展的弹性盒

但是，在主轴为列的情况下，如果固定弹性容器的高度，将其宽度设为默认值 auto，则弹性盒的宽度由父级元素的宽度决定，子元素的排列分布受到弹性容器的宽度限制。

【例 7-7】固定弹性容器高度，查看内部子元素的排列情况。

在弹性容器没有设定固定宽度的情况下，如果子元素宽度固定，可换行，则弹性盒的宽度不会随着子元素数量的增加而扩展，而是由父级盒子的宽度决定。向 HTML 文档中写入如下代码：

```
<!DOCTYPE html>
<html>
    <head>
        <meta charset="utf-8">
        <title></title>
        <style>
            .flex-container{
             display:flex;
             flex-direction:column;
             flex-wrap:wrap;
             height:300px;
             border:2px solid;
          }
          .flex-item{
             width:200px;
             height:125px;
             margin:10px;
             border:2px solid;
          }
        </style>
    </head>
    <body>
        <div class="flex-container">
             <div class="flex-item">盒子 1</div>
             <div class="flex-item">盒子 2</div>
             <div class="flex-item">盒子 3</div>
             <div class="flex-item">盒子 4</div>
             <div class="flex-item">盒子 5</div>
        </div>
    </body>
</html>
```

页面效果如图 7-26 所示，此时弹性容器的宽度与浏览器或者父级盒子的宽度有关，如果容器宽度过小，则有可能无法全部容纳所有的子元素。

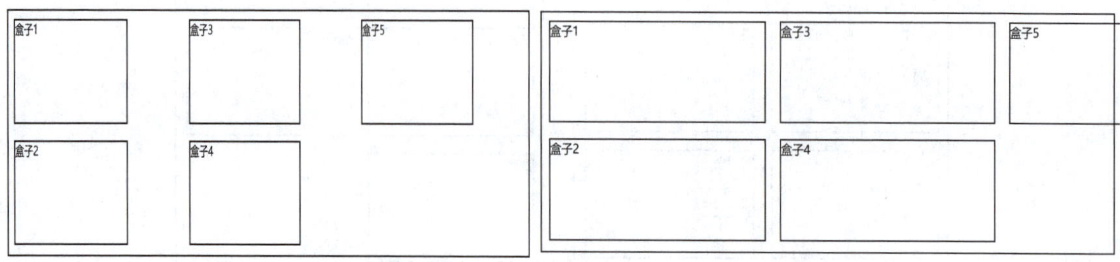

（a）容器宽度足够的情况　　（b）容器宽度不够的情况

图 7-26　主轴为列时弹性容器高度固定后子元素的分布

（3）wrap-reverse: 设置弹性盒对象的子元素在父容器中的位置，水平或者垂直逆序分布并靠在父容器的右侧或者下侧。读者可以自己试一下效果。

3. flex-flow属性

flex-flow 属性是 flex-direction 属性和 flex-wrap 属性的简写形式，默认值为 row nowrap，两个属性值中间以空格间隔。其基本语法格式如下：

```
flex-container {flex-flow: <flex-direction> <flex-wrap>;}
```

4. justify-content属性

justify-content 用于设置弹性盒子元素在主轴（横轴）方向上的对齐方式，对齐方式分别有轴的正方向对齐、轴的反方向对齐、基于行内轴的中心对齐等。具体属性值见表 7-3。

表 7-3　justify-content 的属性值

值	描　述
flex-start	默认值，项目位于容器的头部
flex-end	项目位于容器的尾部
center	项目位于容器的中心
space-between	项目位于各行之间留有空白的容器内
space-around	项目位于各行之前、之间、之后都留有空白的容器内

给子元素添加 justify-content 的各种属性值。

```
.flex-item{justify-content:flex-start|flex-end|center|space-between|
        space-around }
```

取不同值的显示效果如图 7-27 所示。

参考代码如下：

```
<body>
    <div class="flex-container">
        <div class="flex-item">盒子 1</div>
        <div class="flex-item">盒子 2</div>
        <div class="flex-item">盒子 3</div>
    </div>
</body>
```

CSS 样式如下：

```
<style type= "text/css">
        .flex-container{
            display:flex;
            flex-direction:row;
            flex-wrap:nowrap;
            width:450px;
            border:2px solid;
            justify-content:flex-start;
            }
        .flex-item{
```

```
        width:100px;
        height:125px;
        margin:10px;
        border:1px solid;
    }
</style>
```

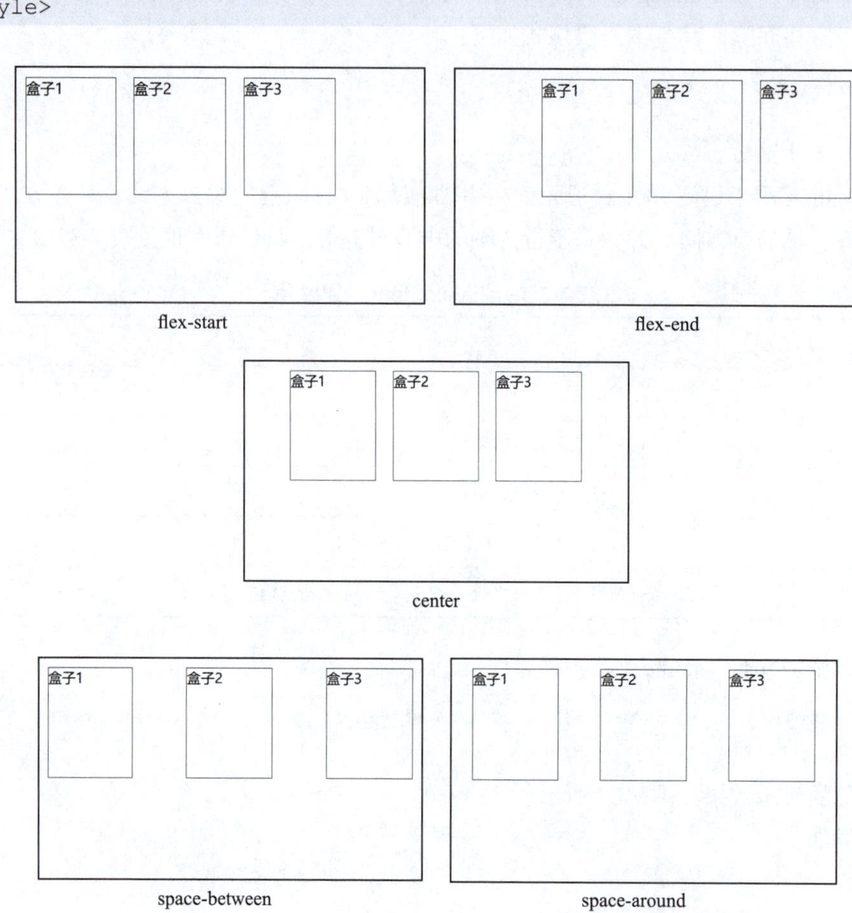

图 7-27　弹性盒子元素在水平方向上的对齐方式

5．align-items 属性

align-items 属性用于设置弹性盒子元素在交叉轴（默认垂直方向）上的对齐方式，适用于子元素排列为单行的情况。表 7-4 所示为 align-items 属性的取值及其描述。

表 7-4　align-items 的属性值

值	描　述
stretch	默认值，项目被拉伸以适应容器
center	项目位于容器的中心
flex-start	项目位于容器的头部
flex-end	项目位于容器的尾部
baseline	项目位于容器的基线上

下面以默认主轴为行的情况进行说明。

给子元素添加 align-items 的各种属性值，代码如下：

```
.flex-item{ align-items:stretch|center|flex-start|flex-end|baseline }
```

取不同值的显示效果如图 7-28 所示。

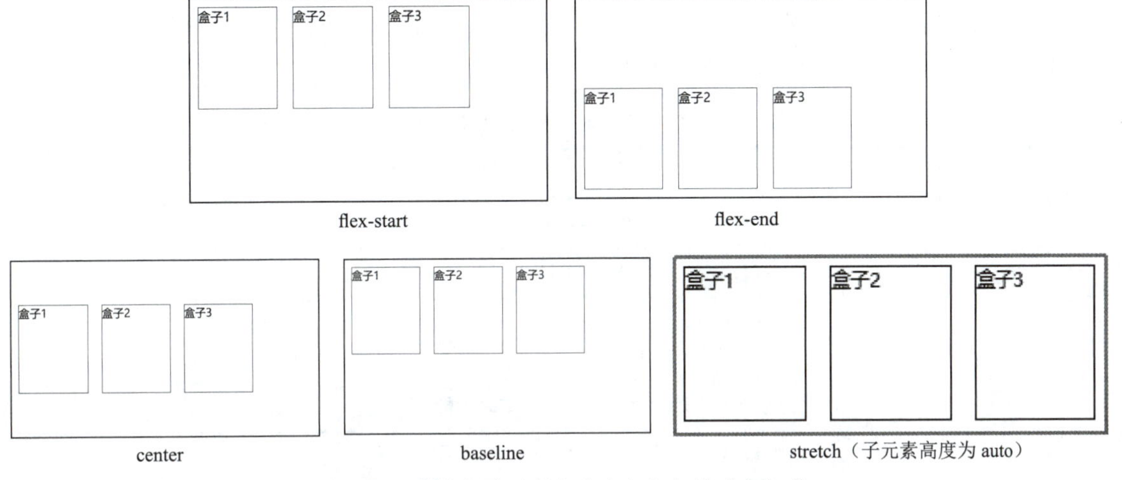

图 7-28　弹性盒子元素在垂直方向上的对齐方式

向 HTML 文档中写入如下代码：

```
<!DOCTYPE html>
<html>
    <head>
        <meta charset="utf-8">
        <title></title>
        <style>
            .flex-container{
                display:flex;
                flex-direction:row;
                width:450px;
                height:250px;
                border:2px solid;
                align-items:flex-start;
            }
            .flex-item{
                width:100px;
                height:125px;
                margin:10px;
                border:1px solid;
            }
        </style>
    </head>
    <body>
        <div class="flex-container">
            <div class="flex-item">盒子 1</div>
            <div class="flex-item">盒子 2</div>
```

```
            <div class="flex-item">盒子 3</div>
        </div>
    </body>
</html>
```

四、弹性子元素的属性

有一些样式属性是应用在弹性子元素上的，如 order、flex-grow 等，它们用于单独设置某个子元素的外观。弹性子元素的常用属性见表 7-5。

表 7-5 弹性子元素的常用属性

属　性	描　述
order	设置弹性盒的子元素排列顺序
flex-grow	设置或检索弹性盒的子元素的扩展比例
flex-shrink	指定了 flex 元素的收缩规则，flex 元素仅在默认宽度之和大于容器时才会收缩，其收缩的大小依据 flex-shrink 的值
flex-basis	用于设置或检索弹性盒的子元素收缩的基准值
flex	设置弹性盒的子元素如何分配空间
align-self	在弹性盒的子元素上使用，覆盖容器的 align-items 属性

1. order

order 属性允许对弹性容器内的弹性子元素重新排序。使用 order 属性可以把一个弹性子元素从一个位置移到另一个位置，就像操作可排序的列表那样，但是 HTML 源代码中的弹性子元素的位置是不用改动的。

在默认情况下，所有弹性子元素的 order 值都是 0。它可以是负值，也可以是正值，浏览器根据 order 属性的数字值，从最低到最高重新排序。

在【例 7-5】的五个盒子中，设置盒子 5 的 order 值为 -1，添加样式如下：

```
.flex-item:nth-child(5){order:-1;}
```

盒子 5 根据 order 值由小到大的规则，排列到最前面，如图 7-29 所示。

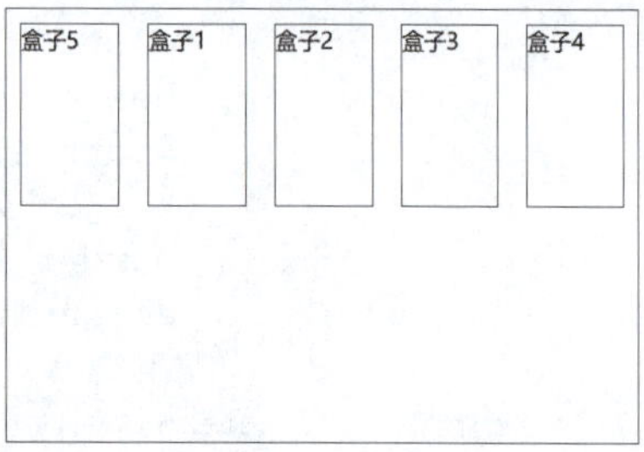

图 7-29　主轴为列时弹性容器高度固定后子元素的分布

2. flex-grow

flex-grow 属性定义项目的放大比例，默认值为 0，表示即使存在剩余空间，也不放大。如果所有项目的 flex-grow 属性的值都为 1，那么它们将等分剩余空间。如果一个项目的 flex-grow 属性的值为 2，其他项目都为 1，那么前者占据的剩余空间将比其他项多一倍。

3. flex-shrink

flex-shrink 属性定义项目的缩小比例，默认值为 1，即如果空间不足，则该项目将缩小。如果所有项目的 flex-shrink 属性的值都为 1，则在空间不足的时候，它们将同步缩小。如果一个项目的 flex-shrink 属性的值为 0，其他项目都为 1，那么前者将始终保持原始大小。

对于【例 7-5】的五个盒子，添加如下样式，显示效果如图 7-30 所示。

```
.flex-item:nth-child(3)
    {flex-grow:1;
    flex-shrink:0;}
```

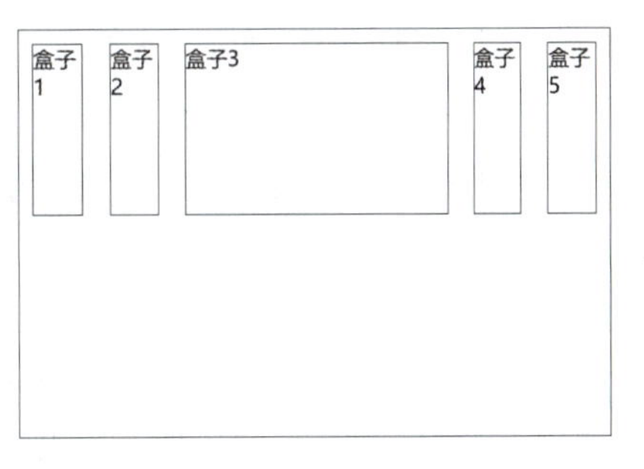

图 7-30 flex-grow 和 flex-shrink 属性对弹性

可以看出，在容器宽度足够的情况下，第三个子元素放大，填满弹性容器剩余空间；但是如果容器宽度不足，则其他盒子同步缩小，而第三个子元素仍然保持原来的尺寸。

4．flex-basis

flex-basis 属性定义了在分配多余空间之前，子元素占据的主轴空间。浏览器根据这个属性计算主轴是否有多余空间。它的默认值为 auto，即项目的本来大小。当然，width 也可以用来设置元素的宽度，如果元素上同时设置了 width 和 flex-basis，那么 flex-basis 会覆盖 width 的值。

5．flex

flex 属性是 flex-grow、flex-shrink 和 flex-basis 的简写，默认值为 0 1 auto。后两个属性可省略。该属性有两个快捷值 :auto(1 1 auto) 和 none (0 0 auto)。

```
.flex-item(flex: auto;}
```

等价于如下形式：

```
.flex-item{flex-grow:1;flex-shrink:1;flex-basis:auto;}
```

此时，所有子元素都跟随弹性容器的大小缩放。

```
.flex-item{flex:none;}
```

等价于如下形式：

```
.flex-item(flex-grow:0;flex-shrink:0;flex-basis:auto;}
```

此时，所有子元素都保持原本的大小，不随着弹性容器的大小缩放。

6．align-self

align-self 属性允许单个子元素有与其他子元素不一样的对齐方式，可覆盖弹性容器的 align-items 属性。align-self 的默认值为 auto，表示继承父元素的 align-items 属性，如果没有父元素，则等同于 stretch。

由于本任务中弹性子元素属性应用不多，所以部分属性在此不展开详述，感兴趣的读者可以自行查阅相关资料。

提示：弹性盒子是 CSS3 的一种新布局模式，当页面需要适应不同的屏幕大小以及设备类型时，即响应式页面布局时，为确保元素拥有恰当的行为，可以使用弹性盒布局方式。

五、弹性盒的应用

弹性盒的出现解决了早期 CSS 的一些难题，如垂直居中、多列等高和自适应列宽等问题，在一些小规模的页面布局中经常使用，在移动端网站开发中使用起来也很灵活。

1. 垂直居中

单纯使用 CSS 设置块级元素在父级盒子中垂直居中非常麻烦，需要人工计算上下边距，而且经常计算得不准确。弹性盒的 justify-content 和 align-items 属性可以很方便地设置子元素在主轴和交叉轴两个方向上的对齐方式。

【例 7-8】弹性盒布局实现块级元素垂直居中。父级容器中有两个子元素，分别对其设置样式。

向 HTML 文档中写入如下代码：

```
<!DOCTYPE html>
  <html>
      <head>
          <meta charset="utf-8">
          <title>垂直水平居中</title>
          <style type="text/css">
              .flex-container{
                  height:300px;
                  border:1px solid;
                  display:flex;
                  justify-content:center;
                  align-items:center;
                  }
              .flex-item{
                  width:100px;
                  height:100px;
                  border:1px solid;
                  }
          </style>
      </head>
      <body>
          <div class="flex-container">
              <div class="flex-item">盒子 1</div>
              <div class="flex-item">盒子 2</div>
          </div>
      </body>
</html>
```

运行代码，页面效果如图 7-31 所示。

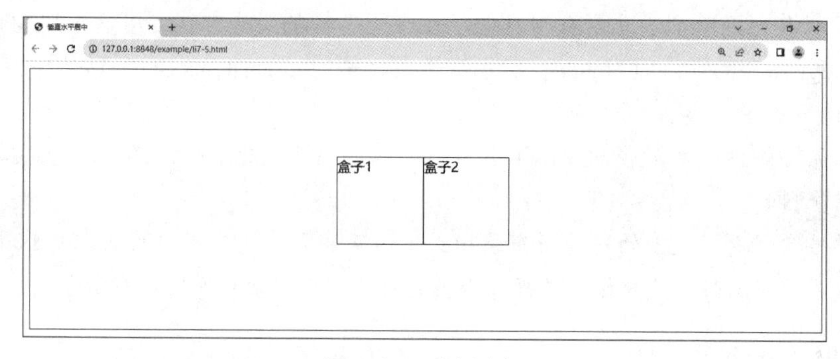

图 7-31　垂直居中

2. 多列等高

在多列式页面布局中，要保证水平排列的多个栏目高度是相等的，但是往往它们的高度不是固定值，而是由内容的多少来决定，这在传统的 CSS 中做起来非常不方便。弹性盒布局就很好地解决了这个问题。

【例 7-9】弹性盒布局实现多列等高。父级容器中有三个子元素，分别对其设置样式。

向 HTML 文档中写入如下代码：

```
<!DOCTYPE html>
  <html>
    <head>
        <meta charset="utf-8">
        <title> 多列等高 </title>
        <style>
            .flex-container{
              display:flex;
              border:2px solid;
              }
            .flex-item{
              background:cyan;
              margin:0 6px;
              border:1px solid;
              }
            .left{width:30%;}
            .mid{width:50%;}
            .right{width:20%;}
        </style>
    </head>
    <body>
            <div class="flex-container">
                <div class="flex-item left"> 盒子 1《老人与海》是海明威于 1951 年在古巴写的一篇中篇小说，于 1952 年出版。是海明威著名的作品之一。它围绕一位老年古巴渔夫，与一条巨大的马林鱼在离岸很远的湾流中搏斗而展开故事的讲述。它奠定了海明威在世界文学中的突出地位，这篇小说相继获得了 1953 年美国普利策奖和 1954 年诺贝尔文学奖。</div>
            <div class="flex-item mid"> 盒子 2</div>
            <div class="flex-item right"> 盒子 3</div>
            </div>
    </body>
</html>
```

在以上代码中，弹性容器的三个子元素无论内容是多少，都以内容最多的盒子为准，保持三者等高，如图 7-32 所示，这在页面布局中使用起来非常方便。

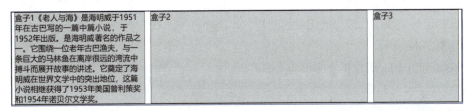

图 7-32　多列等高

3. 自适应列宽

很多网站为了保证在不同的移动终端上都能兼容网页效果，经常会使用一些自适应宽度的栏目，即某一列的列宽会随着窗口宽度的变化而变化。

【例 7-10】弹性盒布局实现自适应列宽。父级容器中有两个子元素分别代表不同的栏目模块。向 HTML 文档中写入如下代码：

```
<!DOCTYPE html>
  <html>
       <head>
            <meta charset="utf-8">
            <title> 自适应列宽 </title>
            <style type="text/css">
                 .container{
                      display:flex;
                      }
                 /* 左侧定宽高，右侧设置自适应的元素 */
                 .left{width:180px; height:200px;border:1px solid;}
                 .right {flex:1; border:1px solid;}
            </style>
       </head>
       <body>
            <div class="container">
                 <div class="left"> 左 </div>
                 <div class="right"> 右 </div>
            </div>
       </body>
  </html>
```

在以上的代码中，左侧列宽固定，右侧列宽随着浏览器窗口的大小变化而变化，如图 7-33 所示。

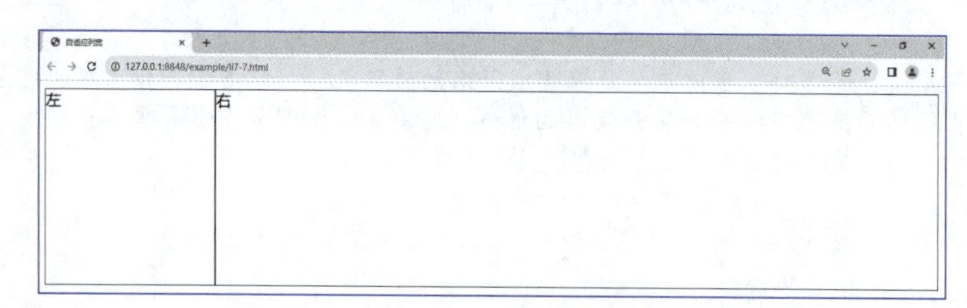

图 7-33　自适应列宽

【项目实践】

运用弹性盒布局设置二级导航子元素

之前我们已经完成了二级导航菜单的架构，本次项目实践只需把子元素放到弹性容器中即可，页面效果如图 7-34 所示。

（1）在 body 中的一级菜单下添加如下内容。

```
<li><a href="#"> 新鲜水果 </a><span>></span>
  <div class="submenu">
    <ol>
```

```
<li>< img src="img01/menu/g1.png" ><span> 火龙果 </span></li>
<li>< img src="img01/menu/g1.png" ><span> 火龙果 </span></li>
<li>< img src="img01/menu/g1.png" ><span> 火龙果 </span></li>
```

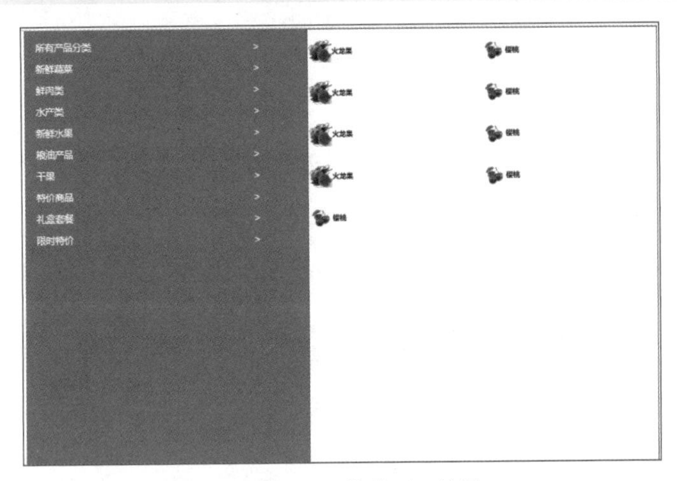

图 7-34　二级菜单页面效果

```
    <li>< img src="img01/menu/g1.png" ><span> 火龙果 </span></li>
    <li>< img src="img01/menu/g1.png" ><span> 樱桃 </span></li>
    <li>< img src="img01/menu/g2.png"><span> 樱桃 </span></li>
    <li>< img src="img01/menu/g2.png" ><span> 樱桃 </span></li>
    <li>< img src="img01/menu/g2.png"><span> 樱桃 </span></li>
    <li>< img src="img01/menu/g2.png><span> 樱桃 </span></li>
  </ol>
 </div>
</li>
```

（2）添加对应的 CSS 样式。

```
.banner_1 .submenu{
      width:600px;
      background:#fff;
      position:absolute;
      left:1008; top:0;
      bottom:0;
      display:none;}
/* 二级导航 */
.banner_1 ol{
      background:#fff;
      list-style-type:none;
      font-size:12px;
      display:flex;
      flex-direction:column;/* 设置子元素在父容器中由上向下排列 */
      width:auto;
      height:400px;
      flex-wrap:wrap;}
.banner_1 ul>li:hover .submenu{
      display:block;}
.submenu{
```

```
        display:block;}
.banner_1 ol>li{
        background:#fff;
        height:70px;
        width:200px;
        line-height:70px;
        flex-grow:0;
        flex-shrink:0;}
.banner_1 ol span(
        font-size:10px;color:#000;}
.banner_1 ol img{
        vertical-align:middle; width:20%;}
.banner_r img{
        width:100%; display:block;
    }
```

【小　结】

本项目学习了列表及其样式属性的用法，列表经常用于展示条目类信息、图文混排信息，以及导航菜单等。列表灵活嵌套还可实现多级导航菜单，尤其是要深入理解绝对定位和相对定位的用法，只有灵活运用才能制作出样式多变的多级导航。

与之前的浮动布局、流式布局、定位布局等相比，弹性盒布局不仅可以更加方便地对一个容器中的子元素进行排列、对齐和分配空白空间等操作，还可以通过属性很方便地控制弹性容器的子元素在行或者列上排列，这样既可以增加子元素的尺寸以填满未使用的空间，也可以收缩子元素的尺寸以避免溢出父元素。弹性盒布局和网格布局在现代网站中应用非常广泛。

【课后习题】

一、判断题

1. 无序列表的各个列表项之间，虽然没有顺序级别之分，但是存在主从关系。（　　）
2. 在 HTML 中，<ul></ul> 标签可以用于定义有序列表。（　　）
3. 如果不设置 list-style-position 属性，列表项目符号默认位于列表文本以内。（　　）
4. 在 CSS 的列表样式属性中，使用 list-style 复合属性可以综合设置列表样式。（　　）

二、选择题

1. 关于无序列表的描述，下列说法正确的是（　　）。
   A. 无序列表的各个列表项之间没有顺序级别之分
   B. 无序列表使用 <ul> 标签表示
   C. 无序列表使用 <ol> 标签表示
   D. 无序列表使用 <dl> 标签表示
2. 下列代码中，能够将列表项目符号设置为大写英文字母的是（　　）。
   A. ul{ list-style-type: lower-alpha;}
   B. ol{ list-style-type: lower-alpha;}
   C. ul{ list-style-type: upper-alpha;}
   D. ol{ list-style-type: upper-alpha;}

3. 关于 list-style-image 属性，下列说法正确的是（　　）。

A. list-style-image 属性可以为各个列表项设置列表项目图像

B. list-style-image 属性用于控制列表项显示符号的类型

C. list-style-image 属性只可以为无序列表的列表项设置项目图像

D. list-style-image 属性只可以为有序列表的列表项设置项目图像

4. 关于弹性盒布局和网格布局，下列说法中不正确的是（　　）。

A. 网格布局与弹性盒布局有一定的相似性，都可以指定容器内部多个项目的位置

B. 弹性盒布局是轴线布局，只能指定“项目”针对轴线的位置，可以看作一维布局

C. 网格布局是将容器划分成“行”和“列”，产生“单元格”，然后指定子项目所在的“单元格”，可以看作二维布局

D. 弹性盒布局可以同时操作行和列

5. 在弹性盒布局中，能够指定弹性容器中子元素的排列方式的样式是（　　）。

A. flex-direction　　B. flex-wrap

C. flex-flow　　D. align-items

6. 在弹性盒布局中，能够设置弹性盒的子元素超出父容器时是否换行或列的样式是（　　）。

A. flex-direction　　B. flex-wrap　　C. flex-flow　　D. align-items

7. 在弹性盒布局中，哪个属性定义了项目的缩小比例，默认值为 1，即如果空间不足，则该子项目将缩小？（　　）

A. flex-shrink　　B. flex-grow　　C. order　　D. flex-basis

三、简答题

1. 请简要描述定义列表的语法格式，并解释说明。

2. 请解释 CSS3 的弹性盒布局模型及其适用场景。

3. 弹性盒布局和网格布局有什么不同？

项目八　网页中应用表格、表单元素

【情境导入】

乔明终于完成了所有的导航菜单，下面要继续完善网上商城首页的其他模块了。前端工程师告诉他，在HTML中用于组织和展示数据的标签除了前面学过的列表之外，还有表格与表单。表格经常用于对数据或信息进行统计和展示，在一些网站中，对于行列比较清晰的部分，还可以使用表格进行页面元素的布局排版。而表单的出现使网页从单向的信息传递发展到能够与用户进行交互对话，实现搜索引擎页面、用户登录页面、用户注册页等多种功能，表单在网页中主要实现数据采集功能。

任务一　网页中表格元素的应用

【任务提出】

在日常生活中，为了清晰地表示数据或信息，通常使用表格对数据或信息进行统计和展示，同样在制作网页时，为了使网页中的元素有条理地显示，也需要使用表格对页面信息进行规划和展示。本任务选取了两个适宜使用表格元素的场景进行学习，分别是通过表格展示数据和通过表格进行小范围的页面布局。

【学习目标】

知识目标

- 掌握表格的基本用法和可选属性。
- 掌握控制表格的各种样式。

技能目标

- 能够使用合适的表格进行页面数据展示。
- 能够根据需要使用表格进行页面局部布局。

素养目标

- 培养精益求精的工匠精神。

【相关知识】

表格主要用于统计或展示信息，也可用于局部小范围的排版。虽然现在网站开发中较少使用表格元素，但是表格有一些特殊的功能和属性，使用得当往往会产生意想不到的效果。

一、创建表格

表格是一个整体结构，每个表格均有若干行，每行被分割为若干单元格。即使一个表格只有一个单元格，也有表格、行、单元格的完整结构。

1. 创建表格的基本语法

HTML 中的表格由 <table> 标签定义，每个表格均有若干行，行由 <tr> 标签定义，每行被分割为若干单元格，单元格由 <td> 标签定义。字母 td 是指表格数据，即数据单元格的内容，可以包含文本、图片、列表、段落、表单、水平线、表格等多种元素。创建表格的基本语法格式如下：

```
<table>
    <tr>
        <td> 单元格内容 </td>
            ……
        </tr>
    ……
</table>
```

上面的语法中包含三对 HTML 标签分别为 <table></table>、<tr></tr>、<td></td>，它们是创建表格的基本标签，缺一不可，具体含义如下：

<table></table>: 用于定义一个表格。

<tr></tr>: 用于定义表格中的一行，必须嵌套在 <table> 和 </table> 标签之间，在 <table></table> 中包含几对 <tr></tr>，就表示该表格有几行。

<td></td>: 用于定义表格中的单元格，必须嵌套在 <tr> 和 </tr> 标签之间，一对 <tr></tr> 中包含几对 <td></td>，就表示该行中有多少列。

有时，为了突出表头，还会使用 <th> 标签来定义表格内的表头单元格。<th> 是双标签，其内部的文本通常会呈现为居中的粗体文本，而 <td> 元素内的文本通常是左对齐的普通文本。

还可以使用 <caption></caption> 标签为表格添加标题，<caption> 标签必须紧随 <table> 之后，每个表格只能定义一个标题，其会居中显示于表格之上。

【例 8-1】制作学生成绩单表格。

主要代码如下：

```
<table >
  <tr>
    <th> 学生名称 </th>
    <th> 竞赛学科 </th>
    <th> 分数 </th>
  </tr>
  <tr>
    <td> 小明 </td>
    <td> 数学 </td>
    <td>87</td>
  </tr>
  <tr>
    <td> 小李 </td>
    <td> 英语 </td>
    <td>86</td>
```

```
    </tr>
    <tr>
      <td>小萌</td>
      <td>物理</td>
      <td>72</td>
    </tr>
</table>
```

以上表格共三行三列，其中第一行单元格内容加粗居中，为表头，如图 8-1 所示。可以看出，HTML 中默认表格没有边框，只是将信息按照表格的行列来展示，表格的外观还需要由具体的属性来定义。

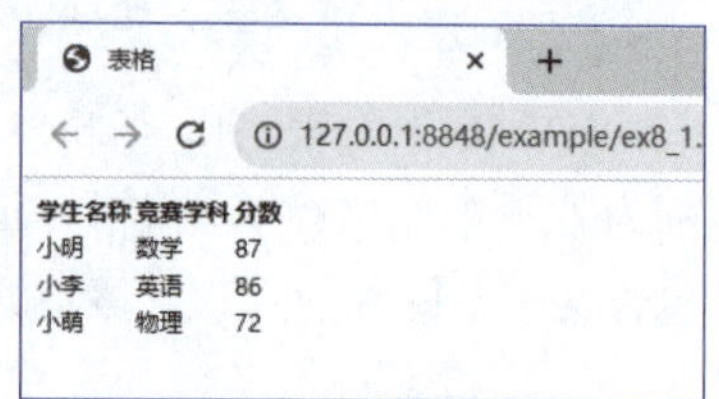

图 8-1　默认表格效果

2. 表格的可选标签属性

大多数 HTML 标签都有相应的标签属性，用于为元素提供更多的信息，但是在 Web 标准下，更加倾向于让结构和表现相分离，所以更多地使用 CSS 样式属性设置页面元素的表现特征，标签属性用得少一些，对于 <table>、<tr>、<td> 等标签也不例外。

1）<table> 标签的属性

有些表格属性可以快速改变表格的外观效果，在某些场合下使用效率比较高，具体介绍如下：

（1）border 属性：在 <table> 标签中，border 属性用于设置表格的边框，默认值为 0，如果 border=1，则表示表格边框的粗细为 1px。

（2）cellspacing 属性：用于设置单元格之间的空白间距，默认为 2px。

（3）cellpadding 属性：用于设置单元格内容与单元格边框之间的空白间距，默认为 1px。

（4）width 与 height 属性：默认情况下，表格的宽度和高度靠其自身的内容来支撑，可以设置其大小。

（5）align 属性：用于定义表格的水平对齐方式，其可选属性值为 left、center、right，但不赞成使用该属性，推荐使用样式 margin:0 auto; 代替。

（6）bgcolor 属性：用于设置表格的背景颜色，但不赞成使用该属性，推荐使用样式 background-color 代替。

【例 8-1】中的默认表格没有边框，可以为 table 标签增加 border 属性。

```
<table border="1">…</table>
```

页面效果如图 8-2 所示。

观察图 8-2 后可以发现表格的边框很宽，而且为双线样式，这是由于 <td> 之间有间隙。只需要修改表格的 cellspacing 属性即可改为单线样式。

```
<table border="1" cellspacing="0">…</table>
```

页面效果如图 8-3 所示。

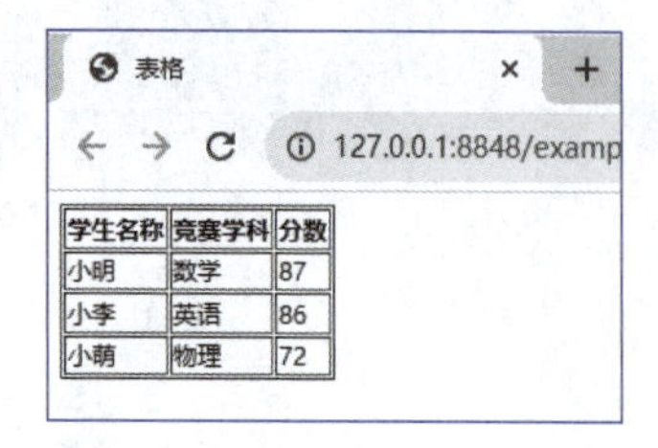

图 8-2　“border=1”表格效果

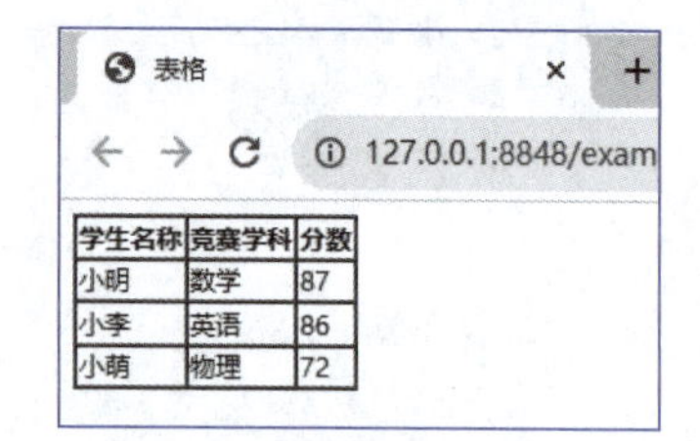

图 8-3　“cellspacing=0”表格效果

但是，此时表格边框的宽度明显比我们设置的 1px 要大。这是为什么呢？因为 <td> 之间的边框没有重合，所以我们看到的边框是 2px 的宽度。使用 CSS 样式可以实现细线表格边框的效果，在下文中将具体讲述。

2）<tr> 标签的属性

通过对 <table> 标签应用各种属性，可以控制表格的整体显示样式，但是制作网页时，有时需要让表格中的某一行特殊显示，这时就可以为行标签 <tr> 定义属性，其常用属性如下：

（1）height: 设置行高度，常用属性值为像素值。

（2）align: 设置一行内容的水平对齐方式，常用属性值为 left、center、right。

（3）valign: 设置一行内容的垂直对齐方式，常用属性值为 top、middle、bottom。

（4）bgcolor: 设置行背景颜色，常用属性值为预定义的颜色值、# 十六进制值、rgb(r、g、b)。下面通过具体案例来应用行标签 <tr> 的常用属性效果。

【例 8-2】制作学生信息表。

主要代码如下：

```
<table border="1" width="400" height="240" align="center">
<tr height="80" align="center" valign="middle" bgcolor="yellow">
     <td> 姓名 </td>
     <td> 性别 </td>
     <td> 电话 </td>
     <td> 住址 </td>
</tr>
<tr>
     <td> 张姗 </td>
     <td> 女 </td>
     <td>13051751777</td>
     <td> 北京 </td>
</tr>
</table>
```

运行完整的案例代码，效果如图 8-4 所示。

姓名	性别	电话	住址
张姗	女	13051751777	北京

图 8-4　学生信息表

在以上代码中，通过 <tr> 的 height 属性设置了该行的高度，但是因为表格是一个整体，所以不能单独对某一行设置宽度。align 属性设置了该行内容的水平对齐方式，valign 属性设置了垂直对齐方式，bgcolor 设置了该行的背景颜色。以上属性都可以使用相应的 CSS 样式代替。

3）<td> 标签的属性

可以为单独的某个单元格 <td> 设置属性，具体属性如下：

（1）width: 设置单元格的宽度，常用属性值为像素值。

（2）height: 设置单元格的高度，常用属性值为像素值。

（3）align: 设置单元格内容的水平对齐方式，常用属性值为 left、center、right。

（4）valign: 设置单元格内容的垂直对齐方式，常用属性值为 top、middle、bottom。

（5）bgcolor: 设置单元格的背景颜色，常用属性值为定义的颜色值、# 十六进制值、rgb(r,g,b)。

（6）colspan: 设置单元格横跨的列数（用于合并水平方向的单元格），常用属性值为正整数。

（7）rowspan: 设置单元格竖跨的行数（用于合并竖直方向的单元格），常用属性值为正整数。与 <tr> 标签不同的是，<td> 标签可以应用 width 属性，用于指定单元格的宽度；同时 <td> 标签还拥有 colspan 和 rowspan 属性，用于对单元格进行合并。下面通过一个具体的表格案例说明单元格的合并方式。

【例 8-3】单元格的合并。

向 HTML 文档中写入如下代码：

```
<!DOCTYPE html>
    <html>
        <head>
        <meta charset="utf-8">
            <title> 个人简历 </title>
            </head>
    <body>
        <table border="1" cellspacing="0" cellpadding="0" width="200">
            <caption> 个人简介 </caption>
            <tr height="50">
                <td width="40"> 姓名 </td>
                <td width="60"></td>
                <td rowspan="3" width="100"> 照片 </td>
            </tr>
            <tr height="50">
                <td> 年龄 </td>
                <td></td>
            </tr>
            <tr height="50">
                <td> 性别 </td>
                <td></td>
            </tr>
            <tr height="80">
            <td colspan="3" align="left" valign="top"> 个人简介:</td>
            </tr>
        </table>
    </body>
    </html>
```

运行完整的案例代码，效果如图 8-5 所示。

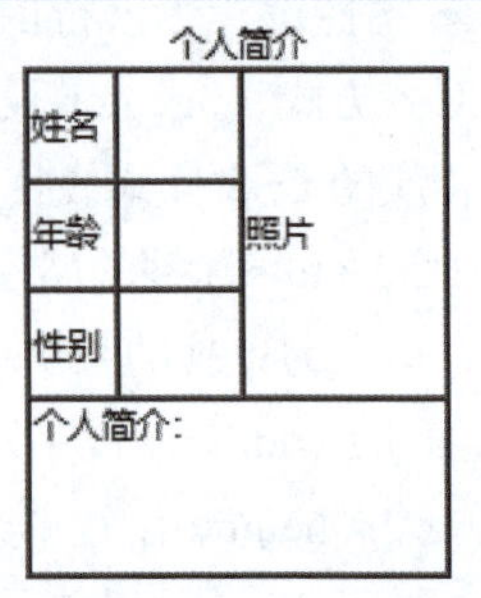

图 8-5 合并单元格效果

二、CSS控制表格样式

表格的标签属性虽然用起来很方便，但是更多的时候倾向于使用 CSS 来控制表格的外观，这样做也更加符合 Web 标准，尤其是表格还有其独有的样式属性，如 border-collapse 等。

1. CSS控制表格边框样式

可以使用边框样式属性 border 为表格设置边框，但是要特别注意这里设置的只是表格元素整体的边框，单元格的边框还需要单独设置：例如，对例 8-1 的学生名单表格定义 CSS 样式，具体代码如下：

```
<style type="text/css">
   table{
      width:280px; height:160px;
      border:1px solid;
</style>
```

运行完整的案例代码，效果如图 8-6 所示。

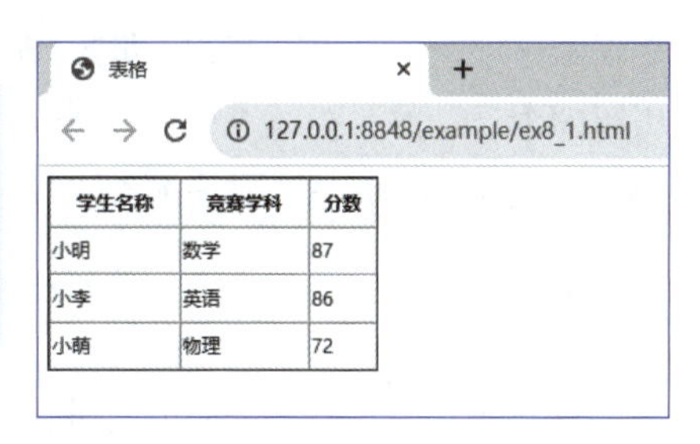

表格
127.0.0.1:8848/example/ex8_1.html
学生名称
竞赛学科
分数
小明
数学
87
小李
英语
86
小萌
物理
72

图 8-6　为表格添加边框样式

继续为单元格设置相应的边框样式，具体代码如下：

```
td,th{border:1px solid;}          /* 为单元格单独设置边框样式 */
```

保存 HTML 文件，刷新网页，效果如图 8-7 所示。

去掉单元格之间的空白距离，制作细线边框效果，具体代码如下：

```
table{
    width:280px; height:160px;
    border:1px solid;   /* 设置 table 的边框 */
    border-collapse:collapse;/* 边框合并 */
}
```

保存 HTML 文件，刷新网页，效果如图 8-8 所示。

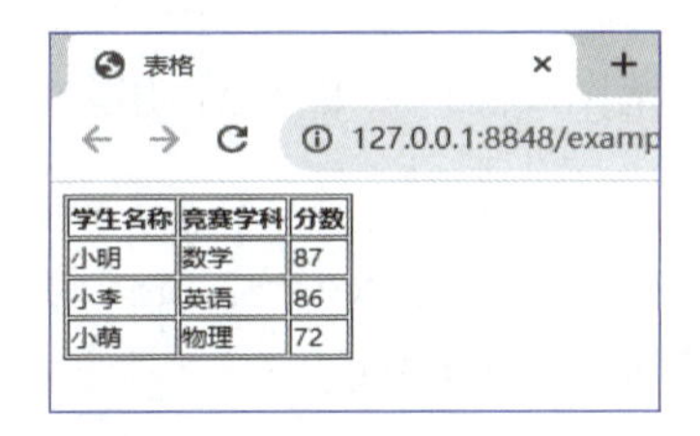

图 8-7　为单元格添加边框样式

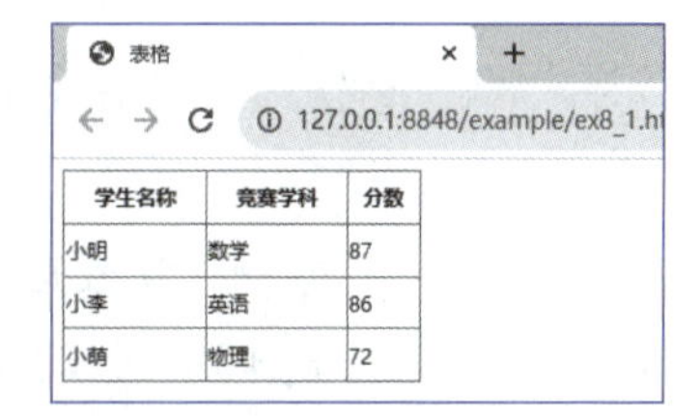

图 8-8　合并边框

样式属性 border-collapse 用来设置表格的边框是否合并为一个单一的边框。该属性默认取值为 separate，表示边框会被分开；取值为 collapse 时，表示表格边框会合并为单独的一条。

2．CSS控制单元格间距

默认情况下，单元格的宽高是由单元格自身的内容来决定的，对单元格设置内边距 padding 样式，同样可以调整单元格内容和边框之间的距离。

仍然以例 8-1 为基础，在学生名单表格上添加如下样式：

```
<style type="text/css">
   table{
        border:1px solid;
        border-collapse:collapse;}
   th,td{
        border:1px solid;
        padding:20px 30px;}
</style>
```

运行完整的案例代码，效果如图 8-9 所示。需要注意的是，对单元格设置 margin 无效。

表格还有一个独有的样式 border-spacing，它可以方便地设置相邻单元格边框之间的距离，但是仅限于“边框分离”模式，即 border-collapse 取默认值 separate 时有效，否则这个属性将被忽略。用法如下：

```
border-spacing:length;
```

示例如下：

```
table{border-collapse:separate; border-spacing:50px 40px;}
th,td{border:1px solid;}
```

运行结果如图 8-10 所示。

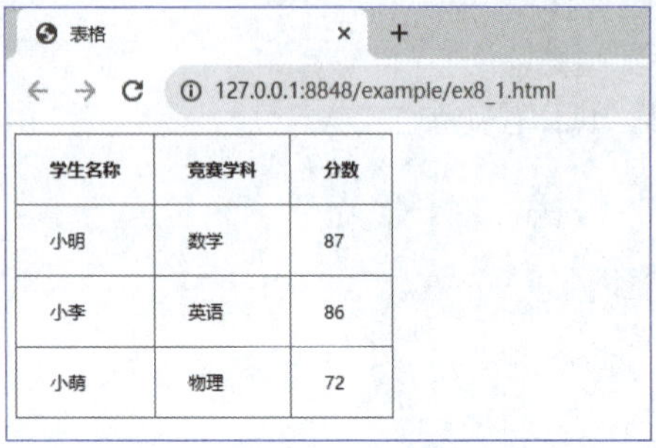

表格
127.0.0.1:8848/example/ex8_1.html
学生名称
竞赛学科
分数
小明
数学
87
小李
英语
86
小萌
物理
72

图 8-9　使用 padding 调整单元格间距

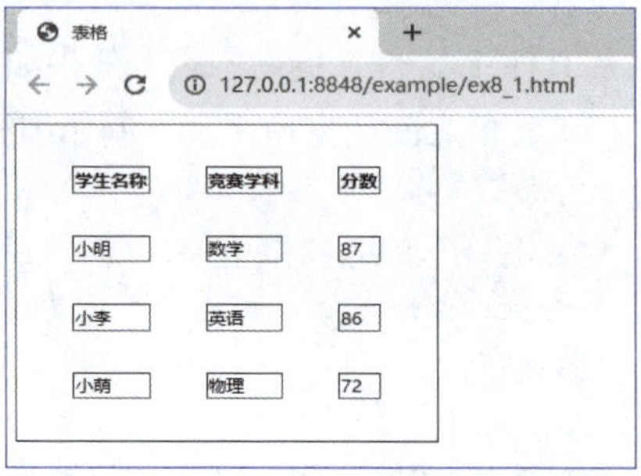

表格
127.0.0.1:8848/example/ex8_1.html
学生名称
竞赛学科
分数
小明
数学
87
小李
英语
86
小萌
物理
72

图 8-10　使用 border-spacing 样式属性

该样式属性主要用于调整各个单元格之间的距离，在局部小范围页面排版中可以运用。

3. CSS控制单元格的宽高

表格是一个整体结构，其单元格的宽度和高度都会互相影响，所以在设置 <tr>、<td> 等标签的宽高属性时要考虑整体和部分的关系。在例 8-1 学生名单的基础上做如下修改。

【例 8-4】改进学生名单表格。

设置 CSS 样式如下：

```
<style type="text/css">
table {border-collapse:collapse;border:1px solid #F00;
width: 300px;}
th,td{border:1px solid; }
.one{width:100px; height:60px;}          /* 定义单元格 one 的宽度与高度 */
.two{width:50px; }          /* 定义单元格 two 的宽度 */
.three{height:100px;}    /* 定义单元格 three 的高度 */
</style>
```

在 body 部分分别为第一行的三个单元格应用不同的类，代码如下：

```
<body>
    <table>
    <caption> 学生名单 </caption>
    <tr>
    <th class="one"> 姓名 </th>
    <th class="two"> 性别 </th>
    <th class="three"> 年龄 </th>
    </tr>
    <tr>
    <td> 张三 </td>
```

```
    <td> 男 </td>
    <td>18</td>
    </tr>
    <tr>
    <td> 李四 </td>
    <td> 女 </td>
    <td>19</td>
    </tr>
    </table>
</body>
```

运行完整的案例代码，效果如图 8-11 所示。

从图 8-11 中可以看出，对同一行中的单元格定义不同的高度，最终显示的高度将取其中的较大者，对同一列中的单元格定义不同的宽度时也是如此。所有单元格的宽度之和不能超出表格的整体宽度，一旦超出，则会按比例重新分配各列的宽度。

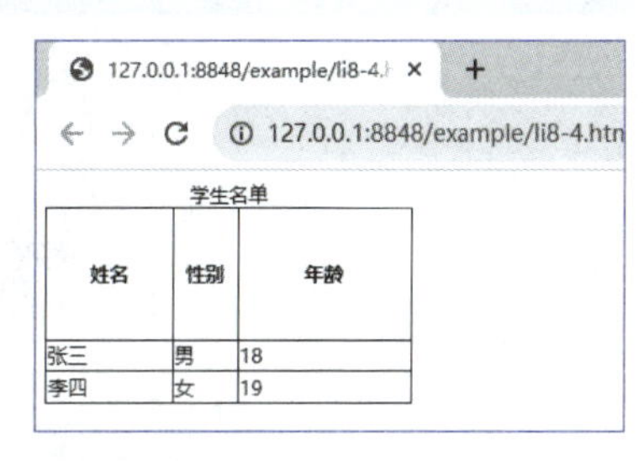

姓名	性别	年龄
张三	男	18
李四	女	19

图 8-11　CSS 样式下的学生名单表格

三、表格的应用

随着商业网站对移动设备适配的需求越来越迫切，表格在网页中的应用越来越少了，除了展示数据，有时也会用来进行小范围的布局排版。

1. 展示数据

在网页中，表格主要用来呈现二维数据，使用细线表格可以清晰地展示数据。例如，客户信息页面就是用表格将客户的信息展示出来，如图 8-12 所示。

太原的	李小姐	一站式整装包	装修监理上门水电验收	2023/08/031
太原的	李小姐	一站式整装包	装修监理上门水电验收	2023/08/031
太原的	李小姐	一站式整装包	装修监理上门水电验收	2023/08/031
太原的	李小姐	一站式整装包	装修监理上门水电验收	2023/08/031
太原的	李小姐	一站式整装包	装修监理上门水电验收	2023/08/031
太原的	李小姐	一站式整装包	装修监理上门水电验收	2023/08/031
太原的	李小姐	一站式整装包	装修监理上门水电验收	2023/08/031
太原的	李小姐	一站式整装包	装修监理上门水电验收	2023/08/031

图 8-12　客户信息表

该网页使用了单元格的合并属性，以及斑马底纹等样式。

【例 8-5】制作客户信息表。

（1）根据表格结构在 HTML 中写好行、列的结构，以及每个单元格的内容。

```
<table>
          <tr class="grayrow">
              <td> 太原的 </td>
              <td> 李小姐 </td>
              <td> 一站式整装包 </td>
```

```
        <td>装修监理上门水电验收</td>
        <td>2023/08/031</td>
    </tr>
    <tr>
        <td>太原的</td>
        <td>李小姐</td>
        <td>一站式整装包</td>
        <td>装修监理上门水电验收</td>
        <td>2023/08/031</td>
    </tr>
    <tr class="grayrow">
        <td>太原的</td>
        <td>李小姐</td>
        <td>一站式整装包</td>
        <td>装修监理上门水电验收</td>
        <td>2023/08/031</td>
    </tr>
    <tr>
        <td>太原的</td>
        <td>李小姐</td>
        <td>一站式整装包</td>
        <td>装修监理上门水电验收</td>
        <td>2023/08/031</td>
    </tr>
    <tr class="grayrow">
        <td>太原的</td>
        <td>李小姐</td>
        <td>一站式整装包</td>
        <td>装修监理上门水电验收</td>
        <td>2023/08/031</td>
    </tr>
    <tr>
        <td>太原的</td>
        <td>李小姐</td>
        <td>一站式整装包</td>
        <td>装修监理上门水电验收</td>
        <td>2023/08/031</td>
    </tr>
    <tr class="grayrow">
        <td>太原的</td>
        <td>李小姐</td>
        <td>一站式整装包</td>
        <td>装修监理上门水电验收</td>
        <td>2023/08/031</td>
    </tr>
    <tr>
        <td>太原的</td>
        <td>李小姐</td>
        <td>一站式整装包</td>
        <td>装修监理上门水电验收</td>
        <td>2023/08/031</td>
```

```
        </tr>
    </table>
```

（2）在 CSS 中写入如下样式。

```
<style type "text/css">
    table{border:0.5px solid #808080;
    border-collapse:collapse;
    margin:0 auto;}
    td{border:0.5px solid #808080;width:140px;
    height:40px;font-family:" 微软雅黑 ";
    font-size:14px;text-align:center;}
    td img{height:30px;vertical-align:middle;}
    .grayrow{background:#eee;}
</style>
```

在以上代码中由于表格采用了斑马底纹样式，所以需要给部分 <tr></tr> 定义类，设置特殊的背景色。

2. 页面布局

由于表格有结构稳定、横平竖直、对齐方便等特点，因此在早先的网页制作中经常使用表格进行页面布局。但是由于表格布局只适用于形式单调、内容简单的网页，并且页面结构调整起来很不方便，所以现在很少使用，只是偶尔在网页的局部区域使用，利用表格的行列关系，在单元格中放置合适的内容，<table>、<tr>、<td> 标签就已足够。

【项目实践】

制作招聘网页

完成如图 8-13 所示的招聘网页效果。 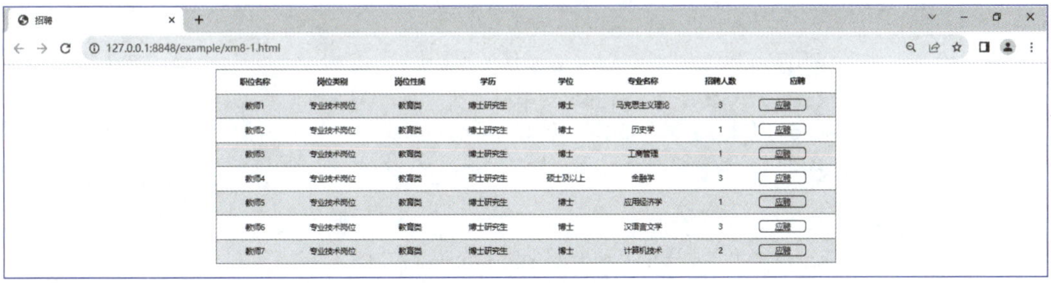

图 8-13　招聘网页

分析：这是一个简单的表格信息展示。随着鼠标指针移动到某一行，该行高亮显示。

（1）页面元素的搭建。

```
<body>
    <table>
        <tr>
            <th> 职位名称 </th><th> 岗位类别 </th>
            <th> 岗位性质 </th><th> 学历 </th>
            <th> 学位 </th><th> 专业名称 </th>
            <th> 招聘人数 </th><th> 应聘 </th>
```

```
        </tr>
        <tr>
            <td>教师 1</td><td>专业技术岗位 </td>
            <td>教育类 </td><td>博士研究生 </td>
            <td>博士 </td><td>马克思主义理论 </td>
            <td>3</td><td><a href="#">应聘 </a></td>
        </tr>
        <tr>
            <td>教师 2</td><td>专业技术岗位 </td>
            <td>教育类 </td><td>博士研究生 </td>
            <td>博士 </td><td>历史学 </td>
            <td>1</td><td><a href="#">应聘 </a></td>
        </tr>
        <tr>
            <td>教师 3</td><td>专业技术岗位 </td>
            <td>教育类 </td><td>博士研究生 </td>
            <td>博士 </td><td>工商管理 </td>
            <td>1</td><td><a href="#">应聘 </a></td>
        </tr>
        <tr>
            <td>教师 4</td><td>专业技术岗位 </td>
            <td>教育类 </td><td>硕士研究生 </td>
            <td>硕士及以上 </td><td>金融学 </td>
            <td>3</td><td><a href="#">应聘 </a></td>
        </tr>
        <tr>
            <td>教师 5</td><td>专业技术岗位 </td>
            <td>教育类 </td><td>博士研究生 </td>
            <td>博士 </td><td>应用经济学 </td>
            <td>1</td><td><a href="#">应聘 </a></td>
        </tr>
        <tr>
            <td>教师 6</td><td>专业技术岗位 </td>
            <td>教育类 </td><td>博士研究生 </td>
            <td>博士 </td><td>汉语言文学 </td>
            <td>3</td><td><a href="#">应聘 </a></td>
        </tr>
        <tr>
            <td>教师 7</td><td>专业技术岗位 </td>
            <td>教育类 </td><td>博士研究生 </td>
            <td>博士 </td><td>计算机技术 </td>
            <td>2</td><td><a href="#">应聘 </a></td>
        </tr>
        <!-- 省略若干行 -->
    </table>
</body>
```

（2）添加CSS样式。

```
<style type="text/css">
        table{ border-collapse:collapse; margin:0 auto;}
        tr{border:0.5px solid #808080;}
```

```
        td,th{width:140px;
              height:40px;font-family:"微软雅黑";
              font-size:14px;text-align:center;}
        td img{height:30px;
              vertical-align:middle;}
        tr:nth-child(2n){background:#eee;}
        tr:hover{background:#E2F1F8;}
        td a{display:block;width:60%;
              border:1px solid #009;
              border-radius:6px;}
    </style>
```

任务二　网页中表单元素的应用

【任务提出】

大多数网站都具备搜索功能、用户登录和注册功能，乔明在网上商城网站中也设计了相应的功能模块，如图 8-14 和图 8-15 所示。在本任务中将学习表单的相关标签及样式属性。

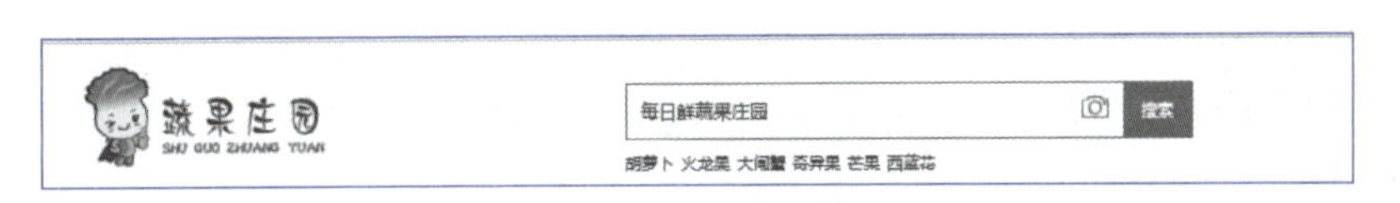

图 8-14　网上商城的搜索模块

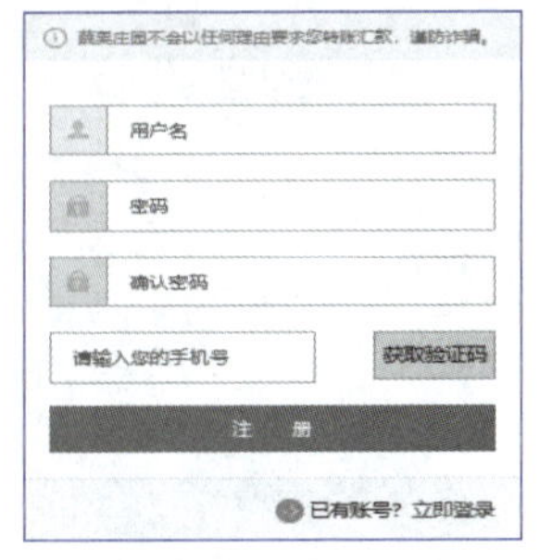

图 8-15　用户注册界面

【学习目标】

知识目标

- 掌握 HTML5 自带的表单验证功能。
- 掌握表单样式的应用。

技能目标

- 能够熟练制作表单。
- 能够熟练使用各种表单控件。
- 能够根据需要设计表单样式。

素养目标

- 培养用户思维。

【相关知识】

表单在网页中主要实现数据采集功能，在实际开发中要和后台程序关联应用，目前制作的是表单的前台页面，不具备后台处理数据的功能。

一、表单的组成

网页上用于输入信息的区域，它的主要功能是收集用户信息，并将这些信息传递给后台服务器，实现网页与用户的沟通。一个完整的表单通常由表单域、表单控件、提示信息三个部分构成。

1. 表单域

表单域相当于一个容器，用来容纳所有的表单控件和提示信息。表单域可以定义处理表单数据所用程序的URL地址，以及数据提交到服务器的方法。如果不定义表单域，表单中的数据就无法传送到后台服务器。

2. 表单控件

表单控件也称为表单元素，其包含了具体的表单功能项，如单行文本的文本框、密码文本框、复选框、单选按钮、提交按钮及普通按钮等。

3. 提示信息

一个表单中通常还需要包含一些说明性的文字，如“请输入用户名”等类似信息，提示用户进行操作。

二、创建表单

HTML中使用<form>标签来表示表单，表单里的元素都需要放在<form>与</form>标签之间，具体用法如下：

```
<form action= "url 地址 " method=" 提交方式 " name=" 表单名称 ">
                    各种表单控件和提示信息
</form>
```

在上面的语法中，<form>与</form>之间的内容是由用户自定义的，action、method和name为表单标签<form>的常用属性，另外HTML5中还新增了autocomplete等属性，具体用法如下：

1. action属性

在表单收集到信息后，需要将信息传递给服务器进行处理，action属性用于指定接收并处理表单数据的服务器程序的URL地址，示例如下：

```
<form action="login.php">…</form>
```

该段代码表示当提交表单时，表单数据会传送到当前路径下的“login.php”页面去处理。action的属性值可以是相对路径或绝对路径，还可以为接收数据的邮箱地址，示例如下：

```
<form action=mailto:xxx@163.com>…</form>
```

表示当提交表单时，表单数据会以电子邮件的形式传递出去。

当不设置action属性，或者设置action值等于空字符串(即action="")时，表单数据将提交给当前页面。

2. method属性

method属性用于设置表单数据的提交方式，其取值为get或post。其中get为默认值，这种方式提交的数据将显示在浏览器的地址栏中，保密性差。通过 get 提交数据，用户名和密码将以明文形式出现在 URL 上，且 get 方式提交的数据最多只能是 1 024 字节。post 方式的保密性好，并且无数据量的限制，使用 method="post" 可以大量地提交数据，示例如下：

```
<!--get 方式提交表单 -->
<form action="" method="get" name="loginform">
    <!-- 文本框 -->
    <input name="username">
    <!-- 提交按钮 -->
    <button type="submit" name="submit">提交 </button>
</form>
```

出于安全性考虑，向服务器提交数据时最好使用 post。

3. name 属性

name 属性用于指定表单的名称，以区分同一个页面中的多个表单，为在脚本中引用表单提供方便。

4. autocomplete 属性

autocomplete 属性是 HTML5 中的新属性，用于指定表单是否具有自动完成功能。“自动完成”是指将表单控件输入的内容记录下来，再次输入时，输入的历史记录会显示在一个下拉列表中，以实现自动完成输入。autocomplete 属性有两个值，可以控制表单的自动完成功能是否开启，具体如下：

（1）on: 表单开启自动完成功能。

（2）off: 表单关闭自动完成功能。

三、表单控件

表单控件用于定义不同的表单功能，如密码文本框、文本域、下拉列表、复选框等，最常见的表单控件是 input 控件。

1. input控件及其属性

浏览网页时经常会看到单行文本的文本框、单选按钮、复选框、提交按钮、重置按钮等，定义这些元素就需要使用 input 控件，其基本语法格式如下：

```
<input type=" 控件类型 "/>
```

在上面的语法中，<input/> 标签为单标签，是行内元素，但又与一般的行内元素不同，它不形成新的行块，左右可以有其他元素，但是可以设定 width 和 height。type 属性是 <input/> 标签最基本的属性，其取值有多种，用于指定不同的控件类型。

1）type 属性

常用的 type 属性值如下：

（1）text: 默认值，单行文本的文本框。

（2）password: 密码文本框。

（3）hidden: 隐藏域，在页面中对用户是不可见的，在表单中插入隐藏域的目的是收集或发送信息，为处理表单的程序服务。

（4）radio: 单选按钮。

（5）checkbox: 复选框。

（6）file: 文件域。

（7）button: 普通按钮。

（8）submit: 提交按钮。

（9）reset: 重置按钮。

（10）image: 图像形式的提交按钮。

图 8-16 所示是一个注册登录界面，里面用到了多个 input 控件，并使用了相应的 CSS 样式。

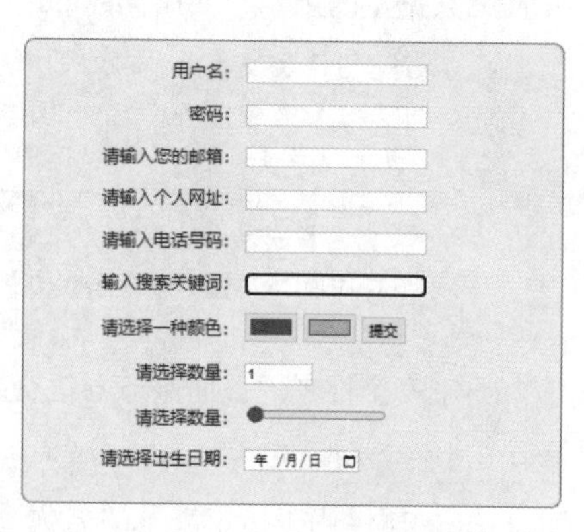

图 8-16　用户注册界面

HTML5 还新增了一些 type 属性值，具体如下：

（1）email: 邮箱。<input type="email"> 提供了默认的电子邮箱的完整验证。要求必须包含 @ 符号，同时必须包含服务器名称，如果不能满足验证，则会阻止当前数据的提交。

（2）url: 网址。<input type="url"> 验证输入的网址是合法的，要求必须包含 http://。

（3）number: 数字。只能输入数字（包含小数点），不能输入其他的字符。可以用 max 属性设置最大值，min 属性设置最小值，value 属性设置默认值，示例如下：

```
数量 :<input type="number" value="60" max="100" min="0">
```

（4）range: 滑块，可以通过刻度滑动来赋值，示例如下：

```
<input type="range" max="100" min="0" value="50">
```

其中 max 属性用于设置滑块控件的最大值，min 属性用于设置滑块控件的最小值，value 指定默认值。

（5）color: 颜色。<input type="color"> 的作用为生成一个颜色选择器，用户可以选择颜色，可通过获取此标签的 value 值来获取颜色信息。

（6）time/date/month/week: 与日期和时间相关的值。

<input type="time|date|month/week"> 由浏览器根据自己的设计给出时间、日期、月份或者周等选择框，在订飞机票、选择出生日期等场合都可以使用。

对 <input/> 标签定义 type 属性就可以在前端页面中按默认外观显示表单控件了，但是为了与服务器进行数据传递，除了 type 属性之外，<input/> 标签需要定义一些其他属性，如 name、value 等。

2）name 属性

name 属性由用户自定义，表示控件的名称，每个表单控件都要用一个 name 属性表示，这是因为 Web 服务器会根据表单控件的 name 属性来判断传递给服务器的值来自哪个控件。为了数据的准确采集，需要为每个表单控件定义一个独一无二的名称，但是同为一个组的单选按钮可以共用一个 name。

```
<form action="" name="loginform">
        姓名 :<input name="username">
        <input type="submit" name="sbtn">
</form>
```

3）value 属性

value 属性表示表单提交后该 input 控件上传给服务器的数据。

不同类型的控件，value 值的表现形式稍有不同。对于文本框来说，value 属性值表现为文本框中显示的默认值。对于 button 普通按钮、submit 提交按钮、reset 重置按钮来说，value 属性的值表现为按钮上显示的文本，而对于 radio 单选按钮、checkbox 复选框来说，value 属性只是表单提交后上传给服务器的数据。

```
<form action="" name="loginform">
    姓名 :<input name="username" value=" 张三 "><br>
    性别 :<input type="radio" value="male" name="sex"> 男
          <input type="radio" value="famale" name="sex"> 女
          <br>
          <input type="submit" name "sbtn" value=" 登录 ">
</form>
```

注意在以上代码中，单选按钮的两个选项使用了相同的 name，表示它们属于同一组数据，每一个选项选中后传递不同的值给服务器。

运行结果如图 8-17 所示。

4）其他重要属性

表单控件还有以下几个重要属性。

（1）checked: 设置单选按钮、复选框的初始状态为首次加载时处于选中状态，示例如下：

```
<input type="radio" value="famale" name="sex" checked="checked"> 女
```

或者直接写成如下形式：

```
<input type="radio" value="famale" name="sex" checked> 女
```

该选项默认被选中。

（2）disabled: 设置首次加载时禁用此元素。当 type 为 hidden 时不能指定该属性。禁用时，该控件显示为灰色。

（3）readonly: 指定文本框内的值不允许用户修改(可以使用 JS 脚本修改)。

（4）placeholder: 提供用户填写输入字段的提示信息，该值仅用于提示，当控件获取焦点时提示信息自动消失；与 value 属性值不同，value 值是用户事先定义好的控件上传给服务器的数据。

图 8-18 所示的两个文本控件分别使用了 placeholder 和 value 属性，二者在显示上也是完全不同的。

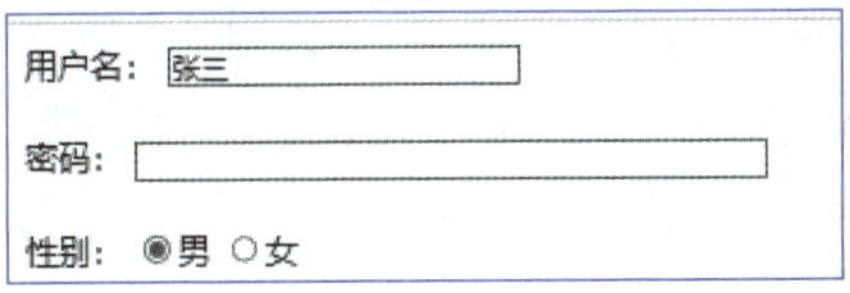

用户名：张三
密码：
性别：◉男 ○女

图 8-17　不同表单控件的 value 属性值

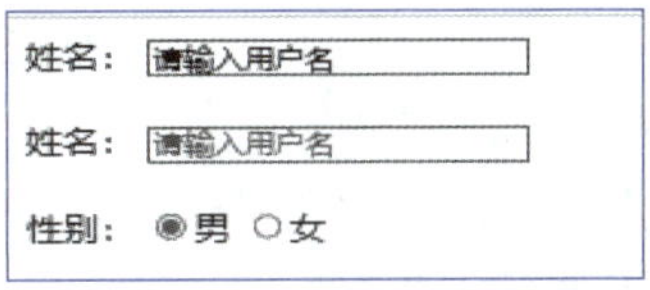

姓名：请输入用户名
姓名：请输入用户名
性别：◉男 ○女

图 8-18　placeholder 和 value 属性效果对比

【例 8-6】图 8-16 界面结构参考代码如下：

```
<body>
    <form action="#" method="post">
        <p><span> 用户名:</span>
```

```
        <input type="text"/></p>
        <p><span>密码:</span>
        <input type="password"/></p>
        <p><span>请输入您的邮箱:</span>
        <input type="email"/></p>
        <p><span>请输入个人网址:</span>
        <input type="url"/></p>
        <p><span>请输入电话号码:</span>
        <input type="tel"/></p>
        <p><span>输入搜索关键词:</span>
        <input type="search" autofocus/></p>
        <p><span>请选择一种颜色:</span>
        <input type="color" value="#8450ff"/>
        <input type="color" value="#ffc14d"/>
        <input type="submit"/></p>
        <p><span>请选择数量:</span>
        <input type="number" value="1" min="1" max="20" step="3"/>
        </p>
        <p><span>请选择数量:</span>
        <input type="range" value="1" min="1" max="20" step="3"/>
        </p>
        <p><span>请选择出生日期:</span>
        <input type="date"/>
        </p>
    </form>
</body>
```

CSS 样式文件代码参考如下：

```
<style type="text/css">
    form{width:480px;height:420px;
    border:1px solid #b39836;background:#fff6d1;
    border-radius:10px;padding-left:20px;}
    p span{width:180px;text-align:right;
        display:inline-block;}
    input{border:1px solid #e8dcb0;}
    body{size:15px;font-family:"微软雅黑";color:#1e123b;}
</style>
```

5）焦点转移

在上面的案例中使用了各种 input 控件，单击控件会获得焦点。为提供更好的用户体验，常常需要将 <input/> 联合 <label> 标签使用，以扩大控件的选择范围。例如，在选择性别时，我们希望单击提示文字“男”或者“女”，也可以选中相应的单选按钮，在单击提示文字“用户名:”时，希望光标会自动移动到用户名文本框中，省去了用户自己定位的麻烦。这时就需要使用 <label> 标签进行焦点转移。

<label> 标签本身不会向用户呈现任何特殊效果，但是单击 label 元素内的内容，浏览器会自动将焦点转到和该标签绑定的其他表单控件上。绑定的方法是使用 for 属性指定相关元素的 id 值

【例 8-7】转移表单控件焦点。

在 body 中写入如下代码：

```
<body>
    <form action="" method="post">
        用户名:
        <label for="username">
        <input type="text" name="uname" id="uname" />
        </label>
        <br>
        性别:
        <label for="boy">
        <input type="radio" name="sex" id="boy" value="boy" />男
         </label>
         <label for="girl">
         <input type="radio" name="sex" id="girl" value="girl" />女
         </label>
         <br>
         <label for="uname">
            切换用户
          </label>
    </form>
```

运行完整代码后的效果如图 8-19 所示。在页面中，当用户单击文字“男”时，对应的单选按钮也会被选中，单击“切换用户”后光标会出现在用户名的文本框中，为用户提供更为便捷的体验。

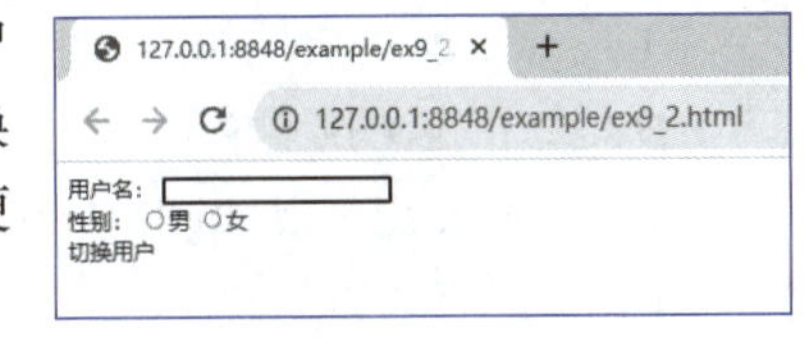

图 8-19　焦点转移

2. 其他表单控件

input 是一个庞大和复杂的元素，但它并不是唯一的表单控件。除此之外，还有 button、select、option、optgroup、textarea、fieldset legend 等传统表单控件和 datalist、progress、meter、output、keygen 等 HTML5 新增表单控件。

1）button 控件

<button> 标签可以定义一个按钮，它是双标签，在 <button> 和 </button> 之间可以放置内容，如文本或图像。<button> 与 <input type="button"> 相比，<button> 的功能更为强大，内容更为丰富。具体用法如下：

```
<button name=" 名称 " type=" 按钮类型 " value=" 初始值 ">
    按钮文本、图像或多媒体
</button>
```

其中，type 属性用来指定按钮类型，其值有以下三种。

（1）button: 普通按钮。

（2）submit: 提交按钮。

（3）reset: 复位重置按钮。

value 属性用来设置按钮的初始值，但是在表单中使用该标签生成按钮并提交以后，不同的浏览器提交给服务器的值是不一样的，IE 浏览器提交 <button> 与 </button> 之间的文本，其他浏览器提交的是 value 属性的内容。

2）textarea 多行文本

如果在表单页面中需要用户输入大量文本，单行文本框就满足不了需求了，通过 textarea 控件可以轻松地创建多行文本的文本框，其基本语法格式如下：

```
<textarea >文本内容</textarea>
```

文本区域中可容纳无限数量的文本，文本区域无法同时显示全部文本时会自动添加滚动条。cols 和 rows 属性可以规定 textarea 的尺寸大小，如 <textarea cols="60"rows="8"></textarea>，但更好的办法是使用 CSS 的 height 和 width 样式属性。

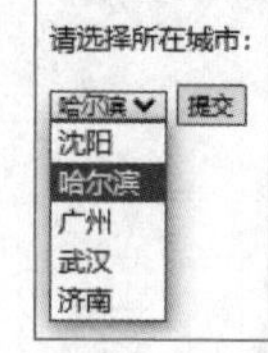

图 8-20 下拉菜单

3）select 下拉菜单及分组

在 HTML 中，要想制作图 8-20 所示的下拉菜单，就需要使用 select 控件。

使用 select 控件定义下拉菜单的基本语法格式如下：

```
<select>
    <option>选项 1</option>
    <option>选项 2</option>
    <option>选项 3</option>
</select>
```

也可以通过属性设置来改变下拉菜单的外观显示效果。

（1）<select> 的属性如下：

① size: 指定下拉菜单的可见选项数（取值为正整数）。

② multiple: 定义 multiple="multiple" 时，下拉菜单将具有多项选择的功能，方法为在按住【Ctrl】键的同时选择多项。

（2）<option> 的属性如下：

selected: 定义 selected="selected" 时，当前项即为默认选中项。

【例 8-8】制作下拉菜单。

向 HTML 文档中写入如下代码：

```
<form action="" method="post">
      <p>请选择所在城市:</p>
      <select name="city" >
      <option value="sy">沈阳</option>
      <option value="heb" selected>哈尔滨</option>
      <option value="gz">广州</option>
      <option value="wh">武汉</option>
      <option value="jn">济南</option>
      </select>
     <input type="submit" value="提交"/>
</form>
```

如果想制作滚动菜单效果，则可为 select 标签设置 size 和 multiple 属性。

```
<select name="city" size="5" multiple>…</select>
```

在实际网页开发过程中，有时候由于选项过多，还需要对下拉菜单中的选项进行分组。图 8-21 所示为选项分组后的下拉菜单展示效果。

要想实现该效果，可以在下拉菜单中使用 <optgroup></optgroup> 标签进行分组，并使用 label 属性规定每一组的名称，具体代码如下：

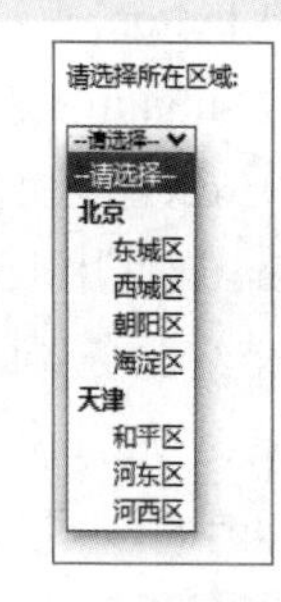

图 8-21 下拉菜单分组效果

```
<form action="" method="post">
<p> 请选择所在区域:</p>
<select>
    <option>-- 请选择 --</option>
    <optgroup lable=" 北京 ">
    <option> 东城区 </option>
    <option> 西城区 </option>
    <option> 朝阳区 </option>
    <option> 海淀区 </option>
    </optgroup>
    <optgroup lable=" 天津 ">
    <option> 和平区 </option>
    <option> 河东区 </option>
    <option> 河西区 </option>
    </optgroup>
</form>
```

4）fieldset 表单分组

当一个表单需要的字段内容较多时，需要合理地对内容进行分组，这样整体看起来更加有组织性。表单分组可以使用 <fieldset> 和 <legend> 元素，二者都是双标签，通过 <fieldset> 标签可将表单中的一部分相关元素打包分组，重新设置 CSS 样式使浏览器以特殊方式显示这组表单字段，如特殊边界、3D 效果等，甚至可创建一个子表单来处理这些元素。<legend> 则用来设置分组标题，它们本身不参与数据的交互操作。

【例 8-9】制作分组表单。

在 body 中写入如下代码：

```
<form action="" method="post">
        <fieldset id="st">
        <legend> 学生信息 </legend>
        <p> 姓名:<input type="text" name="stuName"/></p>
        <p> 性别:<input type="radio" name="sex" value="male"/> 男
        <input type="radio" name="sex" value="female"/> 女 </p>
        <p> 年龄:<input type="number" name="stuAge" max="25"/></p>
        </fieldset>
        <fieldset id="p1">
        <legend> 父亲信息 </legend>
        <p> 姓名:<input type="text" name="fName"/></p>
        <p> 年龄:<input type="text" name="fAge"/></p>
        <p> 职业:<input type="text" name="fPro"/></p>
        </fieldset>
        <fieldset id="p2">
        <legend> 母亲信息 </legend>
        <p> 姓名:<input type="text" name="mName"/></p>
        <p> 年龄:<input type="text" name="mAge"/></p>
        <p> 职业:<input type="text" name="mPro"/></p>
        </fieldset>
        <input type="submit" value=" 提交 "/>
        <input type="reset" value=" 重置 "/>
</form>
```

运行完整代码，效图如图 8-22 所示。

四、HTML5自带表单验证

在使用表单时为了减轻后台数据传送的压力，提高数据传送的质量和效率，往往需要在表单中的输入数据被送往服务器前对其进行验证。HTML5 自带了一些表单验证功能，如验证输入数据是否为空，输入的邮箱格式是否正确等。

1. input验证

在 input 标签中可通过 type 属性指定控件类型。

（1）email: 指定输入内容为电子邮件地址。

（2）url: 指定输入内容为 URL。

（3）number: 指定输入内容为数字，并可通过 min、max、step 属性指定最大值、最小值及间隔。

（4）date、month、week、time、datetime、datetime-local: 指定输入内容为相应日期相关类型。

（5）color: 指定控件为颜色选择器。

如果没有按照预定格式进行输入，则在单击“提交”按钮时会触发错误的验证信息。示例如下：

```
<input id="u_email" name="u_email" type="email"/>
```

验证效果如图 8-23 所示。

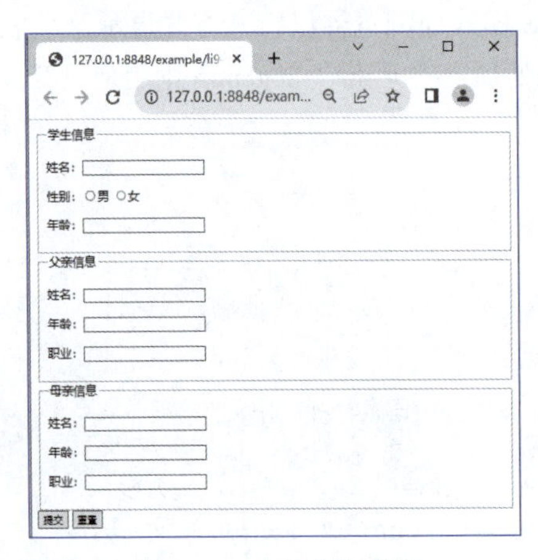

图 8-22　表单分组效果

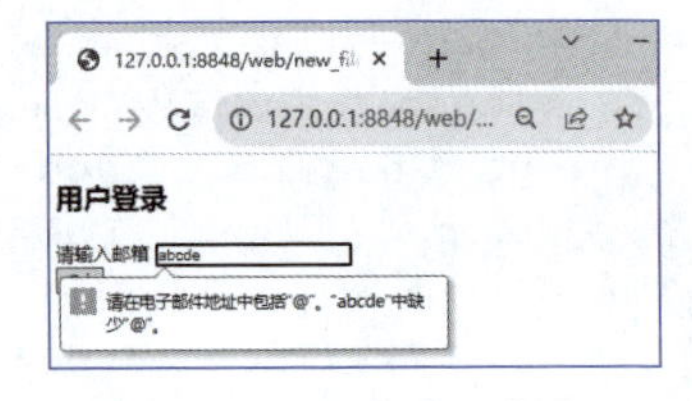

图 8-23　input 验证效果

2. 其他验证

在需要添加非空验证的元素上添加 required 属性可以进行非空验证。示例如下：

```
用户名<input type="text" required>
```

在单击“提交”按钮时，如果文本框中未能输入数据，则触发非空的提示信息。

还可以使用 pattern 正则验证表单输入的内容是否合法，规定 pattern 属性来指定输入内容必须符合指定模式（正则表达式）。

若输入格式不符合正则表达式规定的格式，则给出相应错误提示。如果需要添加自定义提示，则添加 title 属性即可。

关于正则表达式的书写规则，读者可以自行查阅相关资料，本书不做重点讲述。

3. novalidate属性

HTML5 加强了表单验证功能，可验证表单控件是否可空，以及输入内容的类型与格式是否符合规定，还可为表单或控件设置 novalidate 属性来指定在提交表单时是否取消对表单或者某个控件进行有效的检查。为表单设置该属性时，可以关闭整个表单的验证，这样可以使 form 内的所有表单控件不被验证。同样，为指定的某个 input 控件设置该属性时，关闭该 input 控件的验证。

【例 8-10】HTML5 关闭自带表单验证。

在以下代码中为 form 标签添加 novalidate 属性：

```
<form action="" method="get"  novalidate>
          <input type="text" name="user_name" required/>
          <input type="number" name="user_age"/>
          <input type="submit"/>
</form>
```

运行后，该表单内的所有表单控件将不被验证。

五、表单样式的应用

表单是和用户直接交互的窗口，用户体验非常重要，几乎每一个表单都需要样式的修饰，同时还要尽可能做到对用户操作的指引。

1. 表单中的常用选择器——属性选择器

表单中需要大量使用 <input> 标签，而且不同类型的 input 控件往往有不同的样式，所以在定义 CSS 时经常要定位到具体的某个或者某几个 input 元素，在这种情况下使用以前学过的选择器效率不高。

属性选择器根据元素的属性和属性值来匹配元素，在为不带有 class 或 id 的元素设置样式时特别有用，示例如下：

```
input[type="text"]{
     width:150px;
     display:block;}
input [type="button"]{
     width:120px;
     margin-left:35px;
     display:block;}
```

以上代码分别为表单中的文本框和普通按钮定义了样式。属性选择器有多种使用方法，具体如下：

1）简单属性选择器

如果希望选择有某个属性的元素，而不论属性值是什么，则可以使用简单属性选择器。例如，把包含 value 属性的所有元素变为红色，可以写成如下形式：

```
*[value] {color:red;}
```

把包含 type 属性的 input 元素宽度都设成 100 px，可以写成如下形式：

```
input[type](width:100px;}
```

还可以根据多个属性进行选择。例如，要将同时有 href 和 title 属性的 HTML 超链接的文本设置为红色，可以写成如下形式：

```
a[href][title] (color:red;}
```

2）根据具体属性值选择

为了进一步缩小选择范围，可以只选择有特定属性值的元素，示例如下：

```
input[type="text"]{color:red;}
```

这种方法要求属性与属性值必须完全匹配。

3）根据部分属性值选择

如果需要根据属性值中的某个词进行选择，可以使用波浪号(～)。

例如，input[name="～stu"]可以选取name属性值包含stu的input元素。

除此之外，还有更多的子串匹配属性选择器，常用的子串匹配属性选择器见表8-1。读者可以自己尝试。

表8-1 常用子串匹配属性选择器

类 型	描 述
[abc^="def"]	选择abc属性值以“def”开头的所有元素
[abc $="def"]	选择abc属性值以“def”结尾的所有元素
[abc*="def"]	选择abc属性值中包含子串“def”的所有元素

2. 注册登录表单的设计

几乎所有的网站都提供了用户注册登录的功能，这就需要事先设计注册登录表单。一个好的Web表单设计需要合理、有层次地组织信息，设计清晰的浏览线，以及合理的标签、提示文字与按钮的排布，避免不必要的信息重复出现，降低用户的视觉负担。一般来说，要包括以下几个部分。

（1）标签：告诉用户这里应该输入的元素是什么，如姓名、电话、地址。

（2）输入域：可交互的输入区域，如文本框。

（3）提示信息：提示信息是对标签进行额外的信息描述，如输入信息的范例、填写帮助。

（4）反馈：告知用户当前操作可能或已出现的问题，如错误提示、必填项提示等。

（5）动作按钮：动作按钮在表单的结尾，如提交、下一步、重置。

图8-24所示为一个用户登录表单，下面分步完成。

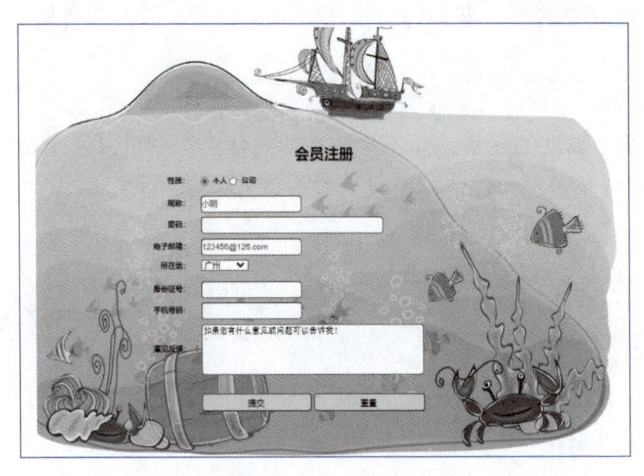

图8-24 会员注册页面

（1）在 HTML 中写入各个元素。

```
<form action="#" method="post">
  <h2> 会员注册 </h2>
  <p>
  <span> 性质:</span>
  <input type="radio" name="Nature" checked="checked"/>   个人
  <input type="radio" name="Nature"/>   公司
  </p>
  <p>
  <span> 昵称:</span>
  <input type="text" placeholder=" 小明 " maxlength="6"/>
  </p>
   <p>
  <span> 密码:</span>
  <input type="password" size="40"/>
  </p>
  <p>
  <span> 电子邮箱:</span>
   <input type="email" name="myemail" placeholder="123456@126.com" required
multiple/>
  </p>
  <P>
  <span> 所在地:</span>
  <select>
  <option>- 请选择 -</option>
  <option> 北京 </option>
  <option> 上海 </option>
  <option selected="selected"> 广州 </option>
  <option> 武汉 </option>
  <option> 成都 </option>
  </select>
  </P>
  <p>
  <span> 身份证号:</span>
   <input type="text" name="card" required pattern="^\d{8,18}|[0-9x]
{8,18}|[0-9X]{8,18}? $" title="（必须填写，能够以数字、字母 x 结尾的短身份证号）"/>
  </p>
  <p>
    <span> 手机号码:</span>
    <input type="tel" name="telphone" pattern="^\d{11} $" required/>
  </p>
  <p class="advice">
  <span> 意见反馈:</span>
  <textarea cols="50" rows="5" class="message">如果您有什么意见或问题可以告诉我!
</textarea>
  </p>
  <p class="mgn">
  <span></span>
  <input type="submit" value=" 提交 " class="btn"/>
  <input type="reset" value=" 重置 " class="btn"/>
  </p>
```

```
</form>
```

（2）为页面元素添加 CSS。

```
@charset "utf-8";
/* CSS Document */
body{ font-size:12px; font-family:"微软雅黑"; font-weight:bold;}
body,form,input,h1,p{padding:0; margin:0;}
form{
    width:949px;
    height:687px;
    margin:20px auto;
    padding:168px;
    background:url(images/sy.png) no-repeat center center;
    box-sizing:border-box;
}
  h2{
    font-size:24px;
    text-align:center;
    margin:16px 0;
  }
  p{
    height:24px;
    margin-top:10px;
  }
  .advice{height:100px;}
  p span{
    text-align:right;
    width:85px;
    margin-right:15px;
    display:inline-block;
  }
  p input{
    height:24px;
    }
  textarea,input{
    vertical-align:middle;
    resize:none;
    border-radius:5px;
  }
  .mgn{height:28px;}
  .btn{
    width:180px;
    height:28px;
    border-radius:5px;
    background:#d9e2eb;
}
```

【项目实践】

制作用户注册界面

完成如图 8-25 所示的网上商城用户注册界面。

（1）在 HTML 中写入各个元素。

```
<!DOCTYPE html>
<html>
    <head>
        <meta charset="utf-8" />
```

图 8-25 网上商城用户注册界面

```
        <title>蔬果庄园 - 注册</title>
        <link rel="stylesheet" type="text/css" href="css/public.css"/>
        <link rel="stylesheet" type="text/css" href="css/register.css"/>
    </head>
    <body>
        <div class="top">
            <div class="center">
                <div class="logo fl">
                    <a href="index.html"><img src="img/logo.jpg"/></a>
                </div>
                <div class="top-hy fl">欢迎注册</div>
            </div>
        </div>
        <div class="main">
            <div class="center">
                <div class="main-bj">
                    <div class="fl" style="position:absolute;"><img src="img/
timg.jpg" style="width:66%"/></div>
                    <div class="login fr" style="position:absolute; z-index:2;
right: 120px;">
                        <div class="tip"><p>蔬果庄园不会以任何理由要求您转账汇款，谨
防诈骗。</p></div>
                        <div class="form">
                            <form action="">
                                <ul>
                                    <li class="user"><input type="text" name=""
id="" value="" placeholder="用户名"/></li>
                                    <li class="password"><input type="password"
name="" id="" value="" placeholder="密码"/></li>
                                    <li class="password"><input type="password"
name="" id="" value="" placeholder="确认密码"/></li>
```

```
                                    <li class="phone clearAfter">
                                     <div class="phoneInput"><input type="text"
name="" id="" value="" placeholder="请输入您的手机号"/></div>
                                    <div class="clickGet fr">获取验证码</div>
                                </li>
                                <li class="submit"><input type="submit" name=""
id="" value="注 册"/></li>
                              </ul>
                          </form>
                      </div>
                      <div class="footer">
                              <div class="zc fr">已有账号? <a href="login.html"
target="_blank">立即登录</a></div>
                      </div>
                  </div>
              </div>
          </div>
        </div>
        <div class="bottom">
            <div class="center">
                   <p><a href="#">关于我们</a> | <a href="#">联系我们</a> | <a
href="#">人才招聘</a> | <a href="#">商家入驻</a> | <a href="#">友情链接</a> | <a
href="#">销售联盟</a> | <a href="#">庄园社区</a> | <a href="#">EnglishSite</a>
                   <br/>
                   Copyright &copy;2019 蔬果ZY.com 版权所有</p>
               </div>
            </div>
        </body>
    </html>
```

（2）为页面元素添加CSS样式。

```
/*内容样式*/
.top{
    width:100%;
    height:99px;
    background-color:#fff;
    border-bottom:6px solid #E0E0E0;
}
.top .logo{
    height:58px;
    margin-top:17px;
    margin-right:23px;
}
.top .top-hy{
    color:#383838;
    font-size:23px;
    margin-top:42px;
}
.tip{
    width:100%;
    height:39px;
```

```
    line-height:39px;
    text-align:center;
    background-color:#FFF8F0;
}
.tip .text{
    display:block;
    width:989px;
    padding-left:21px;
    color:#999;
    background:url(../img/login-icon-2.png) no-repeat 146px 12px;
}
.main{
    width:100%;
    height:459px;
    background-color:#f6d246;
}
.main .main-bj{
    height:475px;
}
.main .main-bj .login{
    width:346px;
    height:399px;
    background-color:#fff;
    margin-top:21px;
}
.main .main-bj .tip p{
    padding-left:21px;
    color:#999;
    font-size:12px;
    background:url(../img/login-icon-2.png) no-repeat 17px 12px;
}
.main .main-bj .title{
    height:54px;
    line-height:54px;
    border-bottom:1px solid #F4F4F4;
}
.main .main-bj .title span.fl a{
    font-size:17px;
    color:#666;
    padding-left:50px;
    word-spacing:49px;
}
.main .main-bj .title span.fl a:hover{
    color:#1DA91D;
    font-weight:bold;
}
.main .main-bj .title span.fr a:hover{
    color:#1DA91D;
    font-weight:bold;
}
.main .main-bj .title span.fr a{
```

```
        font-size:17px;
        color:#666;
        padding-right:50px;
    }
    .main .main-bj .form{
        border-bottom:1px solid #F4F4F4;
    }
    .main .main-bj .form form{
        padding:34px 20px 0;
    }
    .main form ul li{
        height:38px;
        line-height:38px;
        border:1px solid #BDBDBD;
        margin-bottom:20px;
    }
    .main form ul li.user:before{
        content:"";
        display:inline-block;
        vertical-align:top;
        width:38px;
        height:38px;
        background:url(../img/pwd-icons-new.png) no-repeat;
        border-right:1px solid #BDBDBD;
    }
    .main form ul li.password:before{
        content:"";
        display:inline-block;
        vertical-align:top;
        width:38px;
        height:38px;
        background:url(../img/pwd-icons-new.png) no-repeat -48px -48px;
        border-right:1px solid #BDBDBD;
    }
    .main form ul li.forgetpwd{
        height:18px;
        line-height:18px;
        border:none;
        text-align:right;
    }
    .main form ul li.forgetpwd a{
        text-decoration:none;
        color:#666;
    }
    .main form ul li.submit{
        border:none;
    }
    .main form ul li input[type="submit"]{
        width:100%;
        height:38px;
        background-color:#1DA91D;
        color:white;
```

```
    border:none;
    word-spacing:24px;
}
.main form ul li input[type="text"],.main form ul li input[type="password"]{
    width:245px;
    border:none;
    outline:none;
    padding-left:15px;
}
.main form ul li.phone{
    border:none;
}
.main form ul li.phone .phoneInput{
    width:180px;
    float:left;
    border:1px solid #BDBDBD;
}
.main form ul li.phone input{
    width:160px;
}
.main form ul li.phone .clickGet{
    float:right;
    width:80px;
    height:35px;
    line-height:35px;
    border:1px solid #B5B5B5;
    text-align:center;
    background-color:#E0E0E0;
    cursor:pointer;
}
.main .footer{
    height:51px;
    line-height:51px;
    background-color:#FCFCFC;
}
.main .footer ul li{
    float:left;
    word-spacing:4px;
    margin-right:26px;
}
.main .footer .lx{
    margin-left:21px;
}
.main .footer ul li.qq:before{
    content:"";
    display:inline-block;
    vertical-align:top;
    width:19px;
    height:50px;
    background:url(../img/QQ-weixin.png) no-repeat 0px 17px;
}
.main .footer ul li.wx:before{
```

```
        content:"";
        display:inline-block;
        vertical-align:top;
        width:19px;
        height:50px;
        background:url(../img/QQ-weixin.png) no-repeat -19px 17px;
    }
    .main .footer ul li a{
        color:#666;
    }
    .main .footer ul li a:hover{
        text-decoration:underline;
        color:#B61D1D;
    }
    .main .footer .zc{
        height:51px;
        line-height:51px;
        padding-left:28px;
        vertical-align:middle;
        background:url(../img/icon-7.png) no-repeat 4px 16px;
    }
    .main .footer .zc a{
        font-size:14px;
        color:#B61D1D;
        margin-right:21px;
    }
    .main .footer .zc a:hover{
        text-decoration:underline;
    }
    .bottom{
        margin-top:10px;
        margin-bottom:10px;
    }
    .bottom p{
        line-height:26px;
        text-align:center;
        color:#777;
    }
    .bottom p a{
        color:#666;
        margin:0 6px;
    }
```

【小　结】

表格的最大特点是横平竖直、结构清晰，对于信息的存放和展示都比较直观，但是它的缺点也是非常明显的，如行列布局不够灵活、内容不容易被搜索引擎抓取等。所以在网页开发过程中，表格要按需使用，做好取舍。

任务二中利用表单控件完成了静态网页中的应用场景，分别是搜索框和注册页面。本任务的重点是页面的美观度及对用户的友好度，通过对控件的属性及样式进行设置，结合属性选择器和伪类选择器的应用，最终达到满意的效果。我们还学习了 HTML5 中的一些表单控件及属性，其中 HTML5 自带的表单验证功能可以大大减轻服务器的负担，建议在实际开发时熟练应用。

【课后习题】

一、判断题

1. 在 HTML 语言中，<th> 标签用于设置表格的表头。（　　）
2. 在表格中，<table> 标签应用了边框样式属性 border，单元格不必再设置边框。（　　）
3. 在创建表单时，表单对象的名称由 name 属性设定。（　　）
4. 在定义单选按钮时，必须为同一组中的选项指定相同的 name 值，这样“单选”才会生效。（　　）
5. 在 <textarea> 表单控件中，rows 用来定义多行文本输入框每行中的字符数。（　　）

二、选择题

1. 下列选项中，属于创建表格的基本标签的是（　　）。
   A. <table></table>　B. <tr></tr>　C. <td></td>　D. <title></title>
2. 下列选项中，属于 <tr> 标签属性的是（　　）。
   A. height　B. cellspacing　C. cellpadding　D. background
3. 下列选项中，属于 <td> 标签属性的是（　　）。
   A. width　B. height　C. rowspan　D. colspan
4. 关于单元格边距的描述，下列说法正确的是（　　）。
   A. cellpadding 控制单元格内容与边框之间的距离
   B. 使用 padding 属性可以拉开单元格内容与边框之间的距离
   C. 设置相邻单元格边框之间的距离使用 margin 属性
   D. 设置相邻单元格边框之间的距离只能使用 cellspacing 属性
5. 下列选项中，属于表单控件的是（　　）。
   A. 单行文本输入框　B. 密码输入框　C. 复选框　D. 提交按钮
6. 要指定处理表单数据的程序文件所在的位置，可以用 form 标签的（　　）属性。
   A. name　B. action　C. method　D. id
7. 在 HTML 上，将表单中 input 元素的 type 属性值设置为（　　）时，用于创建重置按钮。
   A. reset　B. set　C. button　D. image
8. 在设置单选框时，只有将（　　）属性的值指定为相同，才能使它们成为一组。
   A. type　B. name　C. value　D. checked
9. 当 <input> 标签的 type 属性的属性值为（　　）时，就会呈现为密码输入框。
   A. text　B. password　C. image　D. select

三、简答题

1. 请简要描述在 HTML 语言中，<table> 标签的常用属性有哪些？
2. 请简要描述相邻边框的合并规则是什么？
3. 请简要描述 HTML5 中 autocomplete 属性的作用。
4. 请简要描述 required 属性的作用。

项目九　网站中的动态效果

【情境导入】

乔明已经基本完成了网上商城网站主要页面的制作，如果能为网页添加动态效果，网站就更具吸引力了。乔明想将首页的 banner 模块替换成广告图片轮播效果，在网站页面中添加过渡和变形效果，该怎么做呢？乔明在董嘉指导下，理解了图片轮播是在网站开发中使用非常广泛的一种特效，它在提高网站美观度的同时，也能在有限的空间内呈现更多的信息，使用 JS 才能实现该效果。网页中其他的动态特效是通过 CSS3 新增的功能来实现的，乔明已经迫不及待地要开始学习了。

任务一　过渡、变形和动画应用

【任务提出】

本任务无须使用 Javascript 或 Flash 就能在网站中增加动画或特效的方法。通过 CSS3 新增的功能实现变换、过渡和动画的功能，它们使元素的旋转、缩放、变形和过渡变得容易实现。从而提升用户的视觉体验。

【学习目标】

知识目标

- 理解过渡属性，能够控制过渡时间、动画快慢等常见过渡效果。
- 掌握不同类型超链接的属性设置方法。

技能目标

- 掌握变形属性的运用，能够制作 2D 变形、3D 变形效果。
- 掌握动画设置的方法，能够熟练制作网页中常见的动画效果。

素养目标

- 提升审美，培养创新能力。

【相关知识】

在传统的 Web 设计中，当网页中要显示动画或特效时，往往需要使用 JavaScript 脚本或者 Flash 来实现。在 CSS3 中，新增了过渡、变形和动画属性，可以轻松实现旋转、缩放、移动和过渡等动画效果，让动画和特效的实现变得更加简单。本章将对 CSS3 中的过渡、变形和动画进行详细讲解。

一、过渡

CSS3 提供了强大的过渡属性，使用此属性可以在不使用 Flash 动画或者 JavaScript 脚本的情况下，为元素从一种样式转变为另一种样式时添加效果，例如渐显、渐隐、速度的变化等。在 CSS3 中，过渡属性主要包括 transition-property、transition-duration、transition-timing-function、transition-delay，本节将分别对这些过渡属性进行详细讲解。

1. transition-property属性

transition-property 属性设置应用过渡的 CSS 属性，例如，想要改变宽度属性，其基本语法格式如下：

```
transition-property: none | all | property;
```

在上面的语法格式中，transition-property 属性的取值包括 none、all 和 property(代指 CSS 属性名)三个，具体说明见表 9-1。

表 9-1　transition-property 属性值

属性值	描述
none	没有属性会获得过渡效果
all	所有属性都将获得过渡效果
property	定义应用过渡效果的 CSS 属性名称，多个名称之间以逗号分隔

【例 9-1】演示 transition-property 属性的用法。

```
1   <!DOCTYPE html>
2   <html>
3   <head>
4   <meta charset="utf-8">
5   <title>transition-property 属性 </title>
6   <style type="text/css">
7   div{
8   width:400px;
9   height:100px;
10  background-color:red;
11  font-weight:bold;
12  color:#FFF;
13  }
14  div:hover{
15  background-color:blue;
16  transition-property:background-color; /* 指定动画过渡的 CSS 属性 */
17  }
18  </style>
19  </head>
20  <body>
21  <div> 使用 transition-property 属性改变元素背景色 </div>
```

```
22    </body>
23    </html>
```

运行结果如图 9-1 所示。

在【例 9-1】中，第 15 和 16 行代码，通过 transition-property 属性指定产生过渡效果的 CSS 属性为 background-color，并设置了鼠标指针移上时背景颜色变为蓝色。

当鼠标指针悬浮到图 9-1 所示网页中的 div 区域时，背景色立刻由红色变为蓝色，如图 9-2 所示，而不会产生过渡。这是因为在设置“过渡”效果时，必须使用 transition-duration 属性设置过渡时间，否则不会产生过渡效果。

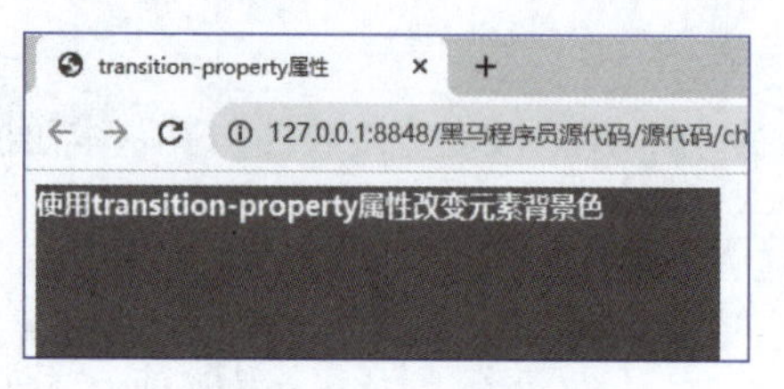

图 9-1　默认红色背景效果

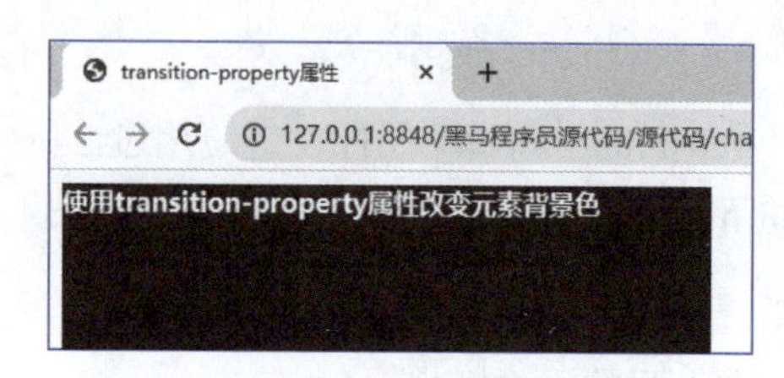

图 9-2　红色背景变为蓝色背景效果

提示： 浏览器私有前缀是区分不同内核浏览器的标示。由于 W3C 组织每提出一个新属性，都需要经过一个耗时且复杂的标准制定流程。在标准还未确定时，部分浏览器已经根据最初草案实现了新属性的功能，为了与之后确定的标准进行兼容，各浏览器使用了自己的私有前结与标准进行区分，当标准确立后，各大浏览器再逐步支持不带前缀的 CSS3 新属性。

表 9-2 列举了主流浏览器的私有前缀，具体如下：

表 9-2　浏览器私有前缀

属　性　值	描　　述
-webkit-	谷歌浏览器
-moz-	火狐浏览器
-ms-	IE 浏览器
-o-	欧朋浏览器

现在很多新版本的浏览器可以很好地兼容 CSS3 的新属性，很多私有前缀可以不写，但为了兼容老版本的浏览器，仍可以使用私有前缀。例如【例 9-1】中的 transition-property 属性，要兼容老版本的浏览器可以书写成下面的示例代码：

```
-webkit-transition-property:background-color:/*Safari and Chrome 浏览器兼容代码*/
-moz-transition-property:background-color: /*Firefox 浏览器兼容代码*/
-o-transition-property:background-color;   /*Opera 浏览器兼容代码*/
-ms-transition-property:background-color;  /*IE 浏览器兼容代码*/
```

2. transition-duration 属性

transition-duration 属性用于定义过渡效果持续的时间，其基本语法格式如下：

```
transition-duration:time;
```

在上面的语法格式中，transition-duration 属性默认值为 0，其取值为时间，常用单位是秒 (s)

或者毫秒 (ms)。例如，用下面的示例代码替换【例 9-1】的 div:hover 样式：

```
div:hover{
background-color:blue;/* 指定动画过渡的 CSS 属性 */
transition-property:background-color;
/* 指定动画过渡的 CSS 属性 */
transition-duration:5s;
```

在上述示例代码中，使用 transition-duration 属性来定义完成过渡效果需要花费 5 秒的时间。运行案例代码，当鼠标指针悬浮到网页中的 div 区域时，盒子的颜色会慢慢变成蓝色。

3．transition-timing-function属性

transition-timing-function 属性规定过渡效果的速度曲线，其基本语法格式如下：

```
transition-timing-function:linear | ease | ease-in | ease-out | ease-in-out |
cubic-bezier(n,n,n,n);
```

从上述语法可以看出，transition-timing-function 属性的取值有很多，其中默认值为 "ease"，常见属性值及说明见表 9-3。

表 9-3　transition-timing-function 属性值

属　性　值	描　　述
linear	指定以相同速度开始至结束的过渡效果，等同于 cubic-bezier(0,0,1,1)
ease	指定以慢速开始，然后加快，最后慢慢结束的过渡效果，等同于 cubic-berier(0.25,0.1,0.25,1)
ease-in	指定以慢速开始，然后逐渐加快的过渡效果，等同 cubic-bezier(0,42,0,1.1)
ease-out	指定以慢速结束的过渡效果，等同于 cubic-bezier(0,0,0.58,1)
ease-in-out	指定以慢速开始和结束的过渡效果，等同于 cubic-bezier(0.42,0,0.58,1)
cubic-bezier(n,n,n,n)	定义用于加速或者减速的贝塞尔曲线的形状，它们的值在 0 ～ 1

在表 9-3 中，最后一个属性值“cubic-bezier(n,n,n,n)”中文译为“贝塞尔曲线”，使用贝塞尔曲线可以精确控制速度的变化。但使用“贝塞尔曲线”的机会比较少，因为使用前面几个属性值就可以满足大部分动画的要求。

下面通过一个案例来演示 transition-timing-function 属性的用法，如例 9-2 所示。

【例 9-2】演示 transition-property 属性的用法。

```
<!DOCTYPE html>
    <html>
    <head>
    <meta charset="utf-8">
    <title>transition-timing-function 属性 </title>
    <style type="text/css">
    div{
    width:424px;
    height:406px;
    margin:0 auto;
    background:url(HTML5.png) center center no-repeat;
    border:5px solid #333;
```

```
        border-radius:0px;
        }
    div:hover{
        border-radius:50%;
        transition-property:border-radius;   /* 指定动画过渡的 CSS 属性 */
        transition-duration:1s;   /* 指定动画过渡的时间 */
        transition-timing-function:ease-in-out;   /* 指定动画过以慢速开始和结束的过渡效果 */
        }
        </style>
        </head>
        <body>
        <div></div>
        </body>
        </html>
```

在【例 9-2】中，通过 transition-property 属性指定产生过渡效果的 CSS 属性为“border-radius”，并指定过渡动画由方形变为圆形。然后使用 transition-duration 属性定义过渡效果需要花费 2 秒的时间，同时使用 transition-timing-function 属性规定过渡效果以慢速开始慢速结束。

运行【例 9-2】，当鼠标指针悬浮到网页中的 div 区域时，过渡的动作将会被触发，方形将慢速开始变化，然后逐渐加速，随后慢速变为圆形。

4．transition-delay属性

transition-delay 属性规定过渡效果的开始时间，其基本语法格式如下：

```
transition-delay:time;
```

在上面的语法格式中，transition-delay 属性默认值为 0，常用单位是秒 (s) 或者毫秒 (ms)。transition-delay。设置为负数时，渡动作会从该时间点开始，之前的动作被截断；设置为正数时，过渡动作会延迟触发。

下面在【例 9-2】基础上演示 transition-delay 性的用法，在第 19 行代码后增加如下代码：

```
transition-delay:2s;    /* 指定动画延迟触发 */
```

上述代码使用 transition-delay 性指的动作会延迟 2 秒触发。

保存【例 9-2】，刷新新页面，当鼠标指针悬浮到网页中的 div 区域时，经过 2 秒后过渡的动作会被触发，方形慢速开始变化，然后逐渐加速，随后慢速变为圆形。

5．transition属性

transition 是一复合属性，用于在一个属性中设置 transition-property、transition-duration、transition-timing-function、transition-delay 四个过渡属性，其基本语法格式如下：

```
transition:property duration timing-function delay
```

在使用 transition 属性设置多个过渡效果时，它的各个参数必须按照顺序进行定义，不能颠倒。例如，【例 9-2】中设置的四个过渡属性，可以直接通过如下代码实现：

```
transition:border-radius 5s ease-in-out 2s;
```

提示：无论是单个属性还是简写属性，使用时都可以实现多个过渡效果。如果使用 transition 简写属性设置多种过渡效果，需要为每个过渡属性集中指定所有的值，并且使用逗号进行分隔。

二、变形

在 CSS3 中，通过变形可以对元素进行平移、缩放、倾斜和旋转等操作。同时变形可以和过渡属性结合，实现一些绚丽网页动画效果。变形通过 transform 属性实现，主要包括 2D 变形和 3D 变形两种，本节将对 transform 属性进行详细讲解。

1. 认识 transform 属性

在 CSS3 中，transform 属性可以实现网页中元素的变形效果。CSS3 变形效果是一系列效果的集合，例如平移、缩放、倾斜和旋转。使用 transform 属性实现的变形效果，无须加载额外文件，可以极大提高网页开发者的工作效率和页面的执行速度。transform 属性的基本语法格式如下：

```
transform:none|transform-functions;
```

在上面的语法格式中，transform 属性的默认值为 none，适用于行内元素和块素，表示元素不进行变形。transform-function 用于设置变形，可以是一个或多个变形样式，主要包括 translate()、scale()、skew() 和 rotate() 等，具体说明如下：

（1）translate(): 移动元素对象，即基于 x 坐标和 y 坐标重新定位元素。

（2）scale(): 缩放元素对象，可以使任意元素对象尺寸发生变化，取值包括正数、负数和小数。

（3）skew(): 倾斜元素对象，取值为一个度数值。

（4）rotate(): 旋转元素对象，取值为一个度数值。

2. 2D变形

2D 变形包括几种变形效果，分别是：平移、缩放、倾斜和旋转。下面分别针对这些变形效果进行讲解。

（1）平移，平移是指元素位置的变化，包括水平移动和垂直移动。在 CSS3 ，使用 translate0 可以实现元素的平移效果，其基本语法格式如下：

```
transform:translate(x-value,y-value);
```

在上述语法中，参数 x-value 和 y-value 分别用于定义水平 (x 轴) 和垂直 (y 轴) 坐标。参数值常用单位为像素和百分比。当参数值为负数时，表示反方向移动元素 (向左和向上移动)。如果省略了第二个参数，则取默认值 0，即在该坐标轴不移动。在使用 translate() 方法移动元素时，坐标点默认为元素中心点，然后根据指定的 x 坐标和 y 坐标进行移动，效果如图 9-3 所示。在该图中，1 表示平移前的元素，2 表示平移后的元素，X 轴移动 130 px，Y 轴移动 100 px。

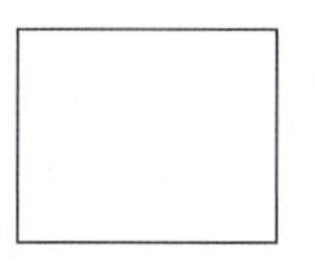

1

2

图 9-3　translate() 方法平移示意图

【例 9-3】translate() 方法的使用。

向 HTML 文档中写入如下代码：

```
<!DOCTYPE html>
<html>
    <head>
        <meta charset="utf-8">
        <title>transform:translate()</title>
        <style type="text/css">
            div{
                width:100px;
                height:80px;
                border:1px solid #333;
            }
            img{
                width:90px;
                height:70px;
                margin:1px;
                }
            img:hover{
        transform:translate(130px,100px);   /* 平移，向右 130px，向下 10px*/
        /*Safari and Chrome 浏览器兼容代码 */
        -webkit-transform:translate(130px,100px);
        -moz-transform:translate(130px,100px);    /*Firefox 浏览器兼容代码 */
        -o-transform:translate(130px,100px);     /*Opera 浏览器兼容代码 */
        transition-duration:3s;                /* 过渡效果持续 3 秒 */
        -webkit-transition-duration:3s;
        -moz-transition-duration:3s;
        -o-transition-duration:3s;    }
        </style>
    </head>
    <body>
        <div><img src="img/book.png"> </div>
    </body>
</html>
```

在【例 9-3】中，在 <div> 标签中添加图片，通过 translate() 方法将图片沿 x 轴坐标向右移动 130 像素，沿 y 坐标向下移动 100 像素。

translate() 中参数值的单位不可以省略，否则平移命令将不起作用。

（2）缩放，在 CSS3 中，使用 scale 以实现元素缩放效果，其基本语法格式如下：

```
transform:scale(x-value,y-value);
```

在上述语法中，参数 x-value 和 y-value 分别用于定义水平 (x 轴) 和垂直 (y 轴) 的缩放倍数。参数值可以为正数、负数和小数，不需要加单位。其中正数用于放大元素，负数用于翻转缩放元素，小于 1 的小数用于缩小元素。如果第二个参数省略，则第二个参数默认等于第一个参数值。scale() 设置缩放的示意图如图 9-4 所示，其左上方表示放大前的元素，右下方表示放大后的元素。

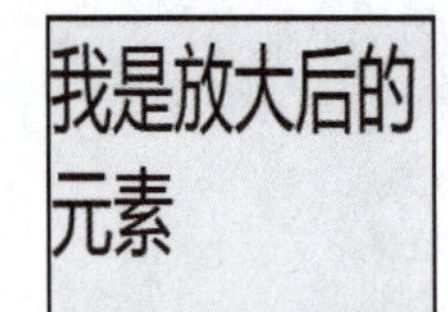

图 9-4　scale() 设置缩放

【例 9-4】演示 scale() 方法的使用。

向 HTML 文档中写入如下代码：

```
<!DOCTYPE html>
<html>
<head>
        <meta charset="utf-8">
        <title>scale() 方法 </title>
        <style type="text/css">
    div{
        width:100px;
        height:50px;
        background-color:#FF0;
        border:1px solid black;
        }
    #div2{
        margin:100px;
        transform:scale(2,3);
        }
        </style>
</head>
<body>
<div> 我是原来的元素 </div>
        <div id="div2"> 我是放大后的元素 </div>
</body>
</html>
```

在【例 9-4】中，使用 <div> 标签定义了两个样式相同的盒子。并且通过 scale() 方法将第二个 <div> 宽度放大两倍，高度放大三倍。

（3）倾斜，在 CSS3 中，使用 skew() 可以实现元素倾斜效果，其基本语法格式如下：

```
transform:skew(x-value,y-value);
```

在上述语法中，参数 x-value 和 y-value 分别用于定义水平 (x 轴) 和垂直 (y 轴) 的倾斜角度。参数值为角度数值，单位为 deg，取值可以为正值或者负值，表示不同的切斜方向如果省略了第二个参数，则取默认值 0。skew0 设置倾斜的示意图如图 9-5 所示。

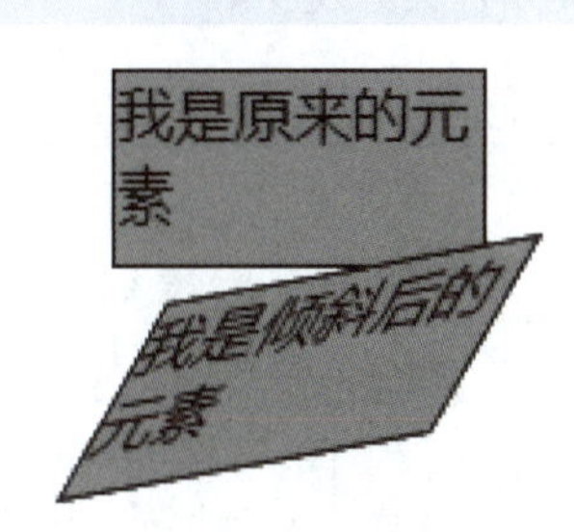

图 9-5　skew() 方法倾斜示意图

【例 9-5】演示 skew() 方法的使用。

向 HTML 文档中写入如下代码：

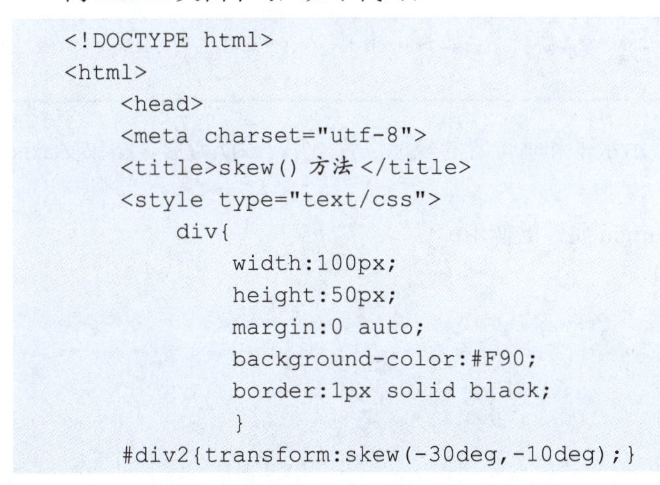

```
<!DOCTYPE html>
<html>
    <head>
    <meta charset="utf-8">
    <title>skew() 方法 </title>
    <style type="text/css">
        div{
            width:100px;
            height:50px;
            margin:0 auto;
            background-color:#F90;
            border:1px solid black;
            }
    #div2{transform:skew(-30deg,-10deg);}
```

```
    </style>
    </head>
    <body>
        <div>我是原来的元素</div>
        <div id="div2">我是倾斜后的元素</div>
    </body>
</html>
```

在【例 9-5】中，使用<div>标签定义了两个样式相同的盒子。并且通过 skew() 方法将第二个<div>元素沿 x 轴倾斜 30 度，沿 y 轴倾斜 10 度。

（4）旋转，在 CSS3，用 rotate() 可以旋转指定的元素对象，基本语法格式如下：

```
transform:rotate(angle);
```

在上述语法中，参数 angle 示转的角度值，单位为 deg。如果角度为正数值，则按照顺时针进行旋转，否则按照逆时针旋转。

例如，对某个 div 元素设置顺时针方向旋转 30 度，具体示例代码如下：

```
div{transform:rotate(30deg);}
```

提示：如果一个元素需要设置多种变形效果，可以使用空格把多个变形属性值隔开。

（5）更改变换的中心点通过 transform 属性可以实现元素的平移、缩放、倾斜以及旋转效果，这些变形操作都是以元素的中心点为参照。默认情况下，元素的中心点在 x 轴和 y 轴的 50% 位置。如果需要改变这个中心点，可以使用 transform-origin 属性，其基本语法格式如下：

```
transform-origin: x-axis y-axis z-axis;
```

在上述语法中，transform-origin 属性包三个参数，其默认值分别为 50% 50% 0px。各参数的具体含义见表 9-4。

表 9-4　transform-origin 参数说明

参　数	描　述
x-axis	定义视图被置于 x 轴的何处。属性值可以是百分比、em、px 等具体的值，也可以是 top、right、bottom、left 和 center 这样的关键词
y-axis	定义视图被置于 y 轴的何处。属性值可以是百分比、em、px 等具体的值，也可以是 top、right、bottom、left 和 center 这样的关键词
z-axis	z-axis 像素单位定义视图被置于 z 轴的何处。需要注意的是，该值不能是一个百分比值，否则将会视为无效值，一般为像素单位

在表 9-4 中，参数 x-axis 和 y-axis 表示水平和垂位置的坐标位置，用于 2D 变形，参数 z-axis 表示空间纵深坐标位置，用于 3D 变形。

下面通过一个案例来演示 transform-origin 属性的使用。

【例 9-6】transform-origin 属性的使用。

向 HTML 文档中写入如下代码：

```
<!DOCTYPE html>
<html>
    <head>
    <meta charset="utf-8">
```

```
    <title>transform-origin 属性 </title>
    <style>
    #div1{
        position:relative;
        width:200px;
        height:200px;
        margin:100px auto;
        padding:10px;
        border:1px solid black;
    }
    #box02{
        padding:20px;
        position:absolute;
        border:1px solid black;
        background-color:red;
        transform:rotate(45deg);                          /* 旋转 45° */
        transform-origin:20% 40%;                         /* 更改原点坐标的位置 */
    }
    #box03{
        padding:20px;
        position:absolute;
        border:1px solid black;
        background-color:#FF0;
        transform:rotate(45deg);                          /* 旋转 45° */
    }
    </style>
    </head>
    <body>
    <div id="div1">
        <div id="box02"> 更改基点位置 </div>
        <div id="box03"> 未更改基点位置 </div>
    </div>
    </body>
</html>
```

在【例 9-6】中，通过 transform 的 rotate() 方法将 box02、box03 盒子分别旋转 45° 。然后通过 transform-origin 属性来更改 box02 盒子原点坐标的位置。运行【例 9-6】，效果如图 9-6 所示。未更改基点位置通过图 9-6 可以看出，box02、box03 盒子的位置产生了错位。两个盒子的初始位置相同，并且旋转角度相同，发生错位的原因是 transform-origin 属性改变了 box02 盒子的坐标点。

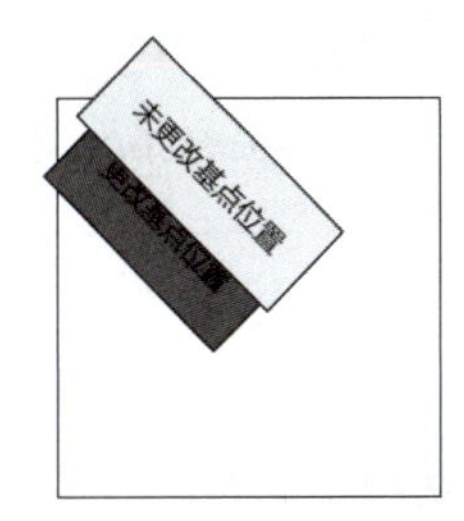

图 9-6 translate() 方法平移示意图

三、3D变形

2D 变形是元素在 x 轴和 y 轴的变化，而 3D 变形是元素围绕 x 轴、y 轴、z 轴的变化。相比于平面化的 2D 变形，3D 变形更注重于空间位置的变化。下面将对网页中一些常用的 3D 变形效果做具体介绍。

1. rotateX()

在 CSS3 中，rotateX() 可以让指定元素围绕 x 轴旋转，其基本语法格式如下：

```
transform:rotateX(a);
```

在上述语法格式中,参数 a 用于定义旋转的角度值,单位为 deg,取值可以是正数也可以是负数。如果值为正，元素将围绕 x 轴顺时针旋转；如果值为负，元素围绕 x 轴逆时针旋转。下面通过一个过渡和变形结合的案例来演示 rotateX() 数的使用。

【例 9-7】rotateX() 方法。

向 HTML 文档中写入如下代码：

```
<!DOCTYPE html>
<html>
    <head>
        <meta charset="utf-8">
        <title>rotateX() 方法 </title>
        <style type="text/css">
        div{
            width:250px;
            height:50px;
            background-color:#FF0;
            border:1px solid black;
          }
        div:hover{
        transition:all 1s ease 2s;                    /* 设置过渡效果 */
        transform:rotatex(60 deg);
          }
        </style>
        </head>
        <body>
        <div> 元素旋转后的位置 </div>
        </body>
</html>
```

运行完整代码，页面效果如图 9-7 所示。

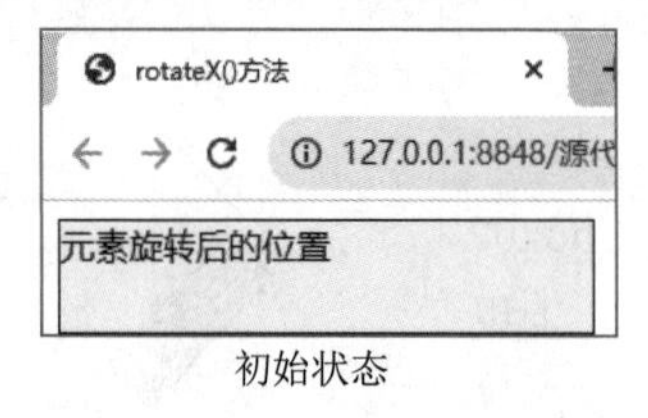

初始状态

围绕 X 轴旋转

图 9-7　元素围绕 X 轴顺时针旋转

2．rotateY()

在 CSS3 中，rotateY() 可以让指定元素围绕轴旋转，其基本语法格式如下：

```
transform:rotateY(a);
```

在上述语法中，参数 a 与 rotateX(a) 中的 a 含义相同，用于定义旋转的角度。如果值为正，元素围绕 y 轴顺时针旋转；如果值为负，元素围绕 y 轴逆时针旋转。

接下来，在【例 9-7】上演示元素围绕 y 轴旋转的效果。将【例 9-7】中的第 15 行代码更改为：

```
transform:rotateY(60 deg);
```

此时，刷新浏览器页面，元素将围绕 y 轴顺时针旋转 60 度，效果自行演示。

提示：rotateZ() 函数和 rotateX() 函数、rotateY() 函数功能一样，区别在于 rotateZ() 函数用于指定一个元素围绕 z 轴旋转。如果仅从视觉角度上看，rotateZ() 函数让元素顺时针或逆时针旋转，与 2D 中的 rotate() 效果等同，但 rotateZ() 不是在 2D 平面上的旋转。

3．rotated3d()

rotated3d() 是通过 rotateX()、rotateY() 和 rotateZ() 演变的综合属性，用于设置多个轴的 3D 旋转，例如要同时设置 x 轴和 y 轴的旋转，就可以使用 rotated3d()，其基本语法格式如下：

```
rotate3d(x,y,z,angle);
```

在上述语法格式中，x、y、z 可以取值 0 或 1，当要沿着某一轴转动，就将该轴的值设置为 1，否则设置为 0。Angle 为要旋转的角度。例如设置元素在 x 轴和 y 轴均旋转 45°，可以书写下面的示例代码：

```
transform:rotate3d(1,1,0,45 deg);
```

4．perspective属性

perspective 属性可以简单地理解为视距，主要用于呈现良好的 3D 透视效果。例如前面设置的 3D 旋转果并不明显，就是没有设置 perspective 的原因。perspective 属性的基本语法格式如下：

```
perspective:参数值；
```

在上面的语法格式中，perspective 属性参数值可以为 none 或者数值（一般单位为像素）其透视效果由参数值决定，参数值越小，透视效果越突出。

下面通过一个透视旋转的案例演示 perspective 属性的使用方法。

【例 9-8】perspective 属性。

向 HTML 文档中写入如下代码：

```
<!DOCTYPE html>
    <html>
    <head>
    <meta charset="utf-8">
    <title>perspective 属性</title>
    <style type="text/css">
    div{
    width:250px;
    height:50px;
    border:1px solid #666;
    perspective:250px;                          /* 设置透视效果 */
    margin:0 auto;
    }
    .div1{
    width:250px;
    height:50px;
    background-color:#0CC;
    }
    .div1:hover{
    transition:all 1s ease 2s;
    transform:rotateX(60deg);
```

```
        }
        </style>
        </head>
        <body>
        <div>
        <div class="div1">元素透视</div>
        </div>
        </body>
</html>
```

在【例 9-8】中第 26 ～ 28 行代码定义一个大的 div 内部嵌套一个 div 子盒子。第 11 行代码为大 div 添加 perspective 属性。

运行【例 9-8】，效果如图 9-8 所示，当鼠标指针悬浮在盒子上时，小 div 将围绕 x 轴旋转，并出现透视效果，如图 9-9 所示。

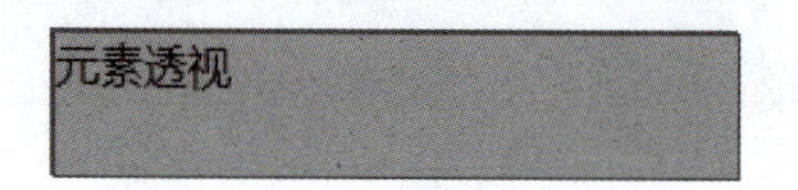

图 9-8　默认样式

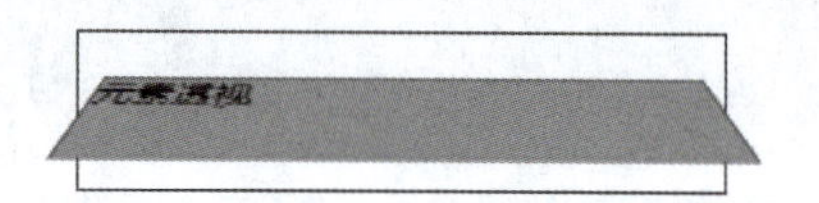

图 9-9　鼠标指针悬浮样式

值得一提的是，在 CSS3 中还包含很多转换的属性，通过这些属性可以设置不同的转换效果。表 9-5 列举了一些常见的属性。

表 9-5　转换的属性

属性名称	描　述	属 性 值
transform-style	用于保存元素的 3D 空间	flat: 子元素将不保留其 3D 位置（默认属性）
		preserve-3d: 子元素将保留其 3D 位置
backface-visibility	定义元素在不面对屏幕时是否可见	visible: 背面是可见的
		hidden: 背面是不可见的

四、动画

在 CSS3 中，过渡和变形只能设置元素的变换过程，并不能对过程中的某一环节进行精确控制，例如过渡和变形实现的动态效果不能够重复播放。为了实现更加丰富的动画效果，CSS3 提供了 animation 属性，使用 animation 性可定义复杂的动画效果。使用 animation 属性设置动画的技巧。

1. @keyframes 规则

@keyframes 规则用于创建动画，animation 属性只有配 keyframes 规则才能实现动画效果，因此在学习 animation 属性之前，首先要学习 @keyframes 规则。@keyframes 规则的语法格式如下：

```
@keyframes animationname {
    keyframes-selector{css-styles;}
}
```

在上面的语法格式中，@keyframes 性包的参数具体含义如下：

（1）animationname: 表示当前动画的名称，它将作为引用时的唯一标识，因此不能为空。

（2）keyframes-selector: 关键帧选择器，即指定当前关键帧要应用到整个动画过程中的位置，值可以是一个百分比、from 或者 to。其中，from 和 0% 效果相同，表示动画的开始，to 和 100% 效果相同，表示动画的结束。

（3）css-styles: 定义执行到当前关键帧时对应的动画状态，由 CSS 样式属性进行定义，多个属性之间用分号分隔，不能为空。

例如，使用 @keyframes 属性可以定义一个淡入动画，具体代码如下：

```
@keyframes appear{
    0%(opacity:0;}         /*动画开始时的状态，完全透明*/
    100%{opacity:1;}}      /*动画结束时的状态，完全不透明*/
```

上述代码创建了一个名为 apper 的动画，该动画在开始时 opacity 为 0（透明），动画结束时 opacity 为 1（不透明）。该动画效果还可以使用等效代码来实现，具体代码如下：

```
@keyframes appear}
    from(opacity:0;}       /*动画开始时的状态，完全透明*/
    to{opacity:1;}         /*动画结束时的状态，完全不透明*/
  }
```

另外，如果需要创建一个淡入淡出的动画效果，可以通过如下代码实现，具体代码如下：

```
@keyframes appear{
    from,to{opacity:0;}         /*动画开始和结束时的状态，完全透明*/
    20%,80%{opacity:1;}         /*动画的中间状态，完全不透明*/
```

在上述代码中，为了实现淡入淡出的效果，需要定义动画开始和结束时元素不可见，然后渐渐淡出，在动画的 20% 处变得可见，然后动画效果持续到 80% 处，再慢慢淡出。

2. animation-name属性

animation-name 属性用于定义要应用的动画名称，该动画名称会被 @keyframes 规则引用，其基本语法格式如下：

```
animation-name:keyframename none;
```

在上述语法中，animation-name 属性初始值为 none，适用于所有块元素和行内元素。keyframename 参数用于规定需要绑定到 @keyframes 规则的名称，如果值为 none，则表示不应用任何动画。

3. animation-duration属性

animation-duration 属性用于定义整个动画效果完成所需要的时间，其基本语法格式如下：

```
animation-duration:time;
```

在上述语法中，animation-duration 属性初始值为 0。time 参数是以秒 (s) 或者毫秒 (ms) 为单位的时间。当设置为 0 时，表示没有任何动画效果；当取值为负数时，会被视为 0。

下面通过一个小人奔跑的案例来演示 animation-name 及 animation-duration 属性的用法。

【例 9-9】小人奔跑的案例。

向 HTML 文档中写入如下代码：

```
<!DOCTYPE html>
<html>
    <head>
        <meta charset="utf-8">
```

```
    <title>animation-duration 属性</title>
    <style type="text/css">
          img{
          width:200px;
    animation-name:mymove;                /*定义动画名称*/
    animation-duration:10s;                /*定义动画时间*/
    }
@keyframes mymove{
    from {transform:translate(0) rotateY(0deg);}
    50% {transform:translate(1000px) rotateY(0deg);}
    51% {transform:translate(1000px) rotateY(180deg);}
    to {transform:translate(0) rotateY(180deg);}
    }
   </style>
</head>
<body>
   <img src="run.gif" >
</body>
</html>
```

在【例 9-9】中，第 9 行代码使用 animation-name 属性定义要应用的动画名称；第 10 行代码使用 animation-duration 属性定义整个动画效果完成所需要的时间；第 13 ～ 16 行代码使用 from、to 和百分比指定当前关键帧要应用的动画效果。运行【例 9-9】，小人会从左到右进行一次折返跑，效果如图 9-10 所示。

图 9-10　动画效果

值得一提的是，还可以通过定位属性设置元素位置的移动，效果和变形中的平移效果一致。

4. animation-timing-function属性

animation-timing-function 曲线，可定义使用哪种方式来执行动画速率。animation-timing-function 属性的语法格式如下：

```
animation-timing-function:value;
```

在上述语法中，animation-timing-function 的默认属性值为 ease。另外，animation-timing-function 还包括 linearease-in、ease-out、ease-in-out、cubic-bezier(n,n,n,n) 等常用属性值。

例如想要让元素匀速运动，可以为元素添加如下示例代码：

```
animation-timing-function:linear;/*定义匀速运动*/
```

5. animation-delay属性

animation-delay 属性用于定义执行动画效果延迟的时间，也就是规定动画什么时候开始，其基本语法格式如下：

```
animation-delay:time;
```

在上述语法中，参数 time 用于定义动画开始前等待的时间，其单位是秒（s）或者毫秒（ms），默认属性值为 0。animation-delay 属性适用于所有的块元素和行内元素。

例如想要让添加动画的元素在 2s 后播放动画效果，可以在该元素中添加如下代码：

```
animation-delay:2s;
```

此时，刷新浏览器页面，动画开始前将会延迟 2s 的时间，然后才开始执行动画。值得一提的是，animation-delay 属性也可以设置为负值，当设置为负值后，动画会跳过该时间播放。

6. animation-iteration-count属性

animation-iteration-count 属性用于定义动画的播放次数，其基本语法格式如下：

```
animation-iteration-count: number | infinite;
```

在上述语法格式中，animation-iteration-count 属性初始值为 1。如果属性值为 number，则用于定义播放动画的次数；如果是 infinite，则指定动画循环播放。例如下面的示例代码：

```
animation-iteration-count:3;
```

在上面的代码中，使用 animaioniterationcout 属性定义动画效果需要播放三次，动画效果将连续播放三次后停止。

7. animation-direction属性

animation-direction 属性定义当前动画播放的方向，即动画播放完成后是否逆向交替循环，其基本语法格式如下：

```
animation-direction:normal | alternate;
```

在上述语法格式中，animation-direction 属性包括 normal 和 alternate 两个属性值。其中，normal 为默认属性值，动画会正常播放；altenate 属性值会使动画在奇数次数 (1、3、5 等) 正常播放，而在偶数次数 (2、4、6 等) 逆向播放。因此要想使 animation-direction 属性生效，首先要定义 animation-iteration-count 属性（播放次数），只有动画播放次数大于等于两次时，animation-direction 属性才会生效。

【项目实践】

完成网站首页商品触发过渡效果

鼠标指向商品动态效果如图 9-11 所示。

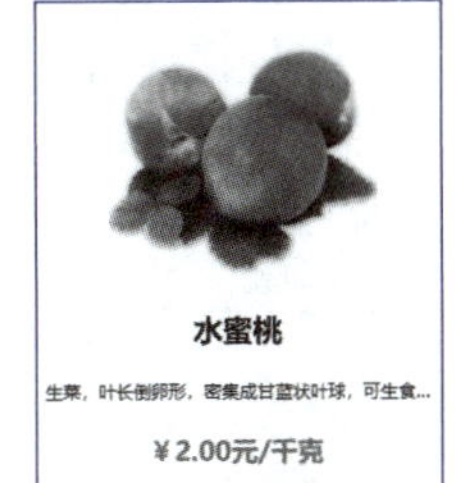

图 9-11　鼠标指向效果变化

部分参考代码如下：

（1）HTML 文档中写入需要的页面元素。

```
<div class="r4">
 <ul class="clearAfter">
     <li style="margin-left:0;">
        <img src="img/sguo-3.jpg"/>
        <h4>猕猴桃</h4>
        <p class="hidden">生菜，叶长倒卵形，密集成甘蓝状叶球，可生食，脆嫩爽口，略甜</p>
      <span>￥2.00元/千克</span>
      <div class="lookMore">查看详情</div>
     </li>
     <li>
        <img src="img/sguo-1.jpg"/>
        <h4>樱桃</h4>
        <p class="hidden">生菜，叶长倒卵形，密集成甘蓝状叶球，可生食，脆嫩爽口，略甜</p>
        <span>￥2.00元/千克</span>
        <div class="lookMore">查看详情</div>
     </li>
     <li>
        <img src="img/sguo-2.jpg"/>
        <h4>水蜜桃</h4>
        <p class="hidden">生菜，叶长倒卵形，密集成甘蓝状叶球，可生食，脆嫩爽口，略甜</p>
        <span>￥2.00元/千克</span>
        <div class="lookMore">查看详情</div>
     </li>
     <li style="margin-right: 0;">
        <img src="img/sguo-3.jpg"/>
        <h4>猕猴桃</h4>
        <p class="hidden">生菜，叶长倒卵形，密集成甘蓝状叶球，可生食，脆嫩爽口，略甜</p>
        <span>￥12.00元/千克</span>
        <div class="lookMore">查看详情</div>
     </li>
</ul>
</div>
```

（2）根据需要添加 CSS 样式。

```
.clearAfter:after{
   content:"";
   display:block;
   clear:both;
   }
.hidden{
   white-space:nowrap;
   overflow:hidden;
   text-overflow:ellipsis;
}
.r4{
 margin-bottom:29px;
}
.r4 ul li{
```

```
  position:relative;
  float:left;
  width:282px;
  height:360px;
  border:2px solid #e1e1e1;
  margin-right:15px;
}
.r4 ul li .lookMore{
  position:absolute;
  left:50%;
  transform:translateX(-50%);
  bottom:28px;
  width:100px;
  height:36px;
  line-height:36px;
  border-radius:12px;
  background-color:#1DA91D;
  color:#fff;
  text-align:center;
  cursor:pointer;
  display:none;
}

.r4 ul li:hover{
  border:2px solid #1DA91D;
}
.r4 ul li:hover span{
  display:none;
}
.r4 ul li:hover .lookMore{
  display:block;
}
.r4 ul li img{
  width:65%;
  margin-left:53px;
  margin-top:16px;
  margin-bottom:10px;
}
.r4 ul li:hover img{
  transform:scale(1.1);
  transition:1s;
}
.r4 ul li h4{
  font-size:20px;
  text-align:center;
  margin-bottom:20px;
}
.r4 ul li p{
  padding:0 10px;
  margin-bottom:20px;
}
```

```
.r4 ul li span{
 font-size:18px;
 font-weight:bold;
 color:#1DA91D;
 margin-left:80px;
}
```

任务二　实现网站首页的轮播图

【任务提出】

本任务使用JS脚本实现一个比较简单的图片切换轮播功能，如图9-12所示。任务难点是在页面运行过程中动态改变图片，也就是动态改变src属性中引用的图像文件的路径。这就需要使用JS的相关知识，如获取DOM元素并改变其属性值，为元素绑定事件侦听器等。

图9-12　图片轮播

【学习目标】

知识目标

- 掌握JS语言的书写格式及基本语法结构。
- 掌握数组的使用方法。
- 掌握JS中的事件和简单函数的使用方法。
- 掌握定时器的使用方法。

技能目标

- 能按照语法格式正确书写JS脚本，理解其逻辑结构。
- 能够熟练获取页面元素并添加事件。
- 能够正确合理地定义和调用函数。

素养目标

- 培养创新能力和团队合作意识。

【相关知识】

在网站中轮播图是一项非常重要的展示内容，轮播图的展示效果也是一个网站的点睛之笔。轮播图效果需要借助 JS 脚本语言来实现，JS 语言本身并不复杂，语法也不是特别严格，在实现轮播图时只需要使用其中的一部分语法知识。

一、轮播图原理分析

轮播图原理为向轮播容器提供一组图片，通过用户单击按钮或者定时器触发图片切换的动作。图片既可以作为容器盒子的背景，也可以作为盒子的子元素，在页面运行过程中侦听鼠标事件，一旦事件发生，则改变图片文件的路径，从而实现图片切换。

二、搭建基本界面

1. HTML代码

先在 HTML 中定义好页面的组成元素：一个轮播容器、左右两个箭头。准备好需要的图片序列 pic1_1.jpg、pic1_2.jpg、pic1_3.jpg（图片文件在本书素材 img01 文件夹中）。

```
<body>
    <div id="ad">
      <div id="leftbtn">&lt;</div>
      <div id="rightbtn">&gt;</div>
    </div>
</body>
```

其中，<、> 分别代表“<”和“>”，也可以插入外部图片文件代替。

2. CSS代码

为轮播容器和左右两个箭头添加样式。

（1）设置轮播容器与图片等大，并且选取其中一幅图片作为初始图片。如果图片大小不合适，则建议提前使用图像处理软件处理一下，或者使用 background-size:cover; 将图片铺满盒子容器。

```
#ad{
    width:630px;height:340px;
    background-image:url(img01/picl_1.ipg);
    margin:0 auto;
    position:relativer;
    }
```

（2）设置左右两个箭头的位置，使它们分别处于盒子的左右两端，并且垂直居中。对箭头元素使用 position:absolute; 绝对定位，自顶部向下偏移一半左右，考虑到箭头自身的高度，需要使用 CSS3 中用于动态计算长度的 calc() 函数，top:calc(50% -20px); 表示设置高度在 50% 处上移 20px 的位置，这里使用了“-”运算符，要注意运算符前后要各保留一个空格。

图 9-13　轮播容器里的各元素

```
#leftbtn,#rightbtn{
      position:absolute;
      top:calc(50% -20px);/*高度50%处上移20px*/
      color:#fff;
      font-weight:bold;
      font-size:40px;
      cursor: pointer;}
      #leftbtn{
          left:30px;}
      #rightbtn{
          right:30px;}
```

三、实现轮播效果

图片切换操作都是在页面运行过程中发生的，所以需使用JS增加行为，为网页添加动态效果。下面学习在轮播图中要用到的JS的相关知识。

1. JS脚本的书写格式

在HTML文档中，可以直接使用<script>元素向HTML页面插入JS脚本，有以下三种方法。

1）直接在<script>和</script>之间嵌入脚本代码

```
<script>
// JS 代码
</script>
```

之前的版本中也写作<script type="text/javascript"></script>，HTML5中已经默认指定脚本的type是text/javascript，所以可以省略不写。

2）通过<script>元素中的src属性引入外部脚本文件

```
<script src="JS脚本文件的文件路径"></script>
```

使用<script>元素定义的JS脚本代码可以放在HTML页面中的任何位置，但是浏览器解释HTML时是按先后顺序执行的，前面的脚本先执行。<head>和</head>之间的脚本代码会在页面加载时执行，而<body>和</body>之间的脚本代码则会在被调用时执行。

例如，进行页面显示初始化的JS，在给页面body设置CSS时，必须放在<head>和</head>之间，而如果是通过事件调用执行的function，则对写入位置没什么要求，通常写在HTML的结尾。

3）以事件的形式写在标签上

如果脚本比较简单，则可以直接以事件的形式写在标签上，示例如下：

```
<p onclick="javascript:alert('提示信息')">点我点我</p >
```

当段落文字被单击时显示提示信息。

2. JS获取DOM元素

什么是HTML DOM呢?DOM是W3C组织推荐的处理可扩展置标语言的标准编程接口。简单理解就是HTML DOM是关于如何获取、修改、添加或删除HTML元素的标准。通过JS对网页进行的所有操作都是通过DOM完成的。

JS获取DOM元素的方法主要有以下八种。

（1）通过id获取DOM元素。

```
document.getElementById('id');
```

（2）通过 name 属性获取 DOM 元素。

```
document.getElementsByName(name);
```

（3）通过标签名获取 DOM 元素。

```
document.getElementsByTagName('p');
oDiv.getElementsByTagName('p');// oDiv 是某个已经存在的元素
```

提示：document 或其他元素都可以使用这个方法。

（4）通过类名获取 DOM 元素。

```
document.getElementsByClassName(' 类名 ');
```

同样，document 和其他元素都可以使用这个方法。

（5）获取 HTML 标签。

```
document.documentElement// 返回对象为 HTML 元素
```

（6）获取 body 标签。

```
document.body// 获取 body 标签
```

（7）通过选择器获取一个元素。

```
querySelector(' 选择器名 ');
```

document 和其他元素都可以使用，参数是某个选择器名。

（8）通过选择器获取一组元素。

```
querySelectorAll(' 选择器名 ')// 用法同 querySelector
```

以上八种使用原生 JS 获取 DOM 元素的方法可根据实际情况选用，前几种更为常用。例如，可以通过 document.getElementById("ad") 获取轮播图容器元素。还可以在获取到元素后将其保存到自定义变量中。

```
var arrowLeft=document.getElementById("leftbtn");
var arrowRight=document.getElementById("rightbtn");
```

其中，var 是 JS 声明变量的关键字。JS 中采用的是弱类型的形式，所以不必理会变量的数据类型，可把任意类型的数据赋给变量。

3. 在 JS 中创建和访问数组

由于轮播图中的图片序列是一组相同的元素，所以不可避免地要用到数组。数组可以用一个单一的名称存放很多值，并且还可以通过引用索引号来访问这些值。

1）创建数组

使用数组文本是创建 JS 数组最简单的方法。例如，定义有三个元素的数组，并赋给自定义变量 arr。

```
var arr = ["Mary", "Larry", "Tom"];
```

也可以通过关键字 new 创建数组，示例如下：

```
var classes = new Acray(" 一班 "," 二班 "," 三班 ")
```

最常见的是调用函数返回一个数组，例如，前面学过的获取 DOM 元素的函数中，getElementsByName、getElementsByTagName、getElementsByClassName、querySelectorAll 的返回值都是数组，用法如下：

```
var cireles = document.getElementById("multi-circles").getElementsByTagName ("li");
```

调用 getElementsByTagName 函数后返回一个数组，将返回值赋给变量 circles, 所以 circles 中存储了一个由所有 <li> 元素组成的数组。

2）访问数组元素

可以通过索引号来访问数组中的元素，索引号从 0 开始，索引号为 0 的元素表示第一个元素。通过 length 属性访问数组的长度，数组的长度为数组中元素的个数，示例如下：

```
var arr=["Mary","Larry","Tom"];
document.write(arr[1]);// 输出索引为 1 的数组元素 Larry
```

下面定义一个数组，用来存放图片的相对地址。

```
var imgsURL=['img01/pic1_1.jpg','img01/pic1_2.jpg','img01/pic1_3.jpg'];
```

使用 imgsURL[index] 可以获取数组中下标为 index 的元素值。

假设要使用此地址字符串更新轮播容器盒子的背景图片，可使用如下代码：

```
document.getElementById("ad").style.backgroundImage='url('+imgsURL[index]+')';
```

'url('+imgsURL[index]+')' 是将多个字符串使用“+”连接，字符串要使用单引号或双引号引起来，“.”则用来逐级获取元素节点。

4. JS中的事件和函数

1）HTML 事件

HTML 事件就是发生在 HTML 元素上的“事情”，如网页完成加载、按钮被单击等，见表 9-6，通过 JS 代码，这些事件可以被侦听到。

表 9-6　常见 HTML 事件

事　件	描　述
Onchange	HTML 元素已被改变
Onclick	用户单击了 HTML 元素
Onmouseover	用户把鼠标指针移动到 HTML 元素上
Onmouseout	用户把鼠标指针移开 HTML 元素
Onkeydown	用户按下键盘按键
Onload	浏览器已经完成页面加载

侦听的方法是为元素添加事件监听器 addEventListener，示例如下：

```
element.addEventListener("click", myFunction);
```

该方法的第一个参数是事件的类型(如 "click" 或 "mousedown" 等，不要使用类似于 "onclick" 的参数)；第二个参数是当事件发生时需要调用的函数；还有未写出的第三个参数是可选参数，该参数为布尔值，指定使用事件冒泡或事件捕获，通常省略掉了。

例如，为轮播图的左右箭头添加侦听。

```
arrowLeft.addEventListener("click", preMove);
arrowRight.addEventListener("click", nextMove);
```

其中 preMove 和 nextMove 分别是左右箭头单击后调用的函数。

2）JS 函数的定义和调用

JS 函数是由事件驱动的或者当它被调用时执行的可重复使用的代码块。函数声明的语法如下：

```
function functionName(parameters){
//执行的代码
}
```

函数名前面使用了关键字 function，函数可以有参数，也可以没有参数。

例如，声明函数 myFunction，有两个参数分别是 a 和 b。

```
function myFunction(a, b){
    return a * b;}
```

可以在某事件发生时直接调用函数（如当用户单击按钮时），并且可由 JS 在任何位置进行调用当调用该函数时，会执行函数内的代码。

函数调用的方法如下：

```
//单击按钮时调用并输出结果
<button onclick="document.write(myFunction(3,5))">单击这里</button>
//直接调用
var c=myFunction(2,4);
document.write(c);
```

以下代码用于定义左右箭头单击后需调用的函数，函数功能是向前或者向后改变轮播容器中的图片，使之在三幅图片之间轮换。

```
var index=0;//初始图片的索引
//左箭头单击后调用的函数
function preMove(){
    index--;
    if(index<0)index=2;document.getElementById("ad").style.backgroundImage=
'url('+imgsURL[index]+')';}
//右箭头单击后调用的函数
function nextMove(){
    index++;
    if(index>2) index=0;
document.getElementById("ad").style.backgroundImage='url('+imgsURL[ind
ex]+')';}
```

至此，可以写出完整的轮播特效的 JS 代码。

【例 9-10】轮播特效。

向 HTML 文档中写入如下代码：

```
<!DOCTYPE html>
<html>
    <head>
```

```
        <meta charset="utf-8">
        <title></title>
        <style type="text/css">
            #ad{
                width:630px;
                height:340px;
                background-image:url(img01/pic1_1.jpg);
                margin:0 auto;
                position:relative;
            }
            #leftbtn,#rightbtn{
                position:absolute;
                top:calc(50% -20px);/* 高度50%处上移20px */
                color:#fff;
                font-weight:bold;
                font-size:40px;
                cursor:pointer;
            }
            #leftbtn{
                left:30px;
            }
            #rightbtn{
                right:30px;
            }
        </style>
    </head>
    <body>
        <div id="ad">
            <div id="leftbtn">&lt;</div>
            <div id="rightbtn">&gt;</div>
        </div>
    </body>
    <script>
        //使用数组定义图片路径和图片描述
        var imgsURL=['img/pic1_1.jpg','img/pic1_2.jpg','img/pic1_3.jpg'];
        //DOM操作，获取HTML组件
        var arrowLeft=document.getElementById("leftbtn");
        var arrowRight=document.getElementById("rightbtn");
        //为元素添加事件监听器
        arrowLeft.addEventListener("click", preMove);
        arrowRight.addEventListener("click", nextMove);
        //定义全局变量，表示当前使用的图片的索引
        var index=0;
        //左箭头单击后调用的函数
        function preMove(){
            index--;
            if(index <0) index=2;
            //使用数组索引改变轮播盒子背景图片的路径
            document.GetElementById("ad").style.backgroundImage='url('
+imgsURL[index]+')';
                }
```

```
            //右箭头单击后调用的函数
            function nextMove(){
                    index++;
                    if(index >2) index=0;
                    //使用数组索引改变轮播盒子背景图片的路径
                      document.getElementById("ad").style.backgroundImage='url
('+imgsURL[index]+')';
                            }
        </script>
    </html>
```

将 <script></script> 部分放在 <body></body> 的结尾部分，结合前面已经写过的 CSS，运行以后可以看到随着单击左右箭头，三幅图片开始轮播。

四、添加定时器自动轮播

1. 定时器的用法

JS 提供了几种原生方法来实现延时执行某一段代码的功能，在本任务中使用 window 对象的 setInterval() 方法，其主要功能是以固定的时间间隔（以毫秒为单位）重复调用一个函数或者代码段。

setInterval() 方法会不停地调用函数，直到调用 clearInterval() 方法清除定时器或窗口被关闭。语法结构如下：

```
window.setInterval(func,delay);
```

或者可以写成如下形式：

```
window.setInterval(code,delay);
```

其中，window 是默认对象，可以省略，func 是指延迟调用的函数，如果不是调用函数，则可以直接写要执行的代码段，delay 是指延迟时间，以毫秒为单位，没有默认值。

【例 9-11】循环输出数字。

向 HTML 文档中写入如下代码：

```
<!DOCTYPE html>
<html>
    <head>
        <meta charset="utf-8">
        <title>定时器用法</title>
        <style type="text/css">
            #ad{
                font-size:32px;
                color:red;
                width:100px;
                height:100px;
            }
        </style>
    </head>
    <body>
        <div id="ad"></div>
        <script>
        var index=0;
```

```
        function changeIndex(){
            index++;
            if(index >2) index=0;
            document.getElementById("ad").innerHTML=index;
            }
        setInterval(changeIndex,1000);
        </script>
    </body>
</html>
```

在以上代码中，规定在 id 值为 ad 的页面元素内显示 index 变量的值，JS 中常常用到 innerHTML，其作用是获取标签中的内容。setlnterval() 规定每间隔 1 000 ms 调用一次 changeIndex() 函数，每执行一次 changeIndex() 函数，index 的值就变化一次。运行完整代码后的效果如图 9-14 所示。

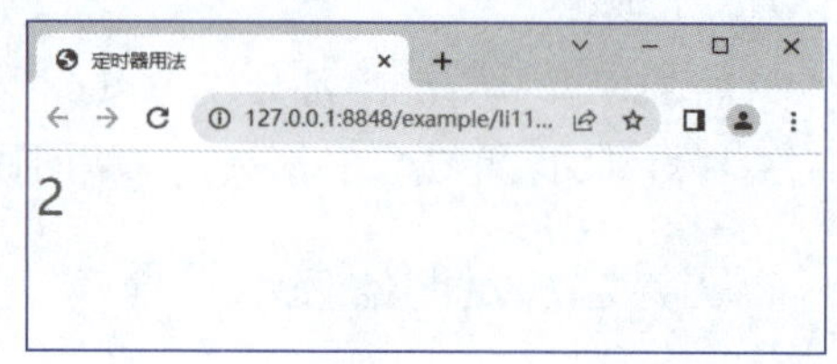

图 9-14　显示数字在 0、1、2 之间自动切换

2. 使用定时器控制轮播图片自动切换

【例 9-10】的效果是通过单击左右箭头实现图片切换，很多网站还同时设置了根据时间间隔自动切换图片的功能，这样无须用户做任何操作，网站照样能将尽量多的信息呈现给用户。

自动切换图像的方法比较简单，在【例 9-10】的制作方法的基础上添加定时器即可。

五、实现图片的滑动轮播

在滑动轮播图特效中，图片的出现方式不是直接切换，而是采用队列的方式滑动出现，所以制作时需要预先将图片排好“队列”，然后根据鼠标事件或者定时器切换图片。

1. 滑动轮播图原理分析

大多数网站上的轮播图是图片滑动播放的特效。一组图片按一定顺序播放完后重复播放，即 1→2→3→4→1→2→3……。播放的形式可以是自动无缝滚动，也可以使用左右按钮控制滚动或单击圆点切换图片等。

滑动轮播图的核心是把图片组合成一行序列，通过左右移动的方式，以及父元素的 overflow: hidden 来决定显示的图片。

滑动轮播图的核心是把图片组合成一行序列，通过左右移动的方式，以及父元素的 overflow: hidden 来决定显示的图片。

利用前面学过的 HTML+CSS 知识可以使网页上需要展示的图像元素紧密地挨在一起。但是如果要让它们以类似于电影胶片的原理朝着一个方向滑动，就需要动态改变每一幅图片的 left 坐标。这就要用到 JS 了。

JS 代码主要根据事件来动态改变每一幅图片的 left 坐标。默认最开始 left 的值为 0，这时正好显示出第一幅图片。接下来，通过单击或者按一定时间间隔自动循环地改变 left 的值，使图片运动起来。假设一幅图片的宽度是 1000px，每一次更换图片 left 的值的变化。

2. 搭建基本界面

页面元素主要分成三个部分：左右两个箭头、圆点序列、图片序列。运用绝对定位对其进行布局，通过 z-index 确定它们的层叠关系。

【例 9-12】实现图片的滑动轮播。

在 HTML 中定义好页面的组成元素：

```
<div id="box">
    <div class="arrow-left" id="arrow-left">&it;</div>
    <div class="arrow-right" id="arrow-right">&gt;</div>
    <ul id="multi-circles">
        <li></li>
        <li></li>
        <li></li>
        <li></li>
    </ul>
    <div id="multi-images">
        <img src="img01/ban_1.jpg">
        <img src="img01/ban_2.jpg">
        <img src="img01/ban_3.jpg">
        <img src="img01/ban_4.jpg">
        <div class="clear">
    </div>
</div>
```

其中，<、> 分别代表“<”和“>”，这里使用列表项的默认圆点作为轮播图的圆点序列也可以插入外部图像文件代替。

要保证所有图片都充满整个容器，所以单张图片的尺寸要和视图容器的尺寸吻合，假定容器宽 1 000 px、高 360 px，图片相对容器绝对定位，那么设置 width:100%;height:100%; 即可，使用 white-space:nowrap; 可阻止图像在容器内换行。CSS 样式代码如下：

```
#box{
    position:relative;
    width:1000px;
    height:360px;
    /*overflow:hidden;*/
#multi-images {
    position:absolute;
    left:0;
    top:0;
    z-index:1;
    width:100%;
    height:100%;
    font-size:0;
    white-space:nowrap;
#multi-images img{
    width:100%;
    height:100%;
    display:inline-block;
    }
```

在设置图片子元素布局时，要保证子元素都设置了 display:inline-block;，此时由于 <img> 标签之间有空字符，所以水平排列会有间隙，可以在父元素上设置 font-size:0; 以消除间隙，然后在子元素上恢复 font-size 属性，再设置 font-size:initial; 来解决这个问题。

取消容器盒子的 overflow:hidden; 属性，预览页面，可以看到图片全部紧密排列在同一行。

再添加左右两个箭头和圆点序列的样式。

```
#multi-circles {
    position:absolute;
    right:30px;
    bottom:10px;
    z-index:2;}
#arrow-right,#arrow-left {
    font-weight:bold;
    font-size:36px;
    position:absolute;
    top:50%;
    margin-top:-20px;
    height:40px;
    z-index:3;
    }
#arrow-right {
    right:10px;
#arrow-left{
    left:10px;
```

至此，页面效果完成。

六、轮播图中 JS脚本的应用

1. 确定图片序号

为了实现轮播，需要知道应该显示哪一张图片，在 JS 中定义变量 currentindex，表示当前显示图片的序号，初始值为 0。当单击箭头，或者鼠标指针移动到圆点上时，只要改变序号就可以实现轮播了。

（1）进行 DOM 操作，获取 HTML 组件。

```
var arrowleft=document.getElementById("arrow-left");
var arrowRight=document.getElementById("arrow-right");
var multiImages=document.getElementById("multi-images");
var circles=documentgetElementById("multi-circles").getElementsByTagName
("li");
var box=document.getElementById("box");
```

（2）定义全局变量 currentindex，初始值为 0，表示当前显示图片的序号为 0。

```
var currentIndex=0;
```

（3）为箭头和圆点绑定事件。

```
arrowLeft.addEventListener("click",preMove);
arrowRight.addEventListener("click",nextMove);
for(var i=0; i<circles.length; i++) {
    circles[i].setAttribute("id", i);
    circles[i].addEventListener("mouseenter",overCircle);}
```

由于圆点为一组数据，在进行 DOM 操作时得到的 circle 是一个数组，所以要使用循环语句为每一个数组元素绑定事件。JS 的 for 循环可以一遍又一遍地运行相同的代码，这对于数组元素的操作是非常适用的。上面代码中的 for 循环语法结构如下：

```
for （语句 1；语句 2；语句 3）
{ 被执行的代码块 }
```

其中语句 1 在循环开始前执行，语句 2 定义运行循环（代码块）的条件，语句 3 在循环（代码块）被执行之后执行，三条语句之间以“;”间隔。

在循环语句中，circles.length 属性能获取到存储圆点序列的数组 circle 的长度，由此限定循环执行的条件，即只在 i=0 到最后一个数组元素下标之间执行循环内容。setAttribute 方法为每一个数组元素 circle[i] 添加 id 属性，并赋值为 i，即把当前数组元素的索引作为其 id 属性的值。

circles[1].addEventListener("mouseenter", overcircle); 语句为每一个圆点添加侦听器，侦听事件为 mouseenter，即鼠标指针进入该元素时触发，类似于 mouseover，触发以后希望能够将圆点的 id 值取出，赋给记录当前图片序号的变量 currentIndex。具体要执行的语句由函数 overcircle() 定义。

（4）设置鼠标指针滑过圆点及单击左右箭头后变量 currentindex 值的变化情况。

```
// 鼠标指针滑过圆点时执行的操作
function overcircle(){
    currentIndex=parseInt(this.id);
}
```

this.id 是指将当前对象的 id 值和字符串类型，使用 parseInt() 方法进行数据转换，提取整数部分后赋给变量 currentindex。

```
// 单击左箭头后执行的操作
function preMove(){
    currentIndex--;
if (currentIndex<0){
    currentIndex=3;
}}
// 单击右箭头后执行的操作
function nextmove() {
    currentIndex++;
    if (currentIndex>= 4) {
      currentIndex=0;}}
```

2. 图片滑动

现在已经知道了应该显示哪一张图片，那要怎么显示呢？上面已经说过滑动的原理是改变图片序列的位置，通过左右移动图片以及为父元素设 overflow:hidden 的样式属性使父元素只显示当前图片，于是只要写下面这样一个函数，将其加到之前的事件中即可。

```
function moveImage() {
    multiImages.style.left=-currentIndex*1000 + "px";// 假定图片宽度为 1000px}
function overCircle(){
    currentIndex= parseInt(this.id);
    moveImage();}
function preMove(){
```

```
        currentIndex--;
        if (currentIndex <0) {
            currentIndex=3;}
        moveImage();}
    function nextMove() {
        currentIndex++;
        if (currentIndex >= 4) {
            currentIndex=0;}
        moveImage();}
```

这样就实现了图片的切换效果，但是图片切换生硬，看不到滑动的过程。为了实现滑动，可以自己编写 animate() 函数，或者用 jquery() 函数的方法，这里直接用 CSS3 的 transition 属性。

只要在图片序列的 CSS 类下加入下面的代码：

```
#multi-images{
    transition: 1s;
  }
```

就可以实现自然、流畅的滑动，滑动持续时间可以自行设定。

3．改变当前圆点的颜色

希望在显示图片时，对应圆点的颜色可以变为红色。将当前图片对应的圆点变成红色很简单，只要 currentIndex 这一个变量就可以实现，但还要把前一个显示的圆点变回白色，这个圆点不能简单地确定为 currentIndex-1、currentIndex+1，所以需要新定义一个变量 preindex，记录前一张显示的图片。只要在为左右箭头和圆点序列绑定的事件函数中的第一句都增加下面的语句：

```
preIndex=currentIndex;
```

就在图片序号改变前保存下了前一个序号，然后在事件末尾添加 changeCircleColor(preIndex,currentIndex) 即 changeCircleColor 函数具体定义如下：

```
function changeCircleColor(preIndex,currentIndex) {
circles[preIndex].style.backgroundColor="rgb(0,0,0)";
circles[currentIndex].style.backgroundColor="rgb(255,0,0)";
```

4．悬浮箭头

还可以继续增加细节，例如，当鼠标指针放到轮播图上时，左右箭头才显示，其余情况下箭头隐藏。

先设置箭头的 display 属性为 none，代码如下：

```
#arrow-right,farrow-left {
display:none;}
```

给 box 添加伪类，代码如下：

```
#box:hover #arrow-left,#box:hover #arrow-right{
display: block;}
```

将鼠标指针放到箭头上时，鼠标指针变成单击样式，代码如下：

```
#arrow-right,#arrow-left {
cursor:pointer;}
```

5. 自动轮播

目前已经完成了基本的工作，不过还希望轮播图可以自动轮播。当鼠标指针放到轮播图上时，轮播暂停。

建立一个定时器，当鼠标指针放到 box 上时，清除定时器，离开则重新建立。

```
timer=setInterval(nextMove,2000);
box.addEventListener("mouseover",function() {
clearInterval(timer);// 清除定时器 });
box.addEventListener("mouseout",function() {
timer=setInterval(nextMove,2000);});
```

setinterval() 方法会不停地调用函数，clearlnterval() 方法可以清除定时器。setlnterval() 方法的返回值将用作 clearlnterval() 方法的参数。

至此，滑动轮播图效果已经比较完善了，图片滑动的形式可以是自动执行，也可以单击左右箭头，或者是鼠标指针滑动到圆点。

【项目实践】

1. 完成网站首页定时器控制轮播图片自动切换效果

页面效果如图 9-15 所示。

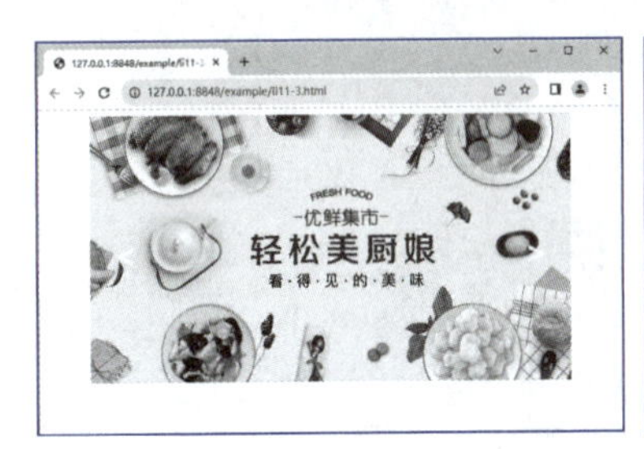

图 9-15　自动产生轮播效果

（1）布局轮播图页面元素。

```
<body>
        <div id="ad">
            <div id="leftbtn">&lt;</div>
            <div id="rightbtn">&gt;</div>
        </div>
        <script>
            var imgsURL=['img01/pic1_1.jpg','img01/pic1_2.jpg','img01/pic1_3.jpg'];
            var arrowLeft=document.getElementById("leftbtn");
            var arrowRight=document.getElementById("rightbtn");
            arrowLeft.addEventListener("click", preMove);
            arrowRight.addEventListener("click", nextMove);
            var index=0;
            function preMove(){
            index--;
             if(index<0) index=2; document.getElementById("ad").style.
backgroundImage='url('+imgsURL[index]+')';
            }
```

```
                function nextMove(){
                index++;
                 if(index>2) index=0; document.getElementById("ad").style.
backgroundImage='url('+imgsURL[index]+')';
                }
            setInterval(nextMove,1000);// 每间隔 1s，调用 nextMove 函数换图
        </script>
    </body>
```

（2）设置如下 CSS 样式。

```
<style type="text/css">
        #ad{
                width:630px;height:340px;
                background:url(img01/pic1_1.jpg);
                margin:0 auto;
                position:relative;
            }
        #leftbtn,#rightbtn{
                position:absolute;
                top:calc(50% -20px);
                color:#fff;
                font-weight:bold;
                font-size:40px;
                cursor:pointer;
            }
        #leftbtn{
                left:30px;
            }
        #rightbtn{
                right:30px;
            }
</style>
```

预览网页可以发现，轮播图除了可以通过左右箭头切换，还可以自动完成换页效果。

2. 完成滑动轮播图效果

页面效果如图 9-16 所示。

图 9-16 滑动轮播效果

（1）布局轮播图页面元素。

```
<body>
    <div id="box">
        <div class="arrow-left" id="arrow-left">&lt;</div>
        <div class="arrow-right" id="arrow-right">&gt;</div>
          <ul id="multi-circles">
              <li></li>
              <li></li>
              <li></li>
              <li></li>
          </ul>
          <div id="multi-images">
              <img src="img/news1.jpg">
              <img src="img/news2.jpg">
              <img src="img/news3.jpg">
              <img src="img/news4.jpg">
          </div>
    </div>
</body>
      <script>
      var arrowLeft =document.getElementById("arrow-left");
      var arrowRight=document.getElementById("arrow-right");
      var multiImages=document.getElementById("multi-images");
      var circles = document.getElementById("multi-circles").
getElementsByTagName("li");
          var box=document.getElementById("box");
          /为箭头和圆点绑定事件
          arrowLeft.addEventListener("click", preMove);
          arrowRight.addEventListener("click", nextMove);
          var currentIndex=0;
          var preIndex;
          for (var i=0; i<circles.length; i++) {
              circles[i].setAttribute("id", i);
              circles[i].addEventListener("mouseenter", overCircle);
          }
          //滑过圆点时执行的操作
          function overCircle() {
              preIndex=currentIndex;
              currentIndex=parseInt(this.id);
              moveImage();
              changeCircleColor(preIndex, currentIndex);
          }
          //单击左箭头后执行的操作
          function preMove() {
              preIndex=currentIndex;
              currentIndex--;
              if (currentIndex<0) {
                  currentIndex=3;
              }
              moveImage();
```

```
            changeCircleColor(preIndex, currentIndex);
        }
        //单击右箭头后执行的操作
        function nextMove() {
            preIndex=currentIndex;
            currentIndex++;
            if (currentIndex>=4) {
                currentIndex=0;
            }
            moveImage();
            changeCircleColor(preIndex, currentIndex);
        }
        function moveImage() {
        multiImages.style.left=-currentIndex*665 + "px";
        }
        function changeCircleColor(preIndex,currentIndex) {
        circles[preIndex].style.color = "rgb(0, 0, 0)";
         circles[currentIndex].style.color = "rgb(255, 0, 0)";
        }
        var timer=setInterval(nextMove,1000);
        box.addEventListener("mouseover",function() {
             clearInterval(timer);//清除定时器
        });
        box.addEventListener("mouseout",function() {
             timer=setInterval(nextMove,1000);
         });
</script>
```

（2）设置如下CSS样式。

```
<style type="text/css">
            #box{
                  position:relative;
                  width:640px;
                  height:360px;
                  overflow:hidden;
                  border:1px solid;
                  }
            #multi-images{
                  position:absolute;
                  left:0;
                  top:0;
                  z-index:1;
                  width:100%;
                  height:100%;
                  font-size:0;
                  white-space:nowrap;
                  transition:1s;
                  }
            #multi-images img{
```

```
                    width:100%;
                    height:100%;
                    display:inline-block;
                    }
               #multi-circles{
                    position:absolute;
                    right:30px;
                    bottom:10px;
                    z-index:2;
                    }
               #arrow-right,#arrow-left {
                    font-weight:bold;
                    font-size:36px;
                    position:absolute;
                    top:calc(50% -20px);
                    height:40px;
                    width:40px;
                    border-radius:50%;
                    background:rgba(255,255,255,0.5);
                    z-index:3;
                    color:#000;
                    text-align:center;
                    display:none;
                    cursor:pointer;
                    }
               #box:hover
#arrow-left,#box:hover #arrow-right{display:block;}
               #arrow-right {right:10px;}
               #arrow-left {left:10px;}
          </style>
```

【小　　结】

通过本项目任务一的学习，读者能够掌握 CSS3 中过渡、转换和动画的知识，并能够熟练地使用相关属性实现元素的过渡、平移、缩放、倾斜、旋转及动画等特效。任务二实现了网站首页常用的两种轮播图效果。通过实现该效果，学习并且熟练应用了 JS 中的事件、函数、变量、数组、循环和选择结构等知识，对 JS 脚本编程有了相对完整的理解。结合前面学过的 HTML+CSS 的知识，更加深刻地体会到 HTML、CSS、JS 在 Web 前端开发中的地位和作用，并且“蔬果庄园”的网上商城网站项目也接近尾声，只需要补充完整所有的模块，就可以进入调试阶段了。

【课后习题】

一、判断题

1. transition-duration 属性用于定义完成过渡效果需要花费的时间。　　(　　)
2. animation-timing-function 用来规定动画的速度曲线。　　(　　)
3. transition-delay 的属性值只能为正整数。　　(　　)

4. animation-name属性用于定义要应用的动画名称。 ( )

5. animation-duration属性用于定义整个动画效果完成所需要的时间。 ( )

二、选择题

1. 关于transition-property属性的描述，下列说法正确的是（ ）。

A. 用于指定应用过渡效果的CSS属性的名称

B. 用于定义完成过渡效果需要花费的时间

C. 规定过渡效果中速度的变化

D. 规定过渡效果何时开始

2. 下列选项中，属于transition-timing-function属性值的有（ ）。

A. linear B. ease

C. ease-in D. cubic-bezier（n,n,n,n）

3. 关于transition属性的描述，下列说法正确的是（ ）。

A. transition属性是一个复合属性

B. 设置多个过渡效果时，各个参数必须按照顺序进行定义

C. 设置多个过渡效果时，各个参数不必按照顺序进行定义

D. 设置多个过渡效果时，各个参数用逗号进行分隔

4. 在CSS3中，可以实现平移效果的属性是（ ）。

A. translate() B. scale() C. skew() D. rotate()

5. 下列选项中，可以同时设置X轴和Y轴旋转的属性是（ ）。

A. rotateXY() B. rotate3d() C. perspective D. rotate()

6. 插入JS的正确位置是（ ）。

A. <body>部分 B. <head>部分

C. <body>部分和<head>部分均可 D. <head>前面

7. 引用名为“xxx.js"的外部脚本的正确语法是（ ）。

A. <script src="xxx.js"> B. <script href="xxx.js">

C. <script name="xxx.js"> D. <script ="xxx.js">

8. 如何创建函数myFunction?（ ）

A. function:myFunction(){} B. function myFunction(){}

C. function=myFunction(){} D. myFunction(){}

9. 如何编写当i等于5时执行某些语句的条件语句？（ ）

A. if(i==5){语句} B. if i=5 then {语句}

C. if i=5 {语句} D. if i==5 then {语句}

10. 如何在JS中添加注释？（ ）

A. 'This is a comment' B. <!--This is a comment-->

C. //This is a comment D. /*This is a comment*/

11. 定义JS数组的正确方法是（ ）。

A. var txt = new Array="tim", "kim","jim"

B. var txt = newArray(1: "tim",2:"kim",3:"jim")

C. var txt = new Array("tim","kim","jim")

D. var txt = newArray: ("tim","kim","jim")

12. 下列选项中，(　　) 不是网页中的事件。

A. onclick　　B. onmouseover　　C. onsubmit　　D. onpressbutton

13. script 标签写在 head 标签中和写在页面的底部有何不同？(　　)

A. 写在顶部和写在底部没有区别

B. 写在顶部表示 HTML 执行完毕，再执行 script 代码

C. 写在页面的底部表示 HTML 执行完毕，再执行 script 代码

D. 以上都不对

14. JS 和 Java 之间的关系是 (　　)。

A. JS 是 Java 的子集　　B. JS 和 Java 是一回事

C. Java 是 JS 的子集　　D. JS 和 Java 没有包含关系

三、简答题

1. 请简要描述 transform 属性。

2. 请简要描述 animation 属性。

3. 请解释 JS 中定时器的作用。

参考文献

[1] 唐彩虹 , 张琳霞. Web 前端技术项目式教程 [M]. 北京 : 人民邮电出版社，2023.

[2] 黑马程序员. HTML5+CSS3 网页设计与制作 [M]. 2 版 . 北京 : 人民邮电出版社，2022.

[3] 王云晓. HTML5+CSS3 网页设计基础 [M]. 北京 : 清华大学出版社，2021.

[4] 姬莉霞 , 李学相 . HTML5+CSS3 网页设计与制作案例教程 [M]. 北京 : 清华大学出版社，2021.

[5] 黑马程序员. JavaScript+jQuery 交互式 Web 前端开发 [M]. 北京 : 人民邮电出版社，2020.